Stefan Berking

Evolution des Menschen

Wie entstanden unsere psychische
Organisation und unser Sozialsystem?

*Bibliografische Information der Deutschen Nationalbibliothek:
Die Deutsche Nationalbibliothek verzeichnet diese Publikation in der
Deutschen Nationalbibliografie; detaillierte bibliografische Daten
sind im Internet über http://dnb.dnb.de abrufbar.*

*© 2013 Stefan Berking
Herstellung und Verlag: BoD – Books on Demand, Norderstedt*

ISBN: 978-3-7322-5285-5

Inhaltsverzeichnis

Vorwort oder: Unsere Sozialsysteme tun vielen von uns überhaupt
   nicht gut................7
1 Einführung................12
   Das Sozialverhalten von Gorillas, Schimpansen und Bonobos....15
   Was ist typisch menschliches Verhalten?................18
2 Zum Einfluss der natürlichen und der sexuellen Selektion auf die
   Evolution des Menschen................22
   Anpassung, Angepasstheit, natürliche und sexuelle Selektion....22
   Die Rolle der natürlichen und der sexuellen Selektion bei der
   Herausbildung eines einheitlichen Aussehens................26
   Die Bedeutung der Partnerwahl für die Entwicklung von
   Gestaltvarianten................30
   Wie muss das Schönheitsideal beschaffen sein, das die Evolution
   zum Menschen ermöglichte?................31
   Offene Fragen................33
   Gibt es Hinweise darauf, dass wir einen Partner vorziehen, der
   uns ähnelt?................34
   Eigenschaften eines Schönheitsideals, das die eigene Erscheinung
   zum Vorbild nimmt................35
   Wie in der Individualentwicklung sich bei allen ein gleichartiges
   Schönheitsideal herausbilden kann................37
   Menschen entwickeln eine Vorliebe für einen Partner, der den
   engsten Angehörigen ähnelt................39
3 Welchen Einfluss hat die Vorliebe für einen Partner, der den
   engsten Angehörigen ähnelt, auf die Entwicklung unserer
   psychischen Organisation und unseres Sozialsystems?................44
   Inzestwünsche, Inzestscheu und Inzestabwehr................46
      Warum Inzest schädlich ist................52
      Verhaltensweisen bei Gorillas, Bonobos und Schimpansen, die
      Inzest verhindern................56
      Verhaltensweisen bei Menschen, die Inzest verhindern........59
      Wertschätzung von Jungfräulichkeit bei der Hochzeit..........68
      Vorteile einer starken Inzestscheu................69
   Paarbindung................70
      Vorstellungen zur Entstehung der Paarbindung................70
      Was der Entstehung einer Paarbindung entgegenstand........83
      Was die Entstehung der Paarbindung förderte................87
      Versteckter Koitus, versteckter Eisprung................92
      Homosexualität................99
   Frühkindliche sexuelle Betätigungen................102
   Besonderheiten in der Entwicklung von Menschen................104

Menschen entwickeln sich langsam 104
Bei Menschen wird die Sexualentwicklung unterbrochen . 105
Zwangsheiraten und Mitgift..119
Warum Männer jüngere Frauen älteren vorziehen 132
Hohe Geburtenrate und Kindstötungen 136
Unser Schönheitsideal fördert die Abgrenzung....................139
4 Vorstellungen über die ursprünglichen Sozialstrukturen..............142
Darwins Urhorde...142
Freuds Vorstellungen über den Beginn der
Menschheitsentwicklung 143
    Vaterhorde und Brüderbund....................................143
    War die Aufrichtung des Menschen die Ursache für den
    Beginn des Kulturentwicklung?................................149
Vorstellungen über den Ursprung und die Transformation unserer
Gesellschaftsstrukturen 151
Bedeutung der Kindheit für Veränderungen im Sozialverhalten
....155
5 Evolution unserer psychischen Struktur und unserer sozialen
Organisation...159
Von der Vaterhorde zum Brüderbund: die Trennung des
Vorläufers der Gorillas von dem gemeinsamen Vorläufer der
Bonobos, Schimpansen und Menschen................................159
Bedeutung der Partnerwahl für die Evolution des Menschen....168
    Die Trennung des Vorläufers der Menschen von den
    Vorläufern der Bonobos und Schimpansen.......................171
    Von der Promiskuität zur Paarbindung 179
    Ursachen für die Entwicklung von Zwangsheirat 183
    und Inzesttabu 183
    Welche Rolle spielt das Tabu,»das Totemtier nicht zu töten«,
    für die Stabilität der Familie und die Entwicklung des
    Patriarchats? 193
6 Nachwort..205
Danksagung...208
Literaturverzeichnis...209
Stichwort- und Namensverzeichnis.....................................215

Der vollkommenste Affe kann keinen Affen zeichnen, auch das kann nur der Mensch, aber auch nur der Mensch hält dieses zu können für einen Vorzug.
Georg Christoph Lichtenberg, 1789,
Sudelbücher Heft J, 613, 1994, Bd. I, S. 742

Vorwort oder: Unsere Sozialsysteme tun vielen von uns überhaupt nicht gut

Die Sozialsysteme und Verhaltensweisen von Menschen zeigen eine Reihe merkwürdiger, zum Teil recht unangenehmer Eigenschaften. Ein Blick in die Zeitung genügt: Krieg, Mord, Raub, Vergewaltigung, Kindsmissbrauch, Korruption, Zwangsverheiratung, Ehebruch, usw.. Einige dieser Verhaltensweisen, wie das Führen von Kriegen, finden wir auch bei Schimpansen. Möglicherweise haben wir das aus der gemeinsamen Vergangenheit beibehalten. Aber entschuldigen können wir uns damit nicht; schließlich haben wir es in einer langen Phase von Kulturentwicklung nicht geschafft, dieses Erbe hinter uns zu lassen. Andere Verhaltensweisen sind typisch für uns Menschen. Dazu gehören Ehebruch und Mord aus Eifersucht. Ganze Literaturgattungen leben davon, diese Probleme wieder und wieder darzustellen. Ehebruch und Mord aus Eifersucht gibt es erst, seit es die monogame Paarbindung gibt, und die hat sich erst im Laufe der Evolution des Menschen herausgebildet. Typisch für Menschen sind auch Zwangsverheiratungen. So etwas ist bei Tieren unbekannt. Wieder andere Verhaltensweisen existieren zwar auch im Tierreich, sind aber bei Menschen ausgesprochen stark ausgeprägt, so die Unterdrückung von Frauen und das Töten von eigenen Kindern. Charles Darwin bezeichnete die Unterdrückung der Frauen, wie sie in manchen Kulturen zu beobachten ist, als beispiellos im Tierreich. In *Die Abstammung des Menschen und die geschlechtliche Zuchtwahl* widmet er ein ganzes Kapitel der Kindstötung bei Menschen. Warum haben wir solche Verhaltensweisen entwickelt? Was war die treibende Kraft?

Unsere Sozialsysteme tun vielen von uns überhaupt nicht gut. Psychische Störungen sind weit verbreitet. Die Praxen der Psychiater und Psychologen sind voll, und es gibt nicht wenige solcher Praxen. Sicher herrschte auch in sogenannten primitiven Kulturen[1] nicht eitel Sonnenschein. Nur ein schwärmerischer Blick zurück kann ein goldenes Zeitalter ausmachen, in dem der Mensch im Einklang mit der Natur in paradiesischen Zuständen lebte. Die Frage ist: Ist die »Natur« des Menschen der Grund dafür, dass es – zwangsläufig? – zum »Unbehagen in der Kultur« (Freud) kommt?

Es ist mittlerweile recht gut bekannt, welches unsere nächsten Verwandten im Tierreich sind und wie deren Sozialsysteme beschaffen sind. Insbesondere Jane Goodall hat es mit ihren Forschungen an Schimpansen vermocht, ein »Fenster« zu unserer Vergangenheit aufzustoßen[2]. Von solchen Forschungsergebnissen ausgehend, haben viele Autoren versucht, unser gegenwärtiges Sozialverhalten besser zu verstehen.

Aggression und Strategien zur Vermeidung von Aggression gibt es bei Menschen und bei Menschenaffen. Frans de Waal[3] hat detaillierte Untersuchungen dazu angestellt. Seiner Ansicht nach können diese Kenntnisse bei Strategien zur Konfliktlösung unter Menschen sehr hilfreich sein. Die Unterschiede in der Technik der Aggressionslenkung sind bei Menschen und Menschenaffen klein im Vergleich zu Unterschieden in der Familienstruktur, im Zusammenleben männlicher und weiblicher Mitglieder einer Gemeinschaft und im Aufwachsen der Kinder.

Je mehr man sich mit dem Thema, wie unsere psychische Organisation und unser Sozialverhalten entstanden sind, beschäftigt, desto deutlicher tritt hervor, dass ein Schlüssel zum Verständnis der Unterschiede in den Sozialsystemen von Menschen und Menschenaffen in den Unterschieden im Sexualverhalten liegt. Ob Paarbindung oder Promiskuität herrscht, ist kein Randthema, sondern von zentraler Bedeutung für die Bildung von Familien und für das Zusammenleben in einer Gruppe. Wie es zur »Knechtschaft« (Darwin) der Frauen kam, ist heiß umstritten. Die Klärung dieser Frage ist vermutlich von nicht geringer Bedeutung für die Entwicklung von Gleichberechti-

---

1 Im Folgenden werde ich die Formulierung »primitive« oder »ursprüngliche« Kulturen verwenden. Dieser Formulierung haftet ein gewisser Makel an. Manche Autoren verwenden daher lieber den Ausdruck »schriftlose« Kulturen. Dieser Ausdruck setzt aber Akzente, die für die Argumentation hier nicht von Bedeutung sind. »Primitiv« soll hier bedeuten, dass eine Gesellschaft bestimmte Kulturtechniken (noch) nicht entwickelt hat. »Primitiv« soll nicht bedeuten, dass »unsere« Kultur das »Schöne, Gute, Wahre« beinhaltet und andere minderwertig sind.
2 Jane Goodall, *Through a Window*, 1990 (*Ein Herz für Schimpansen*, 1991)
3 Frans de Waal, *Peacemaking among Primates*, 1989 (*Wilde Diplomaten. Versöhnung und Entspannungspolitik bei Affen und Menschen*, 1991)

gung, die nicht nur auf dem Papier steht, sondern auch gelebt wird. Das Gleiche gilt für die Tradition der Zwangsverheiratung.

Über die psychischen Strukturen unserer nächsten Verwandten im Tierreich wissen wir naturgemäß sehr wenig. Aber wir wissen von unseren eigenen psychischen Strukturen immerhin so viel, dass sie nicht optimal für das Aufwachsen in einer Familie sind. Sonst gäbe es nicht die vielen psychischen Störungen. Nicht ohne Grund gibt es mehr als ein berühmtes Theaterstück, in dem, wie im Ödipusdrama, das Thema Inzest behandelt wird.

Wenn man verstehen will, warum wir so sind, wie wir sind, muss man herausfinden, wie wir so geworden sind. Ich denke, es reicht nicht aus, das Verhalten und die Eigenheiten der heutigen Menschen zu untersuchen. Es reicht auch nicht aus, unterschiedlich strukturierte gegenwärtige Gesellschaften zu untersuchen und schriftliche Zeugnisse vergangener Gesellschaften bei diesen Analysen mit heranzuziehen. Notwendig ist, sich auch darüber Gedanken zu machen, wie sich unsere psychische Organisation und unser Sozialsystem im Laufe früher Phasen unserer Evolution verändert haben (könnten), angefangen bei den – zugegebenermaßen sehr hypothetischen – psychischen und sozialen Strukturen, die am Anfang der Menschheitsentwicklung standen. Bei diesem Vorgehen müssen Erkenntnisse und Methoden der Biologie, besonders der Populationsbiologie, der Evolutions- und der Verhaltensforschung verwendet werden.

Nach der heute allgemein akzeptierten Auffassung hat ein neuer Lebensraum mit der Möglichkeit zu einer neuen Ernährungsweise den Beginn der Menschheitsentwicklung bewirkt. Um diesen neuen Lebensraum effizient nutzen zu können, musste sich die Anatomie und die Physiologie unserer Vorfahren ändern, und es musste sich auch das Sozialverhalten ändern. Jedenfalls tat es das und veränderte sich bis hin zu dem heute existierenden Sozialverhalten der heute existierenden Menschen. Sicher sind viele unserer heutigen Verhaltensweisen erst in historischer Zeit entstanden, aber einige sind so weit verbreitet, dass sie wesentlich älteren Ursprungs sein könnten. Auf die Letzteren konzentriert sich mein Interesse. Daraus ergeben sich folgende Fragen: Was können wir aus einem Vergleich unseres Sozialsystems mit dem von Bonobos, Schimpansen und Gorillas lernen? Was haben wir aus der mit ihnen gemeinsamen Vergangenheit übernommen, was haben wir neu entwickelt, was haben wir aufgegeben? Was könnten die Ursachen für die beobachteten Veränderungen im Sozialverhalten sein? Hat der Übergang zu der neuen Lebensweise bestimmte neuartige Verhaltensweisen erfordert?

Bei der Diskussion dieser und ähnlich gelagerter Fragen werde ich folgende Hypothese anwenden: Eigenschaften und Verhaltensweisen, die offensichtlich gravierende Nachteile beinhalten, sind nur deshalb im Laufe der Evolution entstanden und haben sich bis heute gehalten, weil sie unvermeidliche Beiprodukte oder unerlässliche Voraussetzungen der Entwicklung von Eigenschaften und Verhaltensweisen sind, die für unsere Vorfahren vorteilhaft waren bzw. für uns heute noch vorteilhaft sind. Wären die (stark) nachteiligen Eigenschaften und Verhaltensweisen reine Zufallsprodukte, dann hätte die Selektion dafür »gesorgt«, dass sie wieder verschwinden. Mit dieser Hypothese als Instrument versuche ich etwas darüber herauszufinden, wie unsere psychische Organisation und unser Sozialsystem entstanden sind. Bei den folgenden Untersuchungen stellte sich zunehmend deutlicher heraus, dass es für die Entwicklung unserer psychischen Organisation und unseres Sozialsystems relativ unwichtig war, wie im Detail die neuen Lebens- und Ernährungsbedingungen am Anfang der Menschheitsentwicklung aussahen und wie sie sich dann verändert haben. Viel wichtiger ist, dass sie deutlich anders als die überkommenen waren. Es stellte sich auch heraus, dass die Kriterien, nach denen wir einen Partner auswählen, vermutlich eine zentrale Rolle in unserer Evolution spielten und immer noch spielen.

Der Ansatz, mit Methoden der Biologie das Verhalten von Menschen zu untersuchen, führt oft zu lebhaften Diskussionen. Wissenschaftstheoretische Einwendungen wie: Diese Methoden sind für das Arbeitsgebiet ungeeignet, ein Kenntnisgewinn ist daher nicht zu erwarten, erscheinen mir unproblematisch. Die Lektüre wird zeigen, was hilfreich ist und was nicht. Problematisch erscheinen mir Vorurteile.

Ein »biologisches Erbe« in unserem Sozialverhalten wird von den Einen als unsinnig, als Biologismus, zurückgewiesen, weil der Mensch eine lange Kulturentwicklung gehabt habe und diese Vergangenheit sein heutiges Verhalten bestimme. Religion, Kunst und Moral könne man nicht auf tierische Wurzeln zurückführen. Diese und andere kulturellen Errungenschaften seien prinzipiell nicht durch die »Abstammung vom Affen« erklärbar – wenn es diese Abstammung denn überhaupt gegeben habe.

Von anderen Zeitgenossen wird ein biologisches Erbe im Sozialverhalten freudig begrüßt, weil es in ihr politisches Konzept passt. Mit Schlagwörtern wie »Kampf ums Dasein« und »Überleben des Fittesten« wurden und werden Rassismus, Kolonialismus und auch die Bereicherung einer Minderheit auf Kosten der Mehrheit innerhalb einer Gesellschaft begründet. Nach John D. Rockefeller, Sr. ist »das

Wachstum eines großen Geschäfts [...] nichts als das Überleben des Tauglichsten – es ist lediglich die Auswirkung eines Naturgesetzes und eines Gottesgesetzes«[1]. Leider werden solche Thesen und ihre Vertreter oft nur unvollkommen durchschaut, was zur Folge hat, dass die Gegner dieser Thesen allgemein Front gegen die Aussage machen, dass die menschliche Persönlichkeit eine »biologische Fundierung« hat. Das zu bestreiten, ist aber zweifellos unsinnig. Nicht nur unser Körper zeigt überdeutlich, dass wir das Produkt einer langen Evolution sind und wer unsere nächsten Verwandten sind. Unser Verhalten, unsere sozialen Strukturen, unsere mentalen und moralischen Qualitäten sind nicht vom Himmel gefallen. Sie haben ganz sicher eine »biologische Fundierung«, wenn auch durchaus strittig ist, was aus einer frühen Phase unserer Evolution stammt und was in geschichtlicher Zeit hinzugekommen ist.

Einer der Gründe für die Ablehnung einer biologischen Fundierung der Persönlichkeit ist wohl die Befürchtung, dass mit deren Annahmen jedes aggressive und egoistische Verhalten gerechtfertigt würde, und dass darüber hinaus propagiert würde, jeder Versuch, solches Verhalten zu ändern, müsse scheitern. Daraus wird dann schnell gefolgert, dass, wer auch immer dieses Thema behandelt, die bestehenden Ungerechtigkeiten in der Welt rechtfertigen wolle. Diese Furcht beruht zu einem beträchtlichen Teil darauf, dass die Kenntnisse über Evolution noch sehr spärlich sind. Viele Zeitgenossen können nicht oder nur unvollkommen zwischen natürlicher und sozialer Auslese unterscheiden; manche setzten sogar ganz bewusst darauf, dass soziale Auslese als natürliche Auslese verstanden wird. Der Mensch sei eben von Natur aus selbstsüchtig und habgierig, anders hätte er nicht bis heute überlebt. Diese Argumentation schützt ihr Anliegen vor Kritik, denn gegen die »Natur« kann man ja nichts einwenden. Die zur Stützung angerufene »Evolutionstheorie« sagt aber keineswegs, dass Konkurrenz der Populationsmitglieder untereinander bis hin zur physischen Vernichtung »natürlich« und »gegenseitige Hilfe«[2] »unnatürlich« ist. Die Evolutionstheorie schließt selbstverständlich eine von Kultur getragene Fortentwicklung im Zusammenleben der Menschen nicht aus, gleichwohl kann sie dabei behilflich sein, herauszufinden, warum wir so geworden sind, wie wir heute sind.

---

1 zitiert nach Dobzhansky, 1962, S. 27
2 Kropotkin, 1902

1 Einführung

Die nächsten Verwandten der Menschen sind Schimpansen und Bonobos. Etwas weiter entfernte Verwandte sind die Gorillas. Von diesen Menschenaffen unterscheiden sich die Menschen in mehrfacher Hinsicht. Menschen haben einen aufrechten Gang und ein großes Gehirn entwickelt, und ihr Körper ist weitgehend haarlos geworden. Allgemein wird angenommen, dass sich die bedeutendsten anatomischen und physiologischen Unterschiede, wie zum Beispiel der aufrechte Gang, dadurch herausgebildet haben, dass unsere Vorfahren mit einer neuen Lebens- und Ernährungsweise begonnen haben, die ganz anders war als die ihrer Vorfahren und ihrer Verwandten. Für große Teile des andersartigen Sozialverhaltens wird ebenfalls angenommen, dass die neue Lebensweise dieses Verhalten erforderte und irgendwie bewirkt hat.

Es ist umstritten, wie die neuen Ernährungs- und Lebensmöglichkeiten zu Beginn der Menschheitsentwicklung beschaffen waren. Einig ist man sich aber darin, dass die Menschheitsentwicklung vor etwa 6 Millionen Jahren in Ostafrika begann[1]. Zu dieser Zeit änderte sich das Klima, die Wälder schrumpften und die Savannen breiteten sich aus. Dadurch änderte sich das Nahrungsangebot für alle dort lebenden Tiere. Die überkommenen Lebensweisen wurden schwieriger, aber neue Nahrungsquellen taten sich auf. Diese Änderungen sollen die Menschheitsentwicklung ausgelöst haben. In der wissenschaftlichen Literatur findet man eine ganze Reihe von Vorstellungen darüber, wie das im Detail abgelaufen sein könnte. Zu den ältesten Hypothesen gehört die, dass der Mensch damit begonnen habe zu jagen. Besondere Aufmerksamkeit erlangte die Killeraffen-Theorie von Dart und Ardrey:

»Ob es uns paßt oder nicht, wir alle sind im Herzen Killer. Kain tötete Abel. Wir lieben Thriller, und unsere Zeitungen schwelgen in Verbrechen, die in

---

[1] Richard Dawkins beschreibt anschaulich, was 6 Millionen Jahre in Generationen bedeuten: »[...] mit deiner linken Hand hast Du die Rechte deiner Mutter ergriffen. Sie wiederum ergreift die Hand ihrer Mutter, deiner Großmutter. Deine Großmutter hält die Hand ihrer Mutter und so weiter. [...] . Wenn wir annehmen, daß jede Person in dieser Kette ein Yard (neunzig Zentimeter) für sich in Anspruch nimmt, dann treffen wir nach weniger als vierhundertachtzig Kilometern auf diesen gemeinsamen Vorfahren von Menschen und Schimpansen.« (Dawkins, 1993, S. 131)

den Theatern unter dem Etikett der Tragödie angeboten werden.«[1]

Es habe einen Selektionsdruck zur Aufrichtung des Körpers gegeben, weil für die Jagd der aufrechte Gang besonders günstig gewesen sei. Der aufrechte Gang erlaube eine gute Übersicht über das mit Büschen und hohem Gras bewachsene Gelände[2], ermögliche die Handhabung von Waffen und Werkzeugen[3] und den Transport von Nahrung[4]. Die Jagd-Hypothese wurde im Folgenden damit untermauert, dass nur der Mensch, aber nicht Menschenaffen, haarlos ist und ganz außergewöhnlich stark schwitzen kann. Kein Menschenaffe, aber auch kein anderes Säugetier kann so stark schwitzen wie der Mensch[5]. Schwitzen, so wurde angeführt, könne den Körper ausgezeichnet kühlen, was bei einer Hetzjagd in der heißen Savanne ein großer Vorteil sei[6]. Eine Kühlung sei allerdings nur dann möglich, wenn der Schweiß auf der nackten Haut abdampfen kann. Demnach gab es eine Selektion auf Haarlosigkeit des Körpers und auf die Fähigkeit, stark schwitzen zu können. Dann stellte sich allerdings heraus, dass der Übergang zum aufrechten Gang lange gedauert hat. Jahrtausendelang konnten unsere Vorfahren sich nur langsam watschelnd fortbewegen, während die überkommene vierbeinige Fortbewegung schnell war. Offenbar war es unseren Vorfahren für sehr lange Zeit nicht möglich, zu jagen, auf keinen Fall in Form einer Hetzjagd, die Kühlung benötigt.

Es wurde auch herausgefunden, dass der Mensch erst etwa zwei bis drei Millionen Jahre nach seiner Aufrichtung ein größeres Gehirn entwickelt hat. Damit verschwand aus der Diskussion um den Beginn der Menschheitsentwicklung die These, dass die Entwicklung des großen Gehirns am Anfang stand und der Auslöser für vielfältige Neuerungen war.

Diese Einwände führten dazu, dass vorgeschlagen wurde, unsere Vorfahren hätten sich watend im Flachwasser von Kleintieren ernährt[7]. Unter diesen Bedingungen sei der aufrechte Gang, auch wenn er nur langsam möglich war, dem vierbeinigen Gehen weit überlegen gewesen. Zu dieser Hypothese passt, dass Menschen ausgesprochen große Füße haben. Zur Stützung der These wurde angeführt, dass, beispielsweise, Bonobos aufrecht stehen und langsam gehen können und dass sie im Flachwasser Nahrung sammeln. Auch

1 Dart, 1996, zitiert nach Kuckenburg, 1999, S. 160
2 Reichholf, 2008
3 Darwin, 1874
4 Lovejoy, 1981
5 Montagna, 1965
6 Weeler, 1991a, b
7 Niemitz, 2004

Gorillas und Schimpansen laufen gelegentlich kurze Strecken auf zwei Beinen. Kritisch wurde daraufhin bemerkt, dass alle diese Tiere die vierbeinige Fortbewegung nicht aufgegeben haben und dass sie, anders als Menschen, ausgezeichnet in Bäumen klettern können. Die vierbeinige Fortbewegung auf der Erde und die schnelle Fortbewegung in Bäumen ermöglicht auch Schimpansen und Bonobos die Jagd. Von Schimpansen weiß man, dass sie über dreißig verschiedene Säugetierarten jagen und verzehren. Die Möglichkeit, sich im Flachwasser ernähren zu können, müsste also so exzellent gewesen sein, dass unsere Vorfahren im Gegenzug dafür die Jagd auf dem Boden und in den Bäumen und auch den Zugang zu Früchten auf den Bäumen aufgegeben hätten. Das ist schwer nachvollziehbar. Hinzu kommt, dass diese Hypothese keinen Beitrag zur Beantwortung der Frage liefert, warum die Menschen haarlos sind und so effizient schwitzen können. Im Wasser ist beides nicht nur unnötig, sondern sogar kontraproduktiv.

Diese Kritik führte zu meiner Hypothese, unsere Vorfahren hätten sich am Beginn der Menschheitsentwicklung von getöteten oder aufgescheuchten Tieren ernährt, die bei Busch- und Steppenbränden zurückbleiben[1]. Solche Brände sind in den Savannen Afrikas noch heute sehr häufig, insbesondere natürlich in der Trockenzeit. Gerade dann ist das Angebot an Früchten, Blättern und vielen anderen potentiellen Nahrungsmitteln knapp. Daher kann ein Nahrungsangebot zu dieser Zeit über die Existenz einer Population entscheiden – wenn sie es zu nutzen versteht. Viele Tiere ernähren sich von Organismen, die von Steppen- und Buschbränden aufgescheucht oder getötet werden, z.B. Reiher, Marabus und Hyänen. Es ist leicht nachvollziehbar, dass diejenigen einen großen Selektionsvorteil haben, die dicht hinter der Feuerfront die getöteten Organismen, wie Reptilien, Kleinsäuger, Schnecken, Insekten, Eier und Jungtiere, einsammeln können, ehe Nahrungskonkurrenten sie erreichen können. Offensichtlich kann diese Hypothese die drei für Menschen als spezifisch angesehenen Merkmale[2] gut erklären: den aufrechten Gang, der den Körper weit vom heißen Boden entfernt, die Haarlosigkeit und die Fähigkeit, stark schwitzen zu können. Die These erklärt auch, warum Menschen besonders effizient an den Fußsohlen und an den Handflächen schwitzen können. Die große Fähigkeit, an den Fußsohlen zu schwitzen, erlaubt ihnen sogar heute noch, über Glut zu laufen. Auch wenn der Mensch sich damals nur langsam habe fort bewegen können, sei

---
1 Berking, 2010
2 Foley, 1995

er doch bei der Nahrungssuche vor Raubkatzen geschützt gewesen, da ihm seine Anatomie und Physiologie erlaubte, so nah wie kein anders Tier sich dem Feuer zu nähern. Diese These schließt natürlich nicht aus, dass sich unsere Vorfahren auch von im Flachwasser gefangenen Organismen ernährt haben. Tümpel und Bachläufe waren nach der Regenzeit besonders reichlich zu finden. In der Trockenperiode sind dann viele dieser Wasserstellen vermutlich wieder ausgetrocknet. Die Trockenzeiten waren möglicherweise entscheidend für das Überleben der Art. Das Nahrungsangebot zu dieser Zeit könnte eine einflussreiche Selektionsbedingung für Änderungen im Körperbau dargestellt haben.

Das Sozialverhalten von Gorillas, Schimpansen und Bonobos

Die nächsten Verwandten des Menschen sind Schimpansen. Zoologen unterscheiden zwei Arten von Schimpansen, den allseits bekannten Schimpansen (*Pan troglodytes*) und den Bonobo (Zwergschimpanse, *Pan paniscus*). Nach heutiger Erkenntnis haben sich die Abstammungslinien, die einerseits zum Menschen und andererseits zu Schimpansen und Bonobos führen, vor etwa 6 Millionen Jahren getrennt. Noch etwa 2 Millionen Jahre früher hat sich von dieser gemeinsamen Line die Linie getrennt, die zu den heutigen Gorillas führt[1].

Gorillas leben in Zentralafrika. Sie sind Pflanzenfresser. Es werden zwei Arten unterschieden, der Flachlandgorilla (*Gorilla gorilla*) und der Berggorilla (*Gorilla beringei*). Beide leben in kleinen Gruppen. Eine Gruppe besteht meist aus einem Harem (mehreren erwachsenen Weibchen und ihren Jungen) mit einem erwachsenen Männchen als Oberhaupt, dem »Silberrücken«. Nur selten enthält eine Gruppe zwei, und noch seltener mehrere erwachsene Männchen. Ist das der Fall, dann ordnen sich die anderen Männchen dem Oberhaupt unter. Mit der Geschlechtsreife verlassen in der Regel sowohl die männlichen Tiere als auch die weiblichen Tiere ihre Geburtsgruppe. Die männlichen Tiere gehen kurz vor dem fünfzehnten Lebensjahr,

---

[1] Quellen dieses Abschnitts über Gorillas, Schimpansen, Bonobos sind einschlägige Lehrbücher, Monographien und Internetadressen, u.a.: Dian Fossey, Jane Goodall, Frans de Waal, Wikipedia, http://www.animalinfo.org, Wisconsin Primate Research Center.

die weiblichen mit sieben bis neun Jahren. Die erwachsenen Weibchen einer Gruppe sind also aus verschiedenen Gruppen zugewandert und daher fast immer nicht miteinander verwandt. Weibchen, die ihre Geburtsgruppe verlassen, schließen sich schnell einem einzelnen jungen Männchen oder einem bestehenden Harem an. Sie können auch zu späteren Zeiten aus einem Harem in einen anderen überwechseln. Männchen, die eine Gruppe verlassen, leben meist einige Jahre als Einzelgänger. Selten bilden sie eine Gruppe mit anderen herangewachsenen Männchen. Später gründen sie entweder einen eigenen Harem oder versuchen, einen etablierten Harem zu übernehmen. Wenn ihnen das gelingt, kommt es häufig dazu, dass der neue Silberrücken die jungen Kinder im Harem tötet (Infantizid). Ein Kind wird mit 2 bis 4 Jahren entwöhnt. Der Geburtenabstand beträgt 4 bis 5 Jahre. Bei Weibchen tritt die Geschlechtsreife mit 6 bis 8 Jahren ein, bei Männchen mit 10 Jahren. Die Fortpflanzung beginnt bei beiden allerdings erst einige Jahre später.

Schimpansen (*Pan troglodytes*) leben in West-, Zentral- und Ostafrika. Sie kommen in dichten Regenwäldern, aber auch in Savannen vor. Es werden vier Unterarten unterschieden. Schimpansen ernähren sich überwiegend vegetarisch, sie machen aber auch gemeinschaftliche Jagd auf kleine Affen, Antilopen und Schweine. Bei der Suche nach Nahrung spaltet sich die Großgruppe (bis zu 80 Tiere) in Kleingruppen wechselnder Zusammensetzung (etwa sechs Tiere) auf. Weibchen gehen mit ihren Jungen oft allein auf Nahrungssuche. Die Nahrungssuche findet im eigenen Revier statt. Das Revier wird von patrouillierenden Männchen bewacht und verteidigt, einerseits gegen Artgenossen benachbarter Gruppen und andererseits gegen Raubkatzen wie Leoparden und Löwen. Die Mitglieder der Gruppe verteidigen sich gemeinsam durch Schlagen mit Stöcken, Werfen mit Steinen und durch Gebrüll. Bei Überfällen auf benachbarte Gruppen werden Artgenossen getötet, und es kommt dabei vor, dass Schimpansen Jungtiere ihrer eigenen Art töten und fressen. Unter den Männchen herrscht eine deutliche Rangordnung, unter den Weibchen ist sie weniger auffällig. Männchen, die tiefer im Rang stehen, haben weniger Nachkommen als die, die höher im Rang stehen. Bei Schimpansenmädchen beginnt die Pubertät im Alter zwischen 8 und 9 Jahren. Mit 10 oder 11 Jahren werden sie für erwachsene Männchen sexuell attraktiv. In der Regel verlassen die Töchter ab dem 9. Lebensjahr ihre Geburtsgruppe und schließen sich einer benachbarten Gruppe an. Gelegentlich kommen sie zurück. Mitunter dauert es zwei Jahre, bis ein Weibchen sich endgültig einer neuen

Gruppe angeschlossen hat. Die Söhne bleiben in ihrer Geburtsgruppe. Sie werden mit 7 bis 12 Jahren geschlechtsreif. Dieser große Zeitunterschied bis zur Geschlechtsreife geht vermutlich auf die unterschiedlichen Lebensbedingungen zurück, unter denen Schimpansen in den verschiedenen Regionen Afrikas leben. Weibchen sind nur während des Östrus für Männchen sexuell attraktiv, und nur dann sind sie auch sexuell aktiv. In dieser Phase ist ihr Genitalbereich geschwollen und hat eine rötliche Färbung. Diese Regel- oder Genitalschwellung dauert 6 bis 10 Tage. In dieser Zeit hat ein Weibchen meist mit vielen Männchen Sexualverkehr (Promiskuität). Vereinzelt kommen kurzzeitige Paarbindungen vor, in denen ein Männchen die Paarung eines Weibchens mit anderen Männchen verhindert. Die Fortpflanzung setzt bei Weibchen meist mit 13 und bei Männchen mit 15 Jahren ein. Die Kinder werden mit etwa 4 – 5 Jahren entwöhnt. Gegen Ende der Stillzeit beginnt bei der Mutter erneut der Östrus, und es bildet sich eine Genitalschwellung. Vor etwa 2 Millionen Jahren hat sich die Linie der Schimpansen (*Pan*-Abstammungslinie) in zwei Linien aufgespalten, die zu den heute existierenden Arten *Pan troglodytes* und *Pan paniscus* führen.

Bonobos (Zwergschimpansen, *Pan paniscus*) leben in den Wäldern südlich des großen Kongobogens. Sie ähneln den Schimpansen, sind aber etwas graziler und haben ein dunkleres Fell. Sie leben die meiste Zeit auf Bäumen. Bonobos ernähren sich weitgehend vegetarisch, aber gelegentlich jagen sie Waldantilopen und andere Affen. An der Jagd beteiligen sich Männchen und Weibchen. Bonobos leben in Gruppen von 50 bis 120 Tieren, die sich während des Tages zur Nahrungssuche in kleinere Gruppen mit gelegentlich bis über 20 Tieren aufteilen. Die Männchen bleiben in ihrer Geburtsgruppe, während die Weibchen diese mit etwa sieben Jahren verlassen. Weibchen werden mit 9 Jahren geschlechtsreif und haben mit 13 bis 15 Jahren ihr erstes Kind. Ebenso wie die Weibchen der Schimpansen haben die der Bonobos während des Eisprungs eine Genitalschwellung (etwa 20 Tage lang). Auch bei Bonobos herrscht Promiskuität. Anders als bei Schimpansen finden bei ihnen täglich mehrfach hetero- und homosexuelle Kontakte statt. Sie werden als soziales Bindemittel zur Vermeidung von sozialen Konflikten eingesetzt. Kinder werden mit etwa 4 Jahren entwöhnt. Bonobos gelten als weniger aggressiv als Schimpansen, allerdings ist das Wissen über Bonobos in freier Wildbahn erheblich lückenhafter als das über Schimpansen.

Was ist typisch menschliches Verhalten?

Menschen und höhere Menschenaffen unterscheiden sich in anatomischen und physiologischen Eigenschaften, aber sehr groß sind diese Unterschiede nicht. Auch im Verhalten wurden verblüffende Ähnlichkeiten entdeckt. Seit Darwin in seinem Werk *Der Ausdruck der Gemütsbewegungen bei dem Menschen und den Tieren* darüber berichtet hat und dann Goodall in *Wilde Schimpansen* dazu detaillierte Beobachtungen mitgeteilt hat, besteht kein Zweifel mehr daran, dass diese Ähnlichkeiten nicht zufällig sind, sondern dass dieses Verhalten aus der Zeit der gemeinsamen Vergangenheit bis heute überdauert hat.

In der Umgangssprache wird eine klare Unterscheidung getroffen zwischen typisch menschlichem Verhalten und tierischem Verhalten. Für typisch menschlich halten die meisten von uns: Gutmütigkeit, Sympathie und Altruismus. Dazu folgende Beobachtungen, die Zweifel an dieser Zuordnung aufkommen lassen:

»Es ist nichts Ungewöhnliches für Menschenaffen, sich um ein verletztes Gruppenmitglied zu kümmern, langsamer zu werden, wenn ein anderes zurückbleibt, einander Wunden zu säubern oder einer älteren Affenfrau, die nicht mehr klettern kann, Obst aus einem Baum zu holen. Ein Feldforscher berichtet von einem erwachsenen Schimpansen, der eine Schimpansenwaise adoptierte und das kranke Kind trug, wenn man weiterzog, es vor Gefahren schützte und sogar sein Leben rettete, obwohl die beiden vermutlich nicht miteinander verwandt waren.«[1]

Jane Goodall berichtet:

»Wir nannten sie ›Tante Gigi‹. Sie hatte keine eigenen Kinder, aber vor zwei Jahren hatte sie zwei Jugendliche sozusagen adoptiert, deren Mutter während einer Epidemie – wahrscheinlich an Lungenentzündung – gestorben war. [...] der Teenager Sam [hatte] für den kleinen verwaisten Mel gesorgt. Das war eigentlich erstaunlich, denn Sam war nicht einmal mit dem kleinen, schwächlichen Waisenkind verwandt. Zwischen ihm und der Mutter von Sam hatte es auch keine besonderen Beziehungen gegeben. [...] Oft teilte Sam sein Essen mit Mel, trug ihn herum, wenn sie gemeinsam längere Ausflüge unternahmen, und ließ das Kind sogar nachts bei sich schlafen.«[2]

Zu den für typisch menschlich gehaltenen Eigenschaften gehört auch Trauer, Humor, Selbstgespräche oder Lügen und Täuschen. Aber diese und andere »menschliche« Verhaltensweisen wurden auch bei Schimpansen, Gorillas und Orang-Utans gefunden, wobei die

---
1 de Waal, 2009, S. 45
2 Goodall, 1994, S. 21

Selbstgespräche in der ihnen von Wissenschaftlern beigebrachten Taubstummensprache ASL (American Sign Language) geführt wurden[1].

Sprache gilt als typisch menschlich. Nach Auffassung vieler Autoren hat die gemeinsame Jagd zur Entwicklung von Sprache geführt. So schreibt der Evolutionsbiologe Theodosius Dobzhansky:

»Die Kooperation [bei der Jagd] [...] erforderte Kommunikation und regte die Entwicklung der Sprache an. So wurde ein mannigfaltiger neuartiger Selektionsdruck wirksam, wie er bei dieser Art auf der vormenschlichen Stufe nicht vorhanden war.«[2]

Doch auch Schimpansen und Bonobos jagen erfolgreich. Dabei findet eine Verteilung der Rollen beim gemeinschaftlichen Angriff statt. Das Vorgehen ist ausgesprochen koordiniert – und es ist lautlos. Wenn man eins bei der Jagd nicht darf, dann ist es reden oder rufen. Die Sprache ist sicher nicht bei oder für die Jagd entwickelt worden. Kommunikation zur Kooperation bei der Jagd gab es bei unseren Vorfahren sicher lange vor der Entwicklung der Sprache.

Oft liest man auch, Krieg und Töten von Artgenossen sei eine Besonderheit der Menschen. Auch unter Wissenschaftlern ist diese Ansicht verbreitet. So schreibt z.B. Roland Fletcher:

»Was uns [...] einzigartig macht, ist das Fehlen verhaltensgesteuerter Kontrollinstanzen, die derartige Vorfälle [Töten von Artgenossen] normalerweise verhindern.«[3]

Oder René Girard schreibt

»Inzwischen weiß man, daß die Gewalt innerhalb der Tierwelt mit individuellen Hemmungen ausgestattet ist. Tiere der gleichen Gattung kämpfen nie bis zum Tod; der Sieger verschont das Opfer. Die Spezies Mensch entbehrt dieses Schutzes.«[4]

Das ist nicht zutreffend. Auch Schimpansen führen Kriege. Überfälle auf Artgenossen benachbarter Gruppen sind sorgfältig geplant. Sie sind häufig äußerst brutal und enden in der Regel tödlich für die Unterlegenen[5]. Ein Wolf, der in das Territorium eines fremden Rudels eindringt, kommt, wenn ihm die Flucht nicht rechtzeitig gelingt, in der Regel nicht mit dem Leben davon[6]. Bemerkenswert finde ich, dass offenkundig auch bedeutende Anthropologen davon

---

1 Fouts und Fouts, 1993; Patterson und Gordon, 1993; Miles, 1993
2 Dobzhansky, 1965, S. 238
3 Fletcher, 2004, S. 18
4 Girard, 2012, S. 97
5 Jane Goodall sagte in einem Interview: »Es war furchtbar zu sehen, wie ähnlich sie [die Schimpansen] uns sind. Die jungen Männchen waren fasziniert von dem Morden. Sie wollten zusehen, wenn ein anderer starb.« (Goodall, 2011)
6 Shipman, 2013

ausgehen, dass über das Verhalten von Tieren alles schon bekannt sei und nichts Neues und Überraschendes mehr zu erwarten sei.

Wenn junge Weibchen mit Genitalschwellung aus einer Nachbarhorde einwandern, werden sie von den Männchen freudig begrüßt. Anders ist das mit Weibchen, die Kinder haben: Bei Überfällen auf Angehörige von Nachbarhorden wurden, so Goodall, vorwiegend Weibchen mit Kindern verletzt und getötet, Angriffe auf Männchen verliefen vergleichsweise milde[1]. Die Verteidigung der eigenen Nahrungsquellen ist vermutlich nicht der Grund für die Angriffe, weil Schimpansen die Gegenwart von Pavianen in ihrem Territorium »dulden«, obwohl sie die gleichen Nahrungsquellen nutzen, wie Goodall berichtet. Die Brutalität gegenüber fremden Frauen mit Kindern erinnert an Kriegszüge, wie sie im Alten Testament beschrieben werden. Allerdings kommen Vergewaltigungsorgien, wie sie von Kriegen der Menschen bekannt sind, bei Schimpansen nicht vor.

Krieg ist keineswegs eine reine Männerangelegenheit. Goodall berichtet, dass mitunter auch weibliche Schimpansen daran teilnahmen.

»Die Struktur unserer Aggression ist wenig anders als die, die wir bei Schimpansen beobachten. Aber wenn sich Schimpansen bis zu einem gewissen Grade bewußt sind, daß sie ihrem Opfer vielleicht Schmerzen zufügen, sind nach meiner Ansicht nur wir fähig, wirklich grausam zu sein – anderen Lebewesen absichtlich körperlichen und seelischen Schmerzen zuzufügen, trotz oder sogar wegen unserer genauen Kenntnis des damit verbundenen Leidens. Nur wir sind zur Folter fähig. Nur wir sind zur Bosheit fähig.«[2]

Im Gegenzug sei dafür nur der Mensch in der Lage, »die Liebe in

---

[1] »Wenn patrouillierende Männchen die Rufe eines Kleinkindes in einem Randgebiet ihres Reviers hören und vermuten, daß eine Mutter aus der benachbarten Gesellschaft anwesend ist, pirschen sie sich manchmal über eine Stunde oder länger an, um sie zu stellen. Und wenn sie Erfolg haben, greifen sie sie an. Auch ein fremdes Männchen kann angegriffen werden, aber während unserer Jahre der Forschung in Gombe haben wir nur zwei vergleichsweise milde Angriffe auf Männchen aus Nachbargesellschaften beobachtet, im Vergleich zu achtzehn brutalen Überfällen auf fremde Weibchen. Männchen sind [...] viel gefährlichere Gegner, vor allem fremde, deren Stärken und Schwächen man nicht kennt. Natürlich könnte ein einzelnes Männchen von einer ganzen Gruppe von Männchen geschlagen werden – aber es könnte bei dem Kampf auch einem oder mehreren seiner Gegner ernste Wunden beibringen. Ein Weibchen, vor allem wenn es ein Kleinkind schützt, ist für die Angreifer keine Gefahr.« (Goodall, 1991, S. 121f.) Die Kinder wurden in der Regel nicht verletzt, nur die Mutter. Goodall vermutet folgenden Grund: »Damit [mit dem Angriff] bringen die Männchen sie [die Weibchen mit ihrem Kind] davon ab, je wieder in ihr Territorium einzudringen – wenn sie denn überleben –, und die Nahrungsmittel im eigenen Wohngebiet bleiben den eigenen Weibchen und Jungen vorbehalten.« (Goodall, 1991, S. 123)
[2] Goodall, 1991, S. 246

höchster Form, die Begeisterung, die von der vollkommenen Harmonie von Seele und Körper ausgeht, [...] die Höhen der Leidenschaft, der Zärtlichkeit und des Verstehens« zu erfahren[1].

Zudem gibt es Kannibalismus bei Schimpansen – wie auch bei Menschen. Goodall berichtet, dass eine Schimpansin zusammen mit ihrer Tochter einer anderen Schimpansin der gleichen Gruppe das Neugeborene entriss, tötete und dann zusammen mit anderen Familienmitgliedern auffraß. Das geschah nicht nur einmal.

Anders als bei Gorillas, Schimpansen und Bonobos gibt es bei Menschen Mord aus Eifersucht, weil nur Menschen in einer Paarbindung leben. Und nur bei Menschen gibt es von den Eltern herbeigeführte Zwangsheiraten. Bei Menschenaffen suchen sich die Weibchen die Gruppe aus, in der sie leben wollen. Dian Fossey berichtet von einem Weibchen, das innerhalb von wenigen Monaten mehrfach die Gruppe wechselte[2]. Die Unterdrückung der Frauen ist ebenfalls beispiellos groß bei Menschen. Darwin schreibt:

> »Der Mann ist an Körper und Geist kräftiger als die Frau, und im Zustand der Unkultur hält er die letztere in einer viel niedrigeren Knechtschaft als das Männchen irgend welchen anderen Tieres sein Weibchen.«[3]

Diese knappe Auflistung zeigt – denke ich – ausreichend deutlich, dass die im Sprachgebrauch übliche Unterscheidung zwischen menschlichem und tierischem Verhalten mehr von Wünschen geleitet ist als von Fakten. Somit sind die in der aktuellen Literatur zu findenden Tatsachenbehauptungen, was typisch menschliches Verhalten ist und wie es zu diesem typisch menschlichen Verhalten im Laufe der Evolution gekommen ist, zu hinterfragen.

---

[1] ebd. S. 247
[2] Dian Fossey berichtet von einem Weibchen (Maisie), das 1971 in Gruppe 8 eingewandert ist. Sie wurde dann von Gruppe 4 abgeworben: »Maisie blieb nur 5 Monate in Gruppe 4. Sie gewöhnte sich nicht gut ein [...]. Im Juni 1974 wechselte Maisie eine zeitlang hin und her zwischen Gruppe 4 und 8 und dem einzelgängerischen Silberrücken Samson, ehemals Gruppe 8, mit dem sie schließlich zusammenblieb.« (Fossey, 1989, S. 244)
[3] Darwin, 1902, Bd. II, S. 381

2 Zum Einfluss der natürlichen und der sexuellen Selektion auf die Evolution des Menschen

Anpassung, Angepasstheit, natürliche und sexuelle Selektion[1]

Wie gelingt es einem Organismus, in einer neuen Umwelt mit neuen oder deutlich veränderten Lebensbedingungen zurecht zu kommen? Häufig liest man die Formulierung, der Organismus habe sich angepasst. Wie macht er das? Zweifellos ist der Organismus später an eine veränderte Umwelt angepasst, sonst gäbe es ihn ja nicht. Nehmen wir als Beispiel den Wal. Der Wal stammt von einem vierbeinigen, auf dem Land lebenden Säugetier ab: Er hat sich an das Leben im Wasser »angepasst«. Diese Formulierung gibt das Resultat wieder, über den Mechanismus der Anpassung erfährt man nichts. Lange hielt sich die Vorstellung, dass die Umgebung selbst einen Einfluss auf vererbbare Eigenschaften von Organismen ausübt. Der berühmteste Vertreter dieser Idee war Jean-Baptist de Lamarck. Auch Darwin nahm an, dass der Gebrauch und Nicht-Gebrauch von Organen die Gestalt ändert und dass diese Veränderungen vererbbar sind[2]. Zusätzlich nahm Darwin aber an, dass auch der Zufall Variationen der Gestalt schaffen kann.

Es ist zutreffend, dass der Gebrauch oder Nicht-Gebrauch von Organen einen Organismus verändern kann. Denken wir zum Beispiel an die Stärke der Arm-Muskulatur bei Gewichthebern, die täglich trainieren. Aber solche Veränderungen werden nicht vererbt. Nun ist aber eine kräftige Arm-Muskulatur nicht nur das Resultat von Training, es gibt auch unterschiedliche genetische Anlagen: Die

---

1 In der folgenden Diskussion werden Begriffe wie Anpassung, Angepasstheit, natürliche und sexuelle Selektion wiederholt verwendet. Da nicht jeder damit vertraut ist, erscheint es sinnvoll zu erklären, was darunter verstanden werden soll.

2 »Ich möchte diese Gelegenheit zu der Bemerkung benutzen, daß meine Kritiker häufig annehmen, ich schriebe alle Veränderungen im Körperbau und in den geistigen Kräften ausschließlich der natürlichen Zuchtwahl solcher Umgestaltungen zu, die man oftmals als von selbst eintretend bezeichnet hört, während ich doch schon in der ersten Auflage der ›Entstehung der Arten‹ ausdrücklich betont habe, daß auf die erblichen Wirkungen des Gebrauchs und Nichtgebrauchs sowohl hinsichtlich des Körpers als auch des Geistes viel Gewicht zu legen ist.« (Darwin, 1902, Bd. I, S. 10)

Einen können trotz harten Trainings nicht viel reißen, und die Anderen haben auch dann kräftige Arme, wenn sie wenig trainieren. Wenn nun die Lebensbedingungen sich so ändern, dass für das Überleben eine kräftige Arm-Muskulatur absolut notwendig ist – je kräftiger, desto besser –, dann werden die Menschen mit der Anlage zu starken Armmuskeln eher überleben und Kinder haben als die anderen. Auf diese Weise passt sich die Population den neuen Bedingungen an: In den folgenden Generationen wird der Anteil von Personen mit Anlagen für starke Arm-Muskulatur zunehmen. Ein Mitglied der Population kann seine genetischen Anlagen nicht aktiv oder willentlich verändern, es kann seine Anlagen nicht an die neuen Gegebenheiten anpassen. Daher spricht man heute lieber von der Angepasstheit eines Individuums an seine Umwelt anstelle von Anpassung.

Mit Darwin unterscheiden wir zwei Formen der Selektion (die Begriffe Auslese oder Zuchtwahl werden in der wissenschaftlichen Literatur synonym verwendet): natürliche Selektion und sexuelle Selektion.

Zunächst zur natürlichen Selektion. Nehmen wir einmal an, eine Art lebt schon lange in einer relativ stabilen Umwelt, wie Wölfe in den Wäldern des Nordens. Die Art ist bestens an die Lebensbedingungen angepasst. Aber einige wenige unter ihnen haben infolge von Mutationen (zufälligen Änderungen ihrer genetischen Anlage) einen etwas veränderten Körperbau. Sie haben, beispielsweise, ein Fell, das etwas dicker als notwendig ist, womit sie etwas weniger flink als die anderen sind. Diese Wölfe haben daher eine etwas geringere Chance, mit den natürlichen Gegebenheiten zurecht zu kommen, und haben daher auch weniger Nachkommen als die Mehrheit. In der nächsten Generation ist der Anteil derjenigen mit zu dichtem Fell deshalb geringer geworden. Der Prozess, der zu diesem Resultat führt, wird als Selektion oder Auslese bezeichnet. Da die natürliche Umwelt die Selektion vorgenommen hat, nennt man das seit Darwin natürliche Selektion. Die natürliche Selektion sorgt also dafür, dass Wölfe mit zu dichtem Fell schließlich aus der Population verschwinden. Nur weil es immer mal wieder Mutationen gibt, die ein dichteres Fell bewirken, gibt es immer einige wenige solcher Individuen in der Population.

In diesem Beispiel hat die natürliche Selektion das Erscheinungsbild der Art stabilisiert: Die Wölfe mit dichterem Fell werden seltener. Manche Autoren sprechen daher auch von stabilisierender Selektion.

Wenn sich nun die Umwelt ändert – bezogen auf das Beispiel: es wird deutlich kälter –, dann hat die kleine Minderheit mit dem dichteren Fell einen Selektionsvorteil. Diese Tiere überleben eher, ihr Reproduktionserfolg[1] ist daher höher als der der Mehrheit. Im Resultat ändert sich damit das Erscheinungsbild der Population. Der Anteil derjenigen mit dichtem Fell nimmt von Generation zu Generation zu, was man Transformation nennen kann. Entscheidend ist: Die Art der Selektion hat sich nicht geändert. In beiden Fällen haben diejenigen Individuen weniger Nachkommen, die mit den Umweltbedingungen schlechter zurecht kommen. Nur: Das eine Mal ist das eine Minderheit in der Population und das andere Mal die Mehrheit.

Allgemein ausgedrückt: In einer Population gibt es als Folge von spontanen Mutationen immer Individuen mit unterschiedlicher genetischer Ausstattung. Die Genotypen[2] der Individuen einer Population sind nicht identisch. Daher sehen die Individuen auch etwas unterschiedlich aus. Ihre Erscheinung, ihr Phänotyp, ist aber nicht immer direkt auf den Genotyp zurückzuführen. Um bei dem oben benutzten Beispiel zu bleiben: Ein Muskeltraining kann den Körper stark verändern. Die Grundlage dafür, die Variationsbreite, in der Veränderungen durch Training möglich sind, wird aber durch den Genotyp bestimmt. Eine Selektion betrifft reale Personen. Personen überleben und reproduzieren sich, nicht Genotypen. Die Gestalt und die Physiologie einer Person, d.h. der Phänotyp, – und nicht zu vergessen, der Zufall – entscheiden in der realen Situation über das Überleben und die Reproduktion. Wenn sich als Folge einer solchen Auslese von bestimmten Phänotypen die relative Häufigkeit von Genotypen in der Population ändert, dann hat das Auswirkungen auf die Zusammensetzung der Genotypen der nächsten Generation – und so fort. Von Generation zu Generation verändert sich damit das Aussehen der Population.

Der Ausdruck »Selektionsdruck« wird häufig verwendet und er wird auch im Folgenden benutzt. Um im Beispiel zu bleiben: Sinkende Temperatur, so heißt es, erzeuge einen Selektionsdruck zur Ausbildung eines dichteren Fells. Selbstverständlich bewirkt die tiefe Temperatur nicht unmittelbar die Ausbildung eines dichteren Fells. Gemeint ist folgendes: In einer Population von Wölfen gebe es einige wenige Individuen, die ein etwas dichteres, und auch einige wenige

---

[1] Die Anzahl der Geburten und das Überleben der Nachkommen bis zur Geschlechtsreife bestimmen den »Reproduktionserfolg«.
[2] Die Gesamtheit aller Gene eines Individuum bezeichnet man als Genom. Alle heute lebenden Menschen haben zwar die gleichen Gene, aber diese Gene zeigen (kleine) Unterschiede in ihrem Informationsgehalt; man sagt: Die einzelnen Individuen unterscheiden sich im Genotyp.

Individuen, die ein etwas dünneres Fell als die Mehrheit haben. Das sei genetisch bedingt, also vererbbar. Wenn die Temperatur – langfristig – sinkt, haben die mit einem dichteren Fell einen Selektionsvorteil: Die sinkende Temperatur erzeugt einen »Druck« zur Veränderung der Population. Aber nur die Population, nicht das einzelne Individuum, kann sich an die tiefere Temperatur anpassen, und sie kann es nur dann, wenn es – per Zufall (!) – die geeigneten genetischen Anlagen bei einigen Individuen gibt. Gibt es sie nicht, kann der Druck zur Veränderung noch so groß sein, die Population verändert trotzdem ihre Eigenschaften nicht. Vielleicht stirbt sie aus, weil die äußeren Bedingungen das Überleben nun zu schwer machen.

Die Reproduktion eines Individuums hängt entscheidend davon ab, ob er oder sie als Partner für die Reproduktion ausgewählt wird. Das schiere Überleben im »Kampf ums Dasein« bis hin zur Geschlechtsreife ist nicht ausreichend für die Weitergabe der eigenen Gene an die nächste Generation. Wenn es eine Auswahl unter möglichen Partnern gibt, dann spricht man von sexueller Selektion, geschlechtlicher Auslese oder geschlechtlicher Zuchtwahl.

Das wohl bekannteste Beispiel ist der Pfau. Die Hennen lassen sich von demjenigen Hahn begatten, der das schönste Gefieder hat. Besonders wichtig sind dabei die langen prächtigen Schwanzfedern. Gerade die aber sind für den Hahn bei der Nahrungssuche, bei der Tarnung vor Feinden und bei der Flucht vor Feinden eher hinderlich als nützlich. Die Umwelt entscheidet darüber, welcher Hahn bis zur Geschlechtsreife überlebt (natürliche Selektion). Die Hennen entscheiden darüber, ob er sich dann auch fortpflanzt (sexuelle Selektion). Dieses Beispiel hat lebhafte Debatten ausgelöst. Die Frage war und ist: Haben die langen Schwanzfedern irgendeinen bisher übersehenen Vorteil beim Überleben bis zur Reproduktion? Schrecken sie Feinde ab? Dann muss man sich fragen, warum die Hennen nicht auch solche Schwanzfedern haben, wenn sie doch so nützlich sind. Dienen sie vielleicht als Indikator für Gesundheit und Stärke und damit als Hinweis für eine geeignete genetische Konstitution, weil ein Hahn ja nur trotz dieser Behinderung bis zur Geschlechtsreife überlebt hat? Wie auch immer die Antwort ausfällt: Da die Hennen wählen, gibt es eine sexuelle Selektion.

Auch für unsere Vorfahren gab es zu Beginn der Menschheitsentwicklung keine aktive Anpassung einzelner Individuen an den neuen Lebensraum mit den neuen Ernährungsmöglichkeiten. Unsere Vorfahren konnten den aufrechten Gang nicht dadurch erreichen, dass sie sich oder andere gezwungen haben, aufrecht zu gehen. Notwendig war, dass Variationen im Körperbau und in der Physiologie, kurz: Gestaltvarianten, spontan entstanden. Diese Gestaltvarianten mussten in der Umwelt bis zur Geschlechtsreife überleben (natürliche Selektion), und dann mussten sie Partner für die Reproduktion finden (sexuelle Selektion) und Nachkommen aufziehen.

Zu Beginn der Menschheitsentwicklung waren unsere Vorfahren sicher nicht identisch gebaut. Es gab unterschiedliche Phänotypen und unterschiedliche Genotypen. Einige von ihnen hatten schon vor dem Eintritt von neuen Lebensbedingungen in ihrem Erbgut Anlagen, die für die ersten Schritte der Menschheitsentwicklung nützlich waren. Es kam daher, als dann diese neuen Bedingungen eintraten, zunächst einmal darauf an, die geeigneten Anlagen, die schon in der Population vorhanden waren, in Individuen zusammenzuführen. Mit anderen Worten: Die »richtigen« Frauen mussten mit den »richtigen« Männern Kinder haben.

Die Rolle der natürlichen und der sexuellen Selektion bei der Herausbildung eines einheitlichen Aussehens

Schimpansen und Bonobos sehen nahezu gleichartig aus. Tatsächlich hat es lange gedauert, bis Zoologen erkannten, dass es sich bei Bonobos und Schimpansen um zwei verschiedene Arten von Menschenaffen handelt. Das gleichartige Aussehen der beiden Arten ist ein starker Hinweis darauf, dass auch die gemeinsamen Ahnen der Schimpansen und Bonobos, vor der Auftrennung in die zwei Linien, sich nicht stark von ihrem heutigen Erscheinungsbild als Bonobos und Schimpansen unterschieden. Auch die Gorillas sehen den Schimpansen und Bonobos deutlich ähnlicher als den Menschen. Zoologen gehen daher davon aus, dass auch der gemeinsame Vorfahre von Gorillas, Schimpansen, Bonobos und Menschen den beiden heute lebenden Schimpansenarten und auch den Gorillas erheblich ähnlicher sah als den heute lebenden Menschen. Nach der Aufspaltung der Linien haben sich die Vorfahren der Menschen stark in ihrem Erscheinungsbild verändert, während die Vorfahren der Gorillas und die der Bonobos und Schimpansen sich vergleichsweise wenig verändert haben.

Die Linien, die einerseits zu den Bonobos und andererseits zu den Schimpansen führen, entstanden nach heutiger Kenntnis vor 2 bis 2,5 Millionen Jahren aus einer gemeinsamen Linie. Die Linie, die zu den Menschen führt, hat sich vor etwa 6 Millionen Jahren von der Linie, die schließlich zu den Schimpansen und Bonobos führt, getrennt. Alle heute lebenden Menschen gehören zur Art *Homo sapiens,* die erst vor knapp 200 000 Jahren entstand. Alle Zwischenglieder bis dahin und alle Seitenzweige, wie z.B. der Neandertaler, der *Homo erectus* und der *Homo floresiensis*, sind ausgestorben. Bei Menschen entstand die Vielfalt in der Körper- und Haarfarbe, im Gesichtsschnitt, in der Körpergröße und in den Körperproportionen in weniger als 10 % der Zeit, die den Bonobos und Schimpansen für die Entwicklung individueller Gestaltmerkmale zur Verfügung stand. Es ist offensichtlich: In der Evolution des Menschen haben sich erheblich mehr Gestaltvarianten entwickelt als in der Evolution der Schimpansen und Bonobos, und dieser Prozess fand bei Menschen in erheblich kürzerer Zeit statt. Heute leben noch zwei Gorilla-Arten: Flachland- und Berggorilla. Was für Bonobos und Schimpansen gilt, gilt auch hier: Die Gorillas sehen sich sehr ähnlich. Die vorhandenen Variationen im Aussehen sind erheblich kleiner als bei Menschen.

Woher kommt dieser Unterschied? Ist der Mensch etwas Besonderes in dem Sinne, dass es nur bei ihm die Anlagen zu so vielen unterschiedlichen Gestaltvarianten gibt? Die Antwort ist: Nein. Erstens haben Menschen und die heute lebenden Menschenaffen gemeinsame Vorfahren und damit eine sehr ähnliche genetische Ausstattung. Zweitens gilt, dass bei der Zucht von Tieren sich schnell Variationen herausbilden, die vererbt werden können. Das gilt für die so genannten Haustiere, aber auch, beispielsweise, für Tiger im Zoo. Hat es bei Menschen mehr Mutationen gegeben als bei Menschenaffen? Dafür gibt es keinen Hinweis. Ganz im Gegenteil, die Unterschiede in der genetischen Ausstattung sind bei Menschen kleiner als bei Schimpansen und Gorillas. Das ist verständlich, wenn man bedenkt, dass alle heutigen Menschen von einer kleinen Population abstammen, die sich erst vor etwa 200 000 Jahren von einer Vorläuferart trennte. Offenbar gilt, dass große Unterschiede in der genetischen Ausstattung nicht automatisch zu großen Unterschieden im Phänotyp führen. Als Schlussfolgerung bleibt uns: Bei Menschenaffen, anders als bei Menschen, wurden die Anlagen für die meisten der aufgetretenen Variationen im Erscheinungsbild nicht an die nächste Generation weitergegeben.

Hat es vielleicht beim Menschen keine Selektion gegeben, und sind daher alle Variationen, die überhaupt irgendwann einmal aufgetreten sind, erhalten geblieben? Die Antwort ist auch hier: Nein. Selbstverständlich hat es Selektion gegeben, vom Beginn der Menschheitsentwicklung an bis heute, sonst gingen die Menschen heute, beispielsweise, nicht alle aufrecht. Aber offensichtlich sind bei

Menschen Individuen mit bestimmten Abweichungen im Erscheinungsbild nicht von der Reproduktion ausgeschlossen worden. Heute gilt: Ob die Haare blond und gelockt oder schwarz und glatt sind, ist nicht unerheblich für die Attraktivität einer Person. Nur: Für die Haarfarbe und die Krümmung der Haare gibt es bei Menschen offenbar unterschiedliche Kriterien für die Auswahl eines Partners. Mit anderen Worten: Menschen haben heute kein bei allen gleichartiges Schönheitsideal[1]. Dem oder der einen gefällt dies, und dem oder der anderen gefällt das. Bei Menschenaffen scheint das anders zu sein. Um nicht missverstanden zu werden: Es gibt auch bei Menschen artspezifische Schönheitsvorstellungen, das heißt, Schönheitsvorstellungen, die bei allen Mitgliedern der Art gleich sind. Dazu gehört die aufrechte Körperhaltung. Wer heute so geht wie ein Gorilla oder Schimpanse, wirkt nicht sonderlich attraktiv. Er oder sie hat damit nur eine geringe Chance bei der Partnerwahl. Das ist weltweit so. Bei der Haarfarbe und der Krümmung der Haare und bei vielen weiteren Merkmalen ist das aber anders.

Der Grund, warum Menschen eine so große Vielfalt an Erscheinungen hervorgebracht haben, ist erklärungsbedürftig. Das Entsprechende gilt natürlich auch für die Menschenaffen: Warum ist ihr Aussehen vergleichsweise einförmig? Hier erscheint die Antwort einfacher:

In einer Umwelt, die seit langer Zeit die gleichen Lebensbedingungen für eine Art bietet, sind die Individuen dieser Art gut an diese Bedingungen angepasst. Große Verbesserungen der Gestalt und anderer Eigenschaften sind kaum zu erwarten. Individuen, die auf Grund von Mutationen eine von der Normalform abweichende Gestalt entwickelt haben, sind nahezu immer weniger gut geeignet, mit den Lebensbedingungen zurecht zu kommen. Sie haben daher – im Durchschnitt – weniger Nachkommen als die anderen. Damit bewirkt die natürliche Selektion, dass das Erscheinungsbild (der Phänotyp) der Individuen in der Population sich kaum ändert.

Auch die sexuelle Selektion kann dazu beitragen, dass das Aussehen einer Art sich von Generation zu Generation nicht oder kaum ändert. Die Argumentation verläuft hier wie folgt: In die Entscheidung bei einer Partnerwahl fließen viele Kriterien ein. Bei einigen

---

1 Im Folgenden werden die Kriterien für die Auswahl eines Partners zusammenfassend als Schönheitsideal bezeichnet. Wenn eine Art zweigeschlechtlich ist und für die Fortpflanzung eine Paarung stattfindet, dann sucht ein Individuum dieser Art sich einen Partner der gleichen Art: Das Individuum hat ein artspezifisches Schönheitsideal. Bei bestimmten Arten mag das Ideal bei allen Individuen gleich sein, bei anderen mag es persönliche Modifikationen des artspezifischen Ideals geben.

davon kann man unmittelbar erkennen, dass sie nützlich sind, zum Beispiel soll der Partner gesund, kräftig und geschickt sein. Eine solche Wahl bietet natürlich nicht die Gewähr, dass die Nachkommen später einmal mit den Lebensbedingungen zurecht kommen werden, aber die Chance dazu ist groß. Auf diese Weise nimmt die sexuelle Selektion eine natürliche Selektion vorweg. Bei der Ablehnung eines nicht art-typischen, eines »abartig« aussehenden Partners besteht zwar das Risiko einer Fehlentscheidung – die Nachkommen könnten wider Erwarten hervorragend mit den Lebensbedingungen zurecht kommen –, aber im Mittel ist dieses Vorgehen sehr effizient, weil die Entscheidung in den weitaus meisten Fällen richtig ist. Das gilt allerdings nur, wenn die Umwelt seit langer Zeit stabil ist. Wenn Kinder geboren werden, aufwachsen und dann im »Kampf ums Dasein« mit der belebten und unbelebten Natur scheitern, dann ist das ein großer Verlust. Die Wahl eines geeigneten Partners kann dieses Schicksal im Vorfeld – nicht vollständig, aber doch tendenziell – verhindern. In einer stabilen Umwelt sind geeignete Partner solche, die so aussehen wie die Mehrheit. Die Wahl ist sinnvollerweise konservativ. Selbstverständlich soll der Partner gesund, kräftig und geschickt sein, aber nicht neuartig und damit extravagant aussehen, was zum Beispiel die Haarfarbe und Haarlänge, die Stimme, die Körperproportionen usw. betrifft. Auf diese Weise stabilisiert die sexuelle Selektion das Erscheinungsbild einer Population. Das Schönheitsideal der Population oder der Art ist sinnvollerweise bei allen gleichartig.

Zusammengefasst: Auch die sexuelle Selektion kann zur Stabilität des Erscheinungsbildes beitragen. Wenn eine Art schon lange in einer relativ stabilen Umwelt lebt, dann sind Abweichungen vom Erscheinungsbild mit hoher Wahrscheinlichkeit ungünstig. Wenn bei der Partnerwahl »abartig« aussehende Mitglieder gemieden werden, dann hat das die Wirkung einer vorverlagerten natürlichen Selektion, allerdings mit dem Risiko einer Fehlentscheidung. Der Vorteil einer solchen konservativen Wahl ist aber, dass auf diese Weise die Belastung durch Aufzucht von Nachkommen, die letztlich im »Kampf ums Dasein« nicht bestehen können, minimiert wird. In einer stabilen Umwelt, in der eine Art schon lange lebt, wird daher die Entwicklung eines einheitlichen, konservativen Schönheitsideals von der natürlichen Selektion begünstigt.

Die Bedeutung der Partnerwahl für die Entwicklung von Gestaltvarianten

Am Anfang der Menschheitsentwicklung stand ein Auseinanderentwickeln der Art des gemeinsamen Vorläufers von Menschen, Schimpansen und Bonobos in zwei Arten. Die eine Art entwickelte sich zu den heutigen Menschen und die andere zu den heutigen Bonobos und Schimpansen. Unsere Vorfahren gingen zu einer neuartigen Ernährungs- und Lebensweise über. Dafür waren Gestaltveränderungen sinnvoll, die bis dahin nicht sinnvoll waren, beispielsweise die Aufrichtung des Körpers. Wie alle Menschenaffen gingen auch die gemeinsamen Vorfahren von Menschen, Bonobos und Schimpansen auf vier Beinen. Damit konnten sie sich schnell auf dem Boden und geschickt in den Bäumen bewegen. Mit dem Übergang zur Fortbewegung auf zwei Beinen wurden unsere Vorfahren langsam. Sie konnten sich auf dem Boden nur schwerfällig watschelnd fortbewegen und konnten nur schlecht Bäume erklettern. Damit wurde es ihnen schwer, ihre normale Nahrung zu erreichen, und auch die Flucht bei Gefahr, sowohl auf dem Boden als auch in Bäume, wurde für sie schwer. Doch trotz alledem: Für die neue Lebensweise – wie auch immer sie beschaffen war (vgl. S. 12ff.) – muss der aufrechte Gang offenbar günstiger gewesen sein als die Fortbewegung auf vier Beinen.

Zunächst wurde der Übergang von der vier- zur zweibeinigen Fortbewegung von der sexuellen Selektion sicher nicht begünstigt. Bei der Partnerwahl wurden schnelle, gelenkige und geschickte Individuen den ungeschickten sicher vorgezogen. Auch die Haarlosigkeit des Körpers war nicht attraktiv. Begonnen hat die Haarlosigkeit vermutlich mit einer etwas spärlicheren Behaarung, und die wies wohl eher auf Parasitenbefall und Krankheit hin als auf eine günstige genetische Ausstattung. Das Gleiche kann man von der Fähigkeit zu schwitzen sagen – kein Menschenaffe und auch kein anderes Säugetier kann so schwitzen wie der Mensch[1]: Auch diese Fähigkeit wies wohl eher auf Krankheit hin als auf günstige genetische Eigenschaften. Hinzu kam, dass unsere Vorfahren vermutlich besser riechen konnten als wir heute, und Schwitzen führt, wie wir wissen, leicht zu Geruchsbelästigungen. Es ist offensichtlich, dass die für die neue Umwelt augenscheinlich »günstigen Mutationen« sich nicht leicht durchsetzen konnten. Notwendig war offenbar: Die Kriterien

---

1 Montagna, 1965

bei der Partnerwahl – das Schönheitsideal – mussten sich ändern. Man kann sich leicht vorstellen, was passiert wäre, wenn die vierbeinige Fortbewegung weiterhin ausschlaggebend gewesen wäre für die Partnerwahl: Uns Menschen hätte es nicht gegeben. Die sexuelle Selektion bremste also zunächst einmal die Nutzung der neuen Umwelten und damit – in unserem konkreten Fall – die Evolution hin zum Menschen.

Zusammengefasst: Die überkommenen Kriterien für die Partnerwahl – das überkommene Schönheitsideal – verhindern die Wahl eines Partners, der einen fremdartigen Eindruck macht. Auf diese Weise verhindert die sexuelle Selektion, dass ein Populationsmitglied mit abweichender Anatomie und Physiologie (Gestaltvariante) Nachkommen hat. Zu Beginn der Menschheitsentwicklung verhinderte das überkommene Schönheitsideal insbesondere, dass genau diejenigen Gestaltvarianten entstehen und sich in der Population halten, die sich später als sinnvoll herausstellten – weil genau diese Gestaltänderungen vermutlich besonders unattraktiv waren.

Offensichtlich musste das überkommene Schönheitsideal gegen ein neues eingetauscht werden, sonst hätte es die Menschheitsentwicklung, wie sie tatsächlich stattgefunden hat, nicht gegeben. Zwei Fragen schließen sich zwangsläufig an: Wie muss das Schönheitsideal beschaffen sein, das die Evolution zum Menschen ermöglicht? Und wie dürfte es von dem alten zu dem neuen Schönheitsideal gekommen sein?

Wie muss das Schönheitsideal beschaffen sein, das die Evolution zum Menschen ermöglichte?

Für die neue Lebensweise zu Beginn der Menschheitsentwicklung war eine spärliche Behaarung geeigneter als volle Behaarung. Nehmen wir einmal an: Es gibt jemanden in einer Population des gemeinsamen, voll behaarten Vorläufers von Menschen, Schimpansen und Bonobos, der auf Grund einer spontanen Mutation nur spärlich behaart ist. Dieser Jemand hat wegen des »alten« Schönheitsideals das Problem, einen Partner zu finden, da für alle Individuen der Population nur »normal« behaarte Personen attraktiv sind. Das bestehende Schönheitsideal bewirkt sogar, dass sich zwei wenig behaarte Personen gegenseitig meiden. Damit erreicht das Merkmal »wenig behaart« nicht einmal die nächste Generation. Das Schönheitsideal verhindert offenbar den Fortschritt.

Allgemein ausgedrückt: Wenn sich für eine Art die Lebensbedingungen deutlich ändern, dann muss die sexuelle Selektion ihre Eigenschaft als vorverlagerte natürliche Selektion aufgeben. Sie darf das Erscheinungsbild nicht mehr stabilisieren. Sie darf nicht den Reproduktionserfolg einer Gestaltvariante bestimmen. Das darf nur die natürliche Selektion.

Zwei Wege sind offenbar möglich, die notwendigen Änderungen in der Anatomie und Physiologie zu erreichen.

Erster Weg: Es gibt eine Arterkennung bei der Partnerwahl, aber innerhalb der Art kommt jedes gegengeschlechtliche Mitglied als Partner in Frage, auch Partner mit abweichender Gestalt, wenn sie als Mitglieder der Art erkannt werden. Mit anderen Worten: Es gibt innerhalb der Art keine sexuelle Selektion. Dieses Verhalten wird in der Populationsgenetik als Zufallspaarung oder Panmixie bezeichnet. Nehmen wir einmal an: In einer Population gibt es eine sehr kleine Minderheit wenig behaarter Individuen, und diese haben einen Vorteil beim Kampf ums Dasein. Personen dieser Minderheit haben mit zufälligen Partnern Nachkommen. Die Partner sind sehr wahrscheinlich normal behaart, weil weitaus die meisten Populationsmitglieder normal behaart sind. Ihre Nachkommen sind möglicherweise alle normal behaart oder etwas weniger behaart als normal. Die natürliche Selektion hat daher nur eine geringe Chance, das Merkmal »wenig behaart« zu fördern. Das Merkmal wird sich in der Population nur sehr langsam durchsetzen.

Zweiter Weg: Wie im ersten Fall gibt es bei der Partnerwahl eine Arterkennung, aber als Partner kommt nicht jedes gegengeschlechtliche Mitglied der Art in Frage, sondern nur jemand, der so ähnlich aussieht, wie man selbst aussieht: Das Schönheitsideal enthält das Abbild der eigenen Erscheinung[1]. Bleiben wir bei dem obigen Bei-

---

1 Mit Abbild bzw. Bild ist nicht nur der optische Eindruck gemeint. Andere Eigenschaften, die mit anderen Sinnen erfahrbar sind, wie Stimmlage und Körpergeruch sind ebenfalls gemeint. Im Begriff Phänotyp ist all das enthalten.
In der Populationsgenetik nennt man eine Paarung auf Grund der Wahl eines Partners nach dem Bild der eigenen Erscheinung positive phänotypische assortative Paarung (Wright, 1921). Wenn eine Person wegen genau dieses Aussehens nicht als Partner in Frage kommt, so nennt man das Resultat: negative phänotypische assortative Paarung. Streng genommen, ist die Wahl eines gegengeschlechtlichen Partners eine negative phänotypische assortative Paarung. Für Schimpansen und Bonobos gibt es Hinweise (s. S. 37 und 58), dass auf das sich bildende Schönheitsideal der Söhne das Bild ihrer Mutter – und damit tendenziell das eigene Aussehen – einen geringeren Einfluss hat als das der anderen erwachsenen weiblichen Mitglieder der Population. Damit führt die Partnerwahl bei ihnen – tendenziell – zu einer negativen phänotypischen assortativen Paarung. Eine Partnerwahl nach diesem Kriterium bewirkt, dass die Mitglieder einer Population einheitlich aussehen, während das gegenteilige Prinzip, also die positive

spiel und nehmen an: Es gibt eine sehr kleinen Minderheit wenig behaarter Individuen in einer Population, und diese Individuen haben einen Vorteil beim Kampf ums Dasein. Solche Personen haben nun nicht mit einem zufälligen Partner Nachkommen, sondern mit einem, der ebenfalls wenig behaart ist. Deren Nachkommen prägen mit hoher Wahrscheinlichkeit das ungewöhnliche Merkmal ihrer Eltern aus. Damit hat die natürliche Selektion eine große Chance, das Merkmal »wenig behaart« zu fördern.

Der Vergleich zeigt: Beide Wege – kein Schönheitsideal bzw. das Schönheitsideal enthält das Abbild der eigenen Erscheinung – sind zielführend[1]. Dabei führt der erste Weg langsam zum Ziel, der zweite schnell. Das lenkt den Blick auf den zweiten Weg. Mit ihm kann man verstehen, wie es zu den schnellen und starken Veränderung im Verlauf der Menschheitsentwicklung gekommen ist, und auch, wie die gegenwärtige große Vielfalt von Gestaltvarianten in der Menschheit zustande gekommen ist. Zweifellos gab es zu jeder Zeit in unsrer Evolution »Zufallspaarungen«, wie Populationsgenetiker das nennen. Von besonderem Interesse ist aber, ob es die andere Paarungsstrategie gab und gibt: eine Vorliebe für einen Partner, der der eigenen Erscheinung ähnelt. Wenn es die tatsächlich gab und gibt, dann sollten die Spuren davon in unserem Verhalten bei der Partnerwahl, in unserer psychischen Organisation und in unserem Sozialsystem zu entdecken sein.

Offene Fragen

Im Folgenden sollen die Resultate dieser Überlegungen auf die Evolution des Menschen angewandt werden. Dabei ergibt sich eine Reihe von Fragen:

Bevorzugen wir Menschen – wenn ja, seit wann? – bei der Partnerwahl tatsächlich jemanden, der uns ähnelt?

Welche Eigenschaften hat ein Schönheitsideal, das die eigene Erscheinung zum Vorbild nimmt?

---

phänotypische assortative Paarung, dazu führt, dass sie unterschiedlich aussehen.
1 Die Bezeichnung »zielführend« bedeutet nicht, dass das Ziel mit Sicherheit erreicht wird. Eine genetische Anlage kann auch per Zufall die nächste Generation nicht erreichen, beispielsweise wenn ein Ehepaar keine Kinder hat. Auf diese Weise kann eine genetische Anlage auch dann, wenn sie einen hohen Selektionsvorteil bietet, vollständig aus einer Population wieder verschwinden.

Wie kann sich in der Individualentwicklung ein bei allen gleichartiges Schönheitsideal herausbilden, und wie kann sich ein Schönheitsideal herausbilden, das die eigene Erscheinung zum Vorbild hat?

Welche Auswirkungen sind von einer Partnerwahl, die die eigene Erscheinung zum Vorbild nimmt, auf unsere psychische Organisation und unser Sozialsystem zu erwarten? Und: Sind diese Auswirkungen tatsächlich aufzufinden?

Hat diese Vorliebe bei der Partnerwahl den Gang unserer Evolution beeinflusst?

Gibt es Hinweise darauf, dass wir einen Partner vorziehen, der uns ähnelt?

Eine Partnerwahl wird von vielen Faktoren beeinflusst, wie Gesundheit, geschlechtsspezifische Schönheitsmerkmale, Kraft, Geschicklichkeit, Hilfsbereitschaft, artspezifisches Aussehen und Verhalten, vermutete Eignung als zukünftiger Vater bzw. Mutter hinsichtlich Alter, körperlicher Eigenschaften, emotionaler Fähigkeiten der Zuwendung sowie materieller Versorgung. Hinzu kommt in neuerer Zeit: Besitz an Immobilien und Geld, Bildungsstand, Religion, politische Einstellung, Sprache, Beruf, Hobbys, Vorlieben für Musik und Theater, für Hunde oder Katzen. Für viele dieser Kriterien, wie Religion und politische Ansichten, gilt: »Gleich und gleich gesellt sich gern«. Manche der Kriterien sind uns bei der Wahl eines Partners vollständig bewusst, und andere nicht. Zu den Kriterien, die uns nicht bewusst werden, gehören beispielsweise kleine, recht kuriose körperliche Merkmale, wie die Breite der Nasenflügel, die Länge der Ohrläppchen, die Länge des Mittelfingers und der Abstand der Augen. So merkwürdig das klingen mag – empirische Untersuchungen ergaben, dass diese Merkmale bei Ehepartnern ähnlich ausgeprägt sind: »Im Durchschnitt ähneln Ehegatten einander in fast jedem untersuchten Körpermerkmal zwar nur schwach, aber doch signifikant.«[1] Offenbar wählen wir einen Partner, der uns ähnelt[2].

---

[1] Diamond, 1998, S. 131
[2] Jena Pincott berichtet von Untersuchungen von Lisa DeBruine (2002): »Es stellte sich heraus, dass Männer und Frauen Gesichtern, die ihnen ähnlich sahen, die größte Vertrauenswürdigkeit bescheinigten. Das Gesicht, das dem eigenen glich, wurde außerdem von den meisten für eine langfristige Beziehung in Erwägung gezogen.« (Pincott, 2009, S. 41) Wie ausgeprägt und gleichzeitig nicht bewusst unsere Vorstellungen bei der Partnerwahl sind, kann man an zweiten und dritten Ehen beobachten. Mit schöner

Begründungen für dieses merkwürdige Verhalten sind rar. Jared Diamond nimmt an, dass Ehen länger halten, wenn die Partner einander ähnlich sehen. Empirisch mag man das nachweisen können, aber das hilft wenig dabei, zu verstehen, warum das so ist.

Eigenschaften eines Schönheitsideals, das die eigene Erscheinung zum Vorbild nimmt

Ein Schönheitsideal, das an der eigenen Erscheinung ausgerichtet ist, hat nicht die Eigenschaft, das Erscheinungsbild der Populationsmitglieder vor Veränderungen zu bewahren; es stabilisiert nicht das Erscheinungsbild, sondern es erlaubt, ja es fördert sogar die Entstehung neuer Gestaltvarianten in einer Population. Das Ideal bewirkt darüber hinaus, dass eine einmal aufgetretene Gestaltabweichung – wenn sie bis zum Reproduktionsalter überlebt – in der nächsten Generation voraussichtlich stärker ausgeprägt sein wird: Das Kind von Eltern mit langen Beinen hat selbst lange Beine und sucht sich einen Partner mit langen Beinen. Die Mitglieder einer Population, in der Paarungen nach diesem Prinzip stattfinden, unterscheiden sich immer stärker voneinander.

In der Tierzucht wird eine Partnerwahl nach diesem Prinzip erfolgreich eingesetzt. Beispielsweise haben wir heute eine enorme Anzahl unterschiedlich aussehender Hunde. Alle sind durch Zucht aus dem Wolf hervorgegangen. Der Wolf hat in der Zwischenzeit seine Gestalt kaum verändert, weil er bestens an die Umwelt angepasst ist. Hunde wurden für bestimmte Aufgaben, für bestimmte neue Umwelten, gezüchtet. Der Dackel ist geeignet, einen Fuchs oder Dachs aus seinem Bau zu vertreiben, als Schlittenhund ist er ungeeignet. Das Umgekehrte gilt für den Schlittenhund. Die natürliche Selektion hat die Gestalt des Wolfes über viele Jahrtausende etwa gleichförmig gehalten. Die Paarung von gleichartig Aussehenden, also eine durch den Züchter bewirkte sexuelle Selektion, hat zu den vielen Hunderassen geführt. Mutationen sind bei Wölfen und Hunden vermutlich gleich häufig.

Wenn das Schönheitsideal an der eigenen Erscheinung ausgerichtet ist, dann passt es sich jeweils automatisch einer neu entstandenen, bisher nicht da gewesenen eigenen Erscheinung an. Das geht solange

---

Regelmäßigkeit sieht der neue Partner dem alten ähnlich – oft geradezu lächerlich ähnlich. Eine Übersicht über Arbeiten, die sich mit der Ähnlichkeit von Gesichtern von Ehepartner beschäftigen, findet sich bei Penton-Voak und Perrett (2000).

von Generation zu Generation voran, bis die natürliche Selektion weitere Veränderungen bremst. Als Folge davon gibt es so viele Modifikationen des allgemeinen Schönheitsideals, wie es Personen in der Population gibt. Das aber, was jeder/jede dabei übereinstimmend schön findet, ist das neue gemeinsame und damit das neue artspezifische Schönheitsideal.

Speziell für den Fall der Menschheitsentwicklung ist von Bedeutung, dass das neue Schönheitsideal die Promiskuität einschränkt und damit tendenziell die Paarbindung fördert, und zwar deshalb, weil in einer Population geeignete Partner nur begrenzt vorkommen. Es kommt nicht mehr jeder/jede als Partner in Frage, sondern bevorzugt – oder vielleicht sogar ausschließlich – diejenigen, die dem persönlichen Schönheitsideal entsprechen.

Zusammengefasst: Das überkommene Schönheitsideal hatte für die Entwicklung hin zu den Menschen zwei Fehler: Es war erstens das falsche Ideal, weil es noch den gemeinsamen Vorfahr von Schimpansen, Bonobos und Menschen zum Vorbild hatte. Und zweitens war es in der Population einheitlich und verhinderte damit, dass Personen mit abweichender Gestalt einen Partner fanden.

Ein Schönheitsideal, das sich am eigenen Aussehen orientiert, hat im Gegensatz dazu die gewünschten Eigenschaften. Erstens: Eine Person mit von der Norm abweichendem Aussehen kann nun einen Partner finden. Und zwar einen, der ähnlich aussieht wie sie selbst. Die beiden zukünftigen Partner haben bei ihrer Wahl eine ähnliche Vorliebe. Auch Personen mit einem Aussehen, das bei dem alten Ideal auf starke Ablehnung stieß, haben eine gute Chance, einen Partner zu finden. Zweitens: Damit bleiben neue Gestaltvarianten in einer Population erhalten, solange die natürliche Selektion das nicht verhindert. Drittens: Dieses Schönheitsideal passt sich von selbst dem jeweiligen neuen Aussehen an und fördert auf diese Weise, dass die Mitglieder der Population unterschiedlich aussehen. Viertens: Eine zunächst sehr schwache Abweichung von der normalen Gestalt wird sich von Generation zu Generation stärker ausprägen, und zwar so lange, bis die natürliche Selektion dem Einhalt gebietet. Fünftens: Das Schönheitsideal schränkt die Promiskuität ein und fördert tendenziell die Entwicklung einer Paarbindung.

Wie in der Individualentwicklung sich bei allen ein gleichartiges Schönheitsideal herausbilden kann

Unter natürlichen Bedingungen interessieren sich Schimpansen nur für Schimpansen als Partner, nicht für Gorillas oder Bonobos. Das weist auf ein artspezifisches Schönheitsideal hin. Die Ausbildung dieses Ideals muss bei Beginn der Geschlechtsreife (weitgehend) abgeschlossen sein. Die Festlegung (Prägung) des Inhalts dieses Ideals umfasst das Aussehen, die äußere Erscheinung im weitesten Sinne, wie Körperproportionen, Körpergröße, Bewegung, Gestik, Laute, Körpergeruch, die Farbe der Haut, der Haare und der Augen und natürlich geschlechtsspezifische Merkmale. Experimentell wurde bei vielen Organismen, besonders deutlich bei Vögeln, gefunden, dass eine Festlegung der späteren sexuellen Präferenz in der Kindheit und Jugend durch den Kontakt mit Erwachsenen und Heranwachsenden entsteht.

Es ist offensichtlich, dass das Schönheitsideal in einer Population von Person zu Person sich kaum unterscheidet, wenn entweder bei allen die gleiche Person zum Vorbild für das Ideal genommen wird oder, was noch zielgerechter ist, wenn das Vorbild für das Ideal aus einer Mittelung des Aussehens vieler Personen entsteht. Da Schimpansen und Bonobos recht gleichartig aussehen, kann man vermuten, dass eine der beiden Möglichkeiten zutrifft. In beiden Populationen gibt es zwar eine Rangordnung, aber die ranghohen Individuen weiblichen oder männlichen Geschlechts sind nicht so dominierend, dass alles auf sie ausgerichtet wäre. Man kann daher vermuten, dass das Schönheitsideal bei ihnen aus einer Mittelung der Erscheinung vieler Mitglieder der Population entsteht.

In Populationen von Bonobos und Schimpansen haben die Kinder und die Heranwachsenden spielerische Sexualkontakte miteinander und mit erwachsenen Mitgliedern der Population[1]. Durch Beobach-

---

1 Goodall schreibt über Schimpansen in freier Wildbahn: »Im Alter von ein bis vier oder fünf Jahren sind die männlichen Affenkinder, wenn ein Weibchen mit einer Brunstschwellung [Genitalschwellung – S.B.] sich in der Gruppe befindet, ständig damit beschäftigt, sich ihnen zu nähern, ihm auf den Rücken zu klettern und alle Bewegungen zu machen, die ein erwachsenes Männchen bei der Paarung ausführt. Ich erinnere mich noch, wie sich der zweijährige Goblin einmal einem Weibchen im Verlauf von einer halben Stunde fünfzehnmal auf diese Weise näherte. Meist kauert das Weibchen nieder, um die ›Paarung‹ zu erleichtern.« (van Lawick-Goodall, 1975, S. 134) Über sexuelle Interessen von heranwachsenden weiblichen Schimpansen schreibt sie: »Wenn das erste Jahr der Adoleszenz [etwa nach dem sechsten Lebensjahr – S. B.] vorüber ist, wird die Brunstschwellung des Weibchens immer größer – wenn auch nie

tung von Paarungsakten und durch spielerische sexuelle Kontakte während der Kindheit mit vielen Gruppenmitgliedern bildet sich vermutlich bei Schimpansen und Bonobos das Schönheitsideal heraus, das die spätere Präferenz bei sexuellen Kontakten bestimmt. Sehr wahrscheinlich geht das Bild fast aller männlichen bzw. weiblichen Mitglieder der Gruppe – vielleicht mit Ausnahme der eigenen Mutter bei den Söhnen (siehe dazu S. 58) – in das Schönheitsideal eines Kindes ein. Dabei spielt offenbar die Genitalschwellung eine entscheidende Rolle. Wie wichtig die Genitalschwellung ist, kann man der Beobachtung entnehmen, dass junge Schimpansen sich für Pavianweibchen mit Genitalschwellung interessieren[1].

so groß wie bei einem voll ausgereiften Schimpansenweibchen. Selbst in diesem Stadium zeigen die reifen Männchen, ganz im Gegenteil zu den männlichen Affenkindern, noch keinerlei Interesse an den jungen Weibchen. Die Weibchen ihrerseits scheinen in diesem Stadium die Aufmerksamkeit ihrer jungen Freier durchaus zu begrüßen und zögern in der Regel nicht, sich zu präsentieren, indem sie sich tief niederducken, wenn kindliche Männchen sich ihnen nähern, um sich mit ihnen zu ›paaren‹. Einmal sahen wir sogar, wie ein junges Weibchen Flint [ein männliches Schimpansenkind – S. B.] von einer anderen, mit der er sich gerade ›paarte‹, wegzerrte, und sich selbst anbot, indem es sich vor ihn hinkauerte.« (ebd., S. 152) Möglicherweise geben Weibchen mit Genitalschwellung Geruchsstoffe ab, die bei den männlichen Kindern sexuelle Interessen und die entsprechenden Handlungen auslösen. Bei erwachsenen Männchen löst die Genitalschwellung als optischer Reiz die sexuelle Erregung aus. Bei den weiblichen Kindern erwächst mit der Ausbildung der ersten kleinen Genitalschwellung das sexuelle Interesse. Möglicherweise wird, wie bei den männlichen Kindern, auch bei den weiblichen Kindern die sexuelle Erregung durch Geruchsstoffe ausgelöst, und zwar in diesem Fall durch Geruchsstoffe, die von den erwachsenen Männchen und den männlichen kleinen Kinder – ständig! – abgeben werden. Weibchen würden – dieser Annahme zu Folge – nur, während sie eine Genitalschwellung ausbilden, auf die Geruchsstoffe regieren (können).
Für Bonobos gilt weitgehend das Gleiche. De Waal schreibt:»Solange ihr Sohn jung ist – unter zwei Jahre alt –, reibt sich eine Mutter vielleicht gelegentlich sexuell an ihm, aber bald hört sie damit auf. Da sie bei Mami kein Glück haben, suchen jugendliche Männer Sex bei anderen Frauen. Geschwollene Bonobofrauen [mit Genitalschwellung – S. B.] geben sich oft den Gelüsten dieser kleinen Don Juans hin, die sie mit Blätterzweigen und winkenden Penissen verführen. (de Waal, 2009, S. 170) Bei Bonobos gibt es auch sexuelle Kontakte zwischen erwachsenen Männchen und Kindern, aber diese Kontakte sind ganz anders als die zu Weibchen mit Genitalschwellung. »Die Männchen bestiegen Juvenile und Kinder nie ohne deren ›Zustimmung‹ – wenn es anders wäre, hätten wir es an der Gegenwehr der Jungen und den Versuchen der Männchen, sie zurückzuhalten, gemerkt. Die Kontakte waren kurz, freundschaftlich, sie wurden oftmals von den Jungen gesucht und fanden ohne Penetration statt. Es kann durchaus sein, dass der sexuelle Mißbrauch von Kindern eine für den Menschen einzigartig pathologische Verhaltensweise darstellt.« (de Waal, 1993, S. 207)
1 In der Gombe-Forschungsstation am Tanganjika-See wurden gelegentlich Bananen ausgelegt, um Schimpansen leichter beobachten zu können. Das hat auch Paviane angelockt. Tiere der beiden Arten hielten sich mitunter dicht nebeneinander auf, insbesondere dann, wenn alle Bananen aufgegessen waren. Dabei wurde folgendes beobach-

Die jungen Weibchen beider Schimpansenarten verlassen mit dem Beginn der Pubertät zunächst vorübergehend ihre Geburtsgruppe und wechseln später endgültig in eine andere Gruppe über. Nur in seltenen Fällen bleiben sie in ihrer Geburtsgruppe oder kommen nach Besuchen anderer Gruppen – häufig sind sie dann schwanger – wieder in ihre Geburtsgruppe zurück. Da die jungen Weibchen der beiden Schimpansenarten zu einer benachbarten Gruppe ihrer eigenen Art überwechseln, sind sie offensichtlich auf Männchen ihrer eigenen Art sexuell geprägt. Für Gorillas gilt das Gleiche. Durch das Auswandern wird Inzucht verhindert. Die Populationen der gleichen Art einer Region durchmischen sich und als Folge davon wird das Schönheitsideal in den Populationen einer Region weitgehend einheitlich.

Menschen entwickeln eine Vorliebe für einen Partner, der den engsten Angehörigen ähnelt

Auf Grund von empirischen Untersuchungen ist gesichert, dass in das Schönheitsideal des Menschen das eigene Erscheinungsbild eingeht. Damit stellt sich die Frage: Wie kann sich ein solches Schönheitsideal in der Individualentwicklung herausbilden? Es gab ja lange Zeit keinen Spiegel. Das Bild, das man von sich selbst haben kann, ist daher zumindest unvollständig.

Ein einfacher Weg zur Erreichung des Ziels wäre, wenn ein Sohn das Bild seiner Mutter und eine Tochter das Bild ihres Vaters in das Ideal aufnimmt. Es ist leicht vorstellbar, dass so etwas möglich ist, und weit entfernt von dem eigenen Aussehen ist das Abbild des gegengeschlechtlichen Elternteils nicht. Bei näherem Hinsehen zeigt sich, dass ein solches Schönheitsideal sogar geeigneter ist als eines, das an der eigenen Erscheinung ausgerichtet ist – ganz abgesehen davon, dass dies schwer zu erreichen ist. Es geht ja um die Wahl eines gegengeschlechtlichen Partners; da ist es günstig, dass bei Menschen die Frauen und die Männer zwar geschlechtsspezifische Unterschiede im Körperbau aufweisen, aber abgesehen davon die gleichen

tet: »Als Flint [ein männliches Schimpansenkind – S. B.] etwa acht Monate alt war, näherte er sich auf seinen wackligen Beinen häufig Pavianweibchen mit Genitalschwellungen, und wir waren zunächst überrascht, daß sich diese Weibchen nicht selten umdrehten und dem kleinen Flint ihr Hinterteil zuwandten – genau wie es die Schimpansenweibchen taten. Einige unter ihnen gestatteten ihm sogar, ihre rosa Schwellung zu berühren. Nach einer Weile entdeckten wir, daß das gleiche geschah, wenn sich Goblin oder irgend ein anderes Schimpansenkind einem Pavianweibchen näherte [...].« (van Lawick-Goodall, 1975, S. 177)

familientypischen Merkmale ausprägen können. Wenn das Bild der Mutter in das Schönheitsideal des Sohns und das Bild des Vaters in das Ideal der Tochter eingeht, dann enthält das Schönheitsideal eine geschlechtsspezifische Modifikation, d.h. eine heterosexuell ausgerichtete Modifikation des familienspezifischen Aussehens. Die eigene Erscheinung als Vorbild für das Schönheitsideal zu nehmen (falls das überhaupt möglich ist), ist offenbar nur dann sinnvoll, wenn die Geschlechter (fast) gleich aussehen, d.h. wenn es keinen Sexualdimorphismus[1] gibt.

Die Argumentation lässt sich umdrehen: Wenn die Erscheinung des gegengeschlechtlichen Elternteils zum Vorbild für die spätere Partnerwahl genommen wird, dann können sich die männlichen und weiblichen Mitglieder der Population zunehmend deutlicher im Aussehen voneinander weg entwickeln. Wenn dagegen die eigene Erscheinung als Vorbild dient, dann bleiben Männer und Frauen einander ähnlicher. Wie wir täglich beobachten können, unterscheiden sich Männer und Frauen im Aussehen deutlich voneinander; es liegt daher nahe, anzunehmen, dass bei uns Menschen das Abbild des gegengeschlechtlichen Elternteils in das Schönheitsideal aufgenommen wird.

Zu erreichen ist das für Menschen »optimale« Schönheitsideal (d.h. ein Schönheitsideal, das zu einer Bevorzugung eines heterosexuellen Partners mit familientypischen Merkmalen führt) dadurch, dass ein Sohn sich in die Mutter und eine Tochter in den Vater verliebt, und zwar zu der Zeit, zu der die spätere Vorliebe bei der Partnerwahl festgelegt wird, und in der Weise, dass damit die spätere Vorliebe bei der Partnerwahl entsteht.

Ein solches Faktum wurde nun tatsächlich gefunden. Auf Sigmund Freud geht die Entdeckung der kindlichen Sexualität zurück.

»Die Psychoanalyse machte dem Märchen von der asexuellen Kindheit ein Ende, wies nach, daß sexuelle Interessen und Betätigungen bei den kleinen Kindern vom Anfang des Lebens an bestehen, zeigt, welche Umwandlungen sie erfahren, wie sie etwa mit dem fünften Jahr einer Hemmung unterliegen und dann von der Pubertät an in den Dienst der Fortpflanzungsfunktion treten. Sie erkannte, daß das frühinfantile Sexualleben im sogenannten Ödipus–Komplex gipfelt, in der Gefühlsbindung an den gegengeschlechtlichen Elternteil mit Rivalitätseinstellungen zum gleichgeschlechtlichen, eine Strebung, die sich in dieser Lebenszeit noch ungehemmt in direkt sexuelles Begehren fortsetzt. Das ist so leicht zu bestätigen, daß es

---

1 Man bezeichnet als Geschlechtsdimorphismus bzw. als Sexualdimorphismus, selten auch als Geschlechtszweigestaltigkeit, die Verschiedenartigkeit des Körperbaus bei männlichen und weiblichen Exemplaren einer Art.

wirklich nur einer großen Kraftanspannung gelingen konnte, es zu übersehen.«[1]

Da das Bild der Eltern offenbar Eingang in die später zu Tage tretende Vorliebe bei der Partnerwahl findet, sollte man erwarten, dass die Korrelation von körperlichen Merkmalen zwischen Ehefrau und Mutter des Ehemanns größer ist als die zwischen den Ehepartnern – das gilt selbstverständlich nur für den Durchschnitt. Das Entsprechende sollte für den Ehemann und den Vater der Ehefrau gelten. Und genau das wurde in diversen empirischen Studien tatsächlich gefunden. Ja, es konnte auch gezeigt werden, dass Frauen, die bei Adoptiveltern aufgewachsen sind, sich einen Ehemann suchen, der ihrem Adoptivvater ähnlich sieht[2].

---
1 Freud, 1925b, S. 107f.
2 »In einer Studie der University of Texas in Austin fand man heraus, dass Kinder gemischtrassiger Eltern einen Partner mit derselben Rassenzugehörigkeit wie der gegengeschlechtliche Elternteil wählten. [...] Bei Männern lassen Haarfarbe und Augenfarbe der Mutter auffallend häufig auf die Haarfarbe und Augenfarbe der Partnerin schließen. [...] Anthropologen der Durham University in England und der Universität von Wroclaw (Breslau) in Polen baten neunundvierzig Frauen, sich die Fotos von fünfzehn Männern anzuschauen und zu bewerten, wie begehrenswert sie für kurz- und langfristige Beziehungen waren. Als die Leiter des Experiments die Gesichtsproportionen der Väter der Probandinnen in fünfzehn Fotos vermaßen – einschließlich Gesichtslänge/Gesichtsbreite und Augenbrauenlänge/Gesichtslänge –, stellten sie fest, dass sich die Frauen mit Blick auf eine langfristige Beziehung in stärkerem Maß zu Männern mit Gesichtsproportionen ihres Vaters hingezogen fühlten. [...] Um zu beweisen, dass sich die Voreingenommenheit der Frauen nicht nur auf die Wahl von Partnern beschränkt, die ihnen ähnlich sehen, hat ein ungarisches Forschungsteam verheiratete Frauen mit Adoptivvätern unter die Lupe genommen. Sie stellten fest, dass der Ehemann Ähnlichkeiten mit Fotos des Adoptivvaters besaß, aufgenommen zu dem Zeitpunkt, als sich die Frauen in der Hauptphase der sexuellen Prägung befanden, zwischen dem zweiten und dem achten Lebensjahr.« (Pincott, 2009, S. 42ff.) Empirisch bestätigt wurde die Präferenz für einen Partner, der den eigenen Eltern ähnlich sieht, auch durch Untersuchungen von Alvarez und Jaffe (2004). Die Autoren wollten allerdings in erster Linie zeigen, dass die Verliebtheit in die eigene Erscheinung (Narzissmus), insbesondere in das Aussehen des eigenen Gesichts, die Wahl des Partners leitet. Der Titel der Arbeit lautet: »Narcissism guides mate selection: Humans mate assortatively, as revealed by facial resemblance, following an algorithm of ›self seeking like‹« Eric Klopp (2012) schreibt über diese Arbeit: »Danach findet ein Prozess der Prägung auf die Gesichter der Eltern statt. Die Gesichter der Eltern vermitteln Vertrauen und es wird eine Vorstellung von Attraktivität etabliert. Der gleiche Mechanismus findet dann später bei der Partnerwahl Anwendung. Da die Merkmale des Gesichts stark erblich sind (und somit Kinder und Eltern einander ähneln), führt dies auch dazu, dass die Partner einander ähnlich sehen. Dieser Mechanismus soll dafür sorgen, dass eine Paarung unter genotypisch und phänotypisch ähnlichen Partnern stattfindet, ohne dass sich Inzucht einstellt. Die Ähnlichkeit in der Physiognomie der Gesichter ist bei Partnern deutlich belegt (siehe Griffiths und Kunz, 1973; Zajonc et al., 1987, zitiert nach Klopp 2012).« Eine aktuelle Übersicht über das Forschungsgebiet ist in Marcinkowska und Rantala (2012) zu finden.

Die Begründungen für diese Vorliebe sind recht vage: »Die sexuelle Prägung könnte ein Nebenprodukt der Lernprozesse sein, die unsere Eltern anstoßen.«[1] Möglicherweise handele es sich um eine »allgemeine Vorliebe für Merkmale, die in unseren Augen typisch für das andere Geschlecht sind«. Oder aber, die Eltern seien schlicht Vorbild für die eigene Ehe und das eigene Familienleben[2]. Das alles soll nicht bestritten werden. Warum wir aber eine solche Vorliebe bei der Partnerwahl entwickeln, bleibt ungeklärt. Diese Vorliebe wird in der wissenschaftlichen Literatur eher als Kuriosum denn als entscheidend für die Evolution hin zum Menschen angesehen.

Um es noch einmal deutlich zu machen: Es gibt sehr viele, sehr unterschiedliche Gründe für die Wahl eines Partners. Viele davon haben sicher in der Evolution des Menschen eine wichtige Rolle gespielt, etwa die Auswahl aufgrund der Annahme, dass von dem Partner – nach Augenschein – zuverlässig ein großer Beitrag bei der »Aufzucht« der Nachkommen zu erwarten ist und dass die Nachkommen dann auch in der Welt bestehen können. Solche Kriterien der sexuellen Selektion antizipieren das spätere Wirken der natürlichen Selektion. Beide, die natürliche und die sexuelle Selektion, ziehen an einem Strang. Über das, was typisch für die Evolution des Menschen war und ist, lernt man dabei allerdings wenig, denn diese Kriterien gelten auch für Menschenaffen. Daher konzentriert sich die folgende Diskussion auf die Besonderheit unserer Kriterien für die Partnerwahl, und das ist – so die Hypothese – eine Wahl nach dem Bild der engsten Angehörigen.

Es ist offensichtlich: Je kleiner die Anzahl der Personen ist, die als Vorbild für das Schönheitsideal dienen, und je enger das Verwandtschaftsverhältnis dieser Personen zu dem Kind ist, desto zielgerechter wird das Ideal. Mit dem Anwachsen der Anzahl der Personen, die als Vorbild dienen, insbesondere dann, wenn es keine Verwandten sind, nähert sich das Schönheitsideal dem Typus an, der für Bonobos und Schimpansen diskutiert wurde. Also einem Typus, der das Erscheinungsbild aller Mitglieder der Gruppe beinhaltet und der damit das Erscheinungsbild der Population stabilisiert.

Zusammengefasst: In der Kindheit bildet sich das Schönheitsideal, das später die Partnerwahl maßgeblich beeinflusst. Das Schönheitsideal ist für die Menschheitsentwicklung dann optimal geeignet, wenn es – neben allgemein für das Überleben wichtigen Kriterien – das Bild des gegengeschlechtlichen Elternteils beinhaltet und nur

---

1 Pincott, 2009, S. 44
2 ebd. S. 44

wenig das Bild weiterer Familienangehöriger (im Folgenden kurz als: »Partnerwahl nach dem Bild der engsten Angehörigen« bezeichnet), weil dieses Ideal die Ausbildung familientypischer Merkmale fördert. Dieses Schönheitsideal ist geeigneter als eines, das an der eigenen Erscheinung ausgerichtet ist, weil Unterschiede im Körperbau der Geschlechter (Sexualdimorphismus) in das Schönheitsideal Eingang finden. Damit wird die Ausbildung von typisch männlichen und typisch weiblichen Merkmalen gefördert. Das Schönheitsideal fördert, dass Populationsmitglieder mit neuartiger Gestalt Nachkommen haben; es fördert, dass zufällig entstandene Gestaltvarianten in einer Population erhalten bleiben, solange sie im Kampf ums Dasein bestehen.

3 Welchen Einfluss hat die Vorliebe für einen Partner, der den engsten Angehörigen ähnelt, auf die Entwicklung unserer psychischen Organisation und unseres Sozialsystems?

Es ist keine offene Frage, ob das Bild des gegengeschlechtlichen Elternteils Einfluss auf die Auswahl eines Partners hat oder nicht. Diese Frage ist geklärt: Wir haben diese Vorliebe bei der Partnerwahl. Die Frage ist vielmehr: Welche Bedeutung hat der Einfluss dieser Vorliebe in der Vergangenheit gehabt und welche Bedeutung hat er heute? Ist und war der Einfluss groß, wie es die theoretischen Überlegungen nahelegen, dann hat diese Vorliebe auf zweierlei Weise Einfluss auf das Sozialsystem und die Individualentwicklung gehabt: Erstens, das Sozialsystem musste so gestaltet sein, dass ein Kind/Jugendlicher diese Vorliebe entwickeln kann; und, zweitens, die Vorliebe beeinflusst – in zumindest zum Teil vorhersagbarer Weise – die psychische Entwicklung eines Jeden und damit das Sozialsystem als Ganzes.

Ob es zur Entwicklung eines Schönheitsideals, das an den engsten Angehörigen ausgerichtet ist, kommt, hängt ganz entscheidend davon ab, wie das Sozialsystem beschaffen ist, in dem ein Kind aufwächst.

Nehmen wir einmal an: Unsere Vorfahren hatten ein Sozialsystem, das dem der Gorillas glich. In der Horde gibt es einen erwachsenen Mann und mehrere erwachsene Frauen mit ihren Kindern. Im Idealfall sieht eine Tochter bis zur Geschlechtsreife nur ihren Vater als erwachsenen Vertreter des männlichen Geschlechts der eigenen Art. Sein Bild geht in ihr Schönheitsideal ein. Mit diesem Bild verlässt sie ihre Geburtsgruppe und geht auf Partnersuche. Die Tochter hat also ein für die Evolution hin zu den Menschen geeignetes Schönheitsideal. Für die Söhne sieht das etwas anders aus. Wenn das Schönheitsideal sich erst kurz vor der Geschlechtsreife bildet, zu einer Zeit also, zu der ein Sohn sich von der Mutter weitgehend gelöst hat, tragen vermutlich alle (erwachsenen) Frauen der Gruppe zu dem Bild bei, das in sein Schönheitsideal aufgenommen wird. Mit diesem Bild verlässt ein herangewachsener Sohn seine Geburtsgruppe. Es ist offensichtlich: Das Bild entspricht nicht dem der engsten Angehörigen. Für die Menschheitsentwicklung wäre eine solche Vorliebe – so die Hypothese – nicht zielgerecht.

Wie müsste sich das Sozialsystem ändern, damit im heranwachsenden Sohn das Bild der Mutter (und vielleicht noch der Schwester) dominiert? Offenbar muss die Bildung des Schönheitsideals zu einem Zeitpunkt stattfinden, zu dem die Mutter für den Sohn die mit Abstand wichtigste erwachsene weibliche Person ist. Das ist zweifellos am leichtesten zu erreichen, wenn die Mutter die einzige erwachsene weibliche Person im weiten Umkreis ist. Und das ist gegeben, wenn die Mutter in einer Paarbindung und nicht in einem Harem lebt. Daraus folgt: Je kleiner der Harem, desto zielgerechter kann sich ein für die Menschheitsentwicklung geeignetes Schönheitsideal herausbilden. Offensichtlich gilt außerdem: Je früher das Schönheitsideal sich bildet, desto stärker kann das Bild der Mutter die spätere Vorliebe bei der Partnerwahl beeinflussen. Früh heißt: solange der Sohn noch auf die Mutter angewiesen ist, ausschließlich oder vorwiegend von ihr versorgt wird und noch wenige emotionale Kontakte zu anderen weiblichen Gruppenmitgliedern aufgebaut hat, insbesondere zu den nicht mit ihm verwandten erwachsenen Frauen der Gruppe. Das absolute Alter ist ohne Bedeutung. Ausgehend von einem Sozialsystem, wie es die Gorillas haben, müssten danach insbesondere bei den Söhnen spielerische sexuelle Kontakte zu weiblichen Mitgliedern des Harems verhindert werden, damit das Schönheitsideal sich auf die weiblichen Angehörigen nur der eigenen Familie ausrichten kann.

Wenn unsere Vorfahren zu Beginn der Menschheitsentwicklung ein Sozialsystem hatten, das dem der heutigen Schimpansen oder Bonobos ähnlich war, dann stellt sich das Problem für die Söhne wie im vorhergehenden Fall dar. Für die Töchter gilt das aber nicht: In diesem Sozialsystem herrscht Promiskuität, daher ist der Vater unbekannt und damit kann die Tochter nicht das »richtige« Schönheitsideal ausbilden. Die beste Annäherung an das Ideal wäre, wenn das Bild von eventuell vorhandenen Brüdern in das Ideal einfließt – und das Bild der Mutter, allerdings ohne die geschlechtsspezifischen Merkmale. Daraus folgt, dass eine wichtige Voraussetzung für die Ausbildung der »richtigen« Vorliebe bei der späteren Partnerwahl eine Einschränkung der Promiskuität ist. Hinzu kommt, dass spielerische sexuelle Kontakte zwischen Kindern, und zwischen Kindern und Erwachsenen, so wie das bei Bonobos und Schimpansen der Fall ist, für die Entwicklung der »richtigen« Vorliebe bei Menschen kontraproduktiv ist.

Die Folgerung hieraus lautet: Wenn die Vorliebe für einen Partner, der den engsten Angehörigen ähnelt, für die Menschheitsentwicklung tatsächlich von großer Bedeutung war, dann war weder das Sozialsystem der Gorillas noch das der Bonobos oder Schimpansen geeignet gewesen, diese Vorliebe zu entwickeln. Ein für die Menschheitsentwicklung »geeignetes« Sozialsystem muss anders strukturiert sein. Es muss aufweisen die Abkehr von der Promiskuität, die Förderung der Paarbindung, und bei den Kindern die Verhinderung von sexuellen Erkundungen.

Inzestwünsche, Inzestscheu und Inzestabwehr

Empirische Untersuchungen haben gezeigt, dass wir tatsächlich jemanden als Partner bevorzugen, der dem gegengeschlechtlichen Elternteil ähnelt. Befragt man Ehepaare, ob bei ihrer Partnerwahl diese Ähnlichkeit von Bedeutung war, dann würde die Mehrheit das sicher zurückweisen, einige sogar vehement. Offenbar fließt diese Vorliebe bei der Partnerwahl weitgehend unbewusst in die Entscheidung ein.

Nun legt dieses Schönheitsideal – objektiv – Inzest nahe. Fragt man unter Erwachsenen, ob sie Inzest, Inzestwünsche und Inzestscheu für bedeutende Elemente unseres Sozialsystems halten, dann wäre die Antwort sicher ähnlich negativ. Inzest sei ein Randproblem in unserer Gesellschaft, es gäbe allerdings immer mal wieder einige psychisch kranke Menschen, aber das sei abartig und glücklicherweise selten. Inzest, Inzestwünsche und Abwehr von Inzest seien ohne große Bedeutung für das Sozialsystem als Ganzes und auch ohne große Bedeutung für die Entwicklung und den Verlauf des Lebens von nahezu allen Menschen. Die Frage ist, ob diese Einschätzung zutreffend ist.

Von den Ureinwohnern Australiens wird berichtet, dass sie sich

»mit ausgesuchter Sorgfalt und peinlichster Strenge die Verhütung inzestuöser Geschlechtsbeziehungen zum Ziel gesetzt haben. Ja, ihre gesamte soziale Organisation scheint dieser Absicht zu dienen oder mit ihrer Erreichung in Beziehung gebracht worden zu sein.«[1]

Das gilt offenbar für alle von Anthropologen untersuchten Kulturen. In den Berichten und Analysen von Anthropologen dominieren Themen wie Heiratsregeln, Inzestabus und Clanstrukturen. Regeln über den Umgang mit Mördern und Dieben werden nur am Rande erwähnt, und auch oft nur, um einen ganz anderen Sachverhalt deutlich zu machen. Bronislaw Malinowski berichtet, dass bei den Trobri-

1   Freud, 1912-13, S. 6

andern in Melanesien ein Mann von weißen Richtern wegen Brudermordes zu einer Gefängnisstrafe von zwölf Monaten verurteilt wurde. Die Eingeborenen waren empört.

»Der Brudermord gilt als völlig interne Angelegenheit, zwar als schreckliches Verbrechen, und als tragisches Geschehen, geht aber den Außenstehenden nicht das geringste an; zusehen und seine Abscheu zeigen, ist das einzige, was man tun kann.«[1]

Alfred Kroeber schreibt:

»Wenn man heutzutage [1939 – S. B.] zehn Anthropologen aufforderte, eine universale menschliche Institution zu benennen, würden wahrscheinlich neun von ihnen das Inzestverbot angeben, gelegentlich wurde es sogar ausdrücklich als die einzige universale Institution bezeichnet. Was in dem notorisch unsteten Universum der Kulturen eine derartige Konstanz aufweist, und sei es nur in seinem Kern, kann schwerlich aus einem ›reinen‹ historischen Zufall bar jeder psychologischen Signifikanz resultieren. Wenn es also einen grundlegenden Faktor gibt, der das Phänomen in einer instabilen Welt ständig aufs Neue produziert, dann muss dieser Faktor in der menschlichen Konstitution zu finden sein – mit anderen Worten: Es muss sich um einen psychischen Faktor handeln.«[2]

Welcher Faktor das möglicherweise sein könnte, wird von Alfred Kroeber nicht diskutiert.[3]

In Literatur und Musik wird das Thema Inzest ausführlich bearbeitet: Sophokles schildert, dass Ödipus unwissentlich seinen Vater erschlägt und seine Mutter heiratet. Vier Kinder gehen aus dieser Ehe hervor. Das Thema Inzest wird auch, beispielsweise, von Goethe, Thomas Mann, Richard Wagner, E.T.A. Hoffmann, Edgar Allan Poe, Max Frisch, Ingeborg Bachmann und Arundhati Roy bearbeitet. In Wikipedia findet sich unter dem Stichwort: »Inzest« eine lange Liste illustrer Autoren und von deren Werken, einschließlich Filmen, die sich mit diesem Thema beschäftigen.

In den Mythen und Sagen der Völker ist Inzest unter Göttern und Menschen eines der zentralen Themen. Jede denkbare Form von Inzest wird beschrieben[4].

---

1 Malinowski, 1962, S. 103

2 Kroeber, 2012, S. 27

3 Kroeber wollte mit seinen Ausführungen lediglich erreichen, dass die Wissenschaft beginnt, »Freuds Erklärung [über frühe Schritte in der Evolution des Menschen, ausgeführt in *Totem und Tabu* – S. B.] [...] als wissenschaftliche Hypothese ernsthaft zu überprüfen«. (ebd., S. 27)

4 »Im *Rig Veda* [einem hinduistischen Mythos – S. B.] geht der Gott des Himmels eine blutschänderische Verbindung mit seiner Tochter, der ›Morgenröte‹, ein, und läßt seinen Samen auf den Boden tropfen. [...] Und dieser goldene Same, der in die kosmischen Fluten gefallen war, entwickelte sich zum Universum, einem goldenen Ei, das sich in zwei Teile spaltete: die obere Schalenhälfte wurde der Himmel und die

Über den Ursprung und die Bedeutung von Mythen gibt zwar es unterschiedliche Vorstellungen, aber es herrscht weitgehend Konsens, dass die weitaus meisten keine Darstellungen realer Vorkommnisse sind. Aber – um mit Robert Walter zu sprechen: Der moderne Mensch

»muß endlich erkennen, daß die Götter und Dämonen immanent sind, daß Himmel, Hölle und andere Bereiche nicht Orte ›irgendwo da draußen‹ und erst nach dem Tode erreichbar sind, sondern psychische Zustände in seinem Innern; er muß verstehen, dass alle mythischen Bilder Aspekte seiner

untere die Erde, während aus dem Eidotter die Sonne entstand.« (O'Flaherty, 1981, S. 16) Der indische Gott Brahma hat aus seinem eigenen Körper eine Tochter geschaffen. Aus der Vereinigung von Vater und Tochter entsteht der erste Mensch (Brockington, 1989, S. 70f.). Lot verlässt Sodom rechtzeitig, bevor Sodom und Gomorra zerstört werden. Seine Frau dreht sich trotz des Verbots um und erstarrt zur Salzsäule. Seine beiden Töchter befürchten nun, ohne Nachkommen zu bleiben, weil alle Männer tot sind. Daher beschließen sie, ihren Vater betrunken zu machen, sich dann des Nachts zu ihm zu legen, um von ihm schwanger zu werden. Und so geschah es (1. Mose, 19). Der Adonis-Mythos (Griechenland, Rom) erzählt ebenfalls von Inzest zwischen Tochter und Vater. Auch in diesem Fall ist angeblich die Tochter der treibende Teil, während der Vater nicht bemerkte, wer bei ihm im Bett liegt. Der aus dieser Beziehung entstandene Sohn, Adonis, ist nun keineswegs missgestaltet, wie das als Strafe von Inzest vielleicht zu erwarten wäre, sondern so schön wie niemand sonst. Schon als Kind wird er von reifen Frauen (Göttinnen), die vom Alter her seine Mutter sein könnten, begehrt. Aphrodite und Persephone teilen sich von da an seine Zuneigung (Segal, 2004, S. 15ff.).
»Und Gott schuf den Menschen ihm zum Bilde, zum Bilde Gottes schuf er ihn; und schuf sie einen Mann und ein Weib.« (1. Mose 1, 27) In der zweiten, ausführlicheren Version der Schöpfung des Menschen werden uns Details mitgeteilt. Danach sind Adam und Eva enger miteinander verwandt als Geschwister. Eva wurde aus einer Rippe Adams geschaffen. Adam war sich des damit verbundenen Problems bewusst: »Da sprach der Mensch [Adam]: Das ist doch Bein von meinem Bein und Fleisch von meinem Fleisch; man wird sie Männin heißen, darum daß sie vom Manne genommen wurde.« (1. Mose 2, 23) Wäre es nicht sinnvoller gewesen, Eva aus einem zweiten Erdklumpen zu formen, um so Inzucht zu vermeiden? Bei den Huli in Papua-Neuguinea besteht der Glaube, dass ein in Inzest lebendes Geschwisterpaar zu Sonne und Mond geworden sind (Strathern, 1981, S. 281f.). In Nord- und Südamerika ist der Mythos verbreitet, dass Sonne (weiblich) und Mond (männlich) Geschwister sind. Nachts steigt die Sonne zum Inzest in das Bett ihres Geliebten (Willis, 1998, S. 21). Das zentrale Götterpaar der griechischen Mythologie, Zeus und Hera, sind Geschwister. Auch die Eltern von Zeus und Hera waren Geschwister. In der Genealogie vor und nach ihnen ist Geschwisterinzest häufig (Goldhill, 1998, S. 128f.). Die Entstehung der japanischen Inseln und des Festlands geht, nach einem verbreiteten Mythos, auf das Geschwisterpaar Izanagi und Izanami zurück, die in inzestuöser Beziehung lebten und zahlreiche Gottheiten zeugten (Takiguchi, 1981, S. 74ff.). Bei den Sumerern ist es ebenfalls ein Geschwisterpaar, aus deren Vereinigung die »großen Götter« hervorgingen (Porter, 1998, S. 58f.). Der wichtigste skandinavische Gott der Fruchtbarkeit war Freyr. Seine Frau, Freyja, war die oberste Göttin der Wanen, eines der beiden Göttergeschlechter in der Vorstellung der Skandinavier. »Einer Überlieferung zufolge war sie [Freyja] – wie

eigenen unmittelbaren Erfahrung sind.«[1]

Demnach spiegeln die Erzählungen von Inzest unter den Göttern unbewusste Strebungen nach Inzest wider – bei den Erzählern und bei den Hörern, sonst würde das Thema Inzest in den Erzählungen wohl nicht jahrhundertelang mündlich weitergegeben worden sein.

Es ist sicher unbestritten, dass Inzest großen Einfluss auf den Lebensablauf von Menschen haben kann. Und es gibt klare Hinweise, dass allein schon die Inzestwünsche und die Probleme mit ihrer Verarbeitung auf den späteren Lebensweg, ja, auf das Weltgeschehen einen großen Einfluss haben (können). Klaus Theweleit (1977) hat den Werdegang von deutschen Soldaten und Offizieren, wie Hermann Ehrhardt, Rudolf Höß, Gerhard Roßbach, Paul von Lettow-Vorbeck, Manfred von Killinger und Ernst von Salomon untersucht, die nach dem Ende des Ersten Weltkriegs Freikorps gegründet haben bzw. ihnen beigetreten sind und damit Wegbereiter bzw. Vorreiter der Nazis wurden. Theweleit fand heraus, dass diese Männer

---

es heißt, nach Sitte der Wanen – mit ihrem Bruder [Freyr] verheiratet. Freigebig ließ sie allen Göttern ihre Liebe zuteil werden, zu ihren Geliebten zählten auch irdische Herrscher [...]« (Davidson, 1998, S. 202). Der detaillierteste ägyptische Schöpfungsbericht handelt von den neun Göttern von Heliopolis (»Neungottheit«). Der erste dieser Götter (Re-Atum) nahm seinen Samen in den Mund und spie ihn wieder aus. Daraus entstanden die zwei Götter, Schu (männlich) und Tefnut (weiblich). Die zeugten durch Inzest Kinder, Geb (männlich) und Nut (weiblich). Die taten das Gleiche und hatten als Kinder zwei Zwillingspaare. Eines davon, Osiris (männlich) und Isis (weiblich), verliebte sich schon im Mutterschoß ineinander (und hatte dann auch einen gemeinsamen Sohn (Horus)). Beim anderen Zwillingspaar herrschte Zwist. Nephtyhs (weiblich) verabscheute ihren Zwillingsbruder Seth (Baines und Pinch, 1998, S. 40).
Bei den Maori und anderen Völkern Polynesiens gab es die Vorstellung, dass an der Spitze des Pantheons der Himmelsgott Rangie und die Erdmutter Papa standen. Sie hatten mehrere Kinder, die alle Götter wurden. Einer von ihnen, Tane, suchte sich eine Gefährtin. »Als ihn seine Mutter Papa zurückwies, paarte er sich mit verschiedenen anderen Wesen [...] Doch Tane sehnte sich nach einer Gefährtin in menschlicher Gestalt, wie er selbst es war; deshalb folgte er Papas Rat und schuf aus dem Sand der Insel Hawaiki den ersten Menschen, eine Frau. Er hauchte ihr Leben ein und sie wurde Hine-hau-one, das ›erdgeschaffene Mädchen‹. Sie gebar ihm eine Tochter, Hine-titama (›Mädchen der Morgenröte‹), die er später ebenfalls zur Frau nahm. Als Hine-titama erfuhr, daß Tane ihr Vater war, floh sie aus Scham in die Finsternis der Unterwelt. [...] Auf diese Weise wurde die Menschheit sterblich.« (Weiner, 1998, S. 294f.)
Diese Zusammenstellung mag so klingen, als ob es in Mythen nur Inzest gebe. Das ist nicht der Fall, aber blättert man ein Buch über Mythen durch, dann kann man sich leicht davon überzeugen, dass Inzest unter Göttern eher die Regel als die Ausnahme ist. In den Darstellungen dominiert Geschwisterinzest, gefolgt in der Häufigkeit von Vater-Tochter-Inzest, selten ist Mutter-Sohn-Inzest zu finden. Laut statistischen Untersuchungen ist in heutigen Gesellschaften Vater-Tochter Inzest am häufigsten, seltener ist Geschwisterinzest und noch seltener ist Mutter-Sohn Inzest (Justice and Justice, 1979; Seemanova, 1971; Weinberg, 1955, zitiert nach Smith, 2007, S. 210).
1 Walter, 1998, S. 9

von ihren Müttern und Schwestern nicht losgekommen sind. Sie sind mit ihren inzestuösen Gefühlen ihnen gegenüber nicht klar gekommen. Der Kampf und das Leben unter »Kameraden« war für sie Flucht vor den eigenen Wünschen und der mögliche Tod Bestrafung dieser Wünsche. In Hans Heinz Ewers Roman *Reiter in deutscher Nacht* wird Inzest sogar zum zentralen Thema gemacht[1].

Natürlich gab es noch andere Gründe für das Verhalten dieser Freikorpsmänner, aber die nicht geglückte Verarbeitung ihrer inzestuösen Strebungen scheint einen großen Anteil daran gehabt zu haben, dass nicht nur ihr Lebensweg in einer Katastrophe endete, sondern auch eine Katastrophe für Millionen Andere bedeutete. Worüber soll man sich mehr wundern? Dass solche »harten Kerle« solche Probleme haben? Oder dass solche Probleme Männer zu »harten Kerlen« machen?

Im April 2012 wurde folgendes bekannt. Zwei Geschwister wuchsen getrennt voneinander auf, lernten sich kennen und lieben und hatten Kinder zusammen. Der Mann, deutlich älter, wurde wegen Geschwisterinzest zu einer Gefängnisstrafe verurteilt, wogegen er klagte. Vom Europäischen Gerichtshof für Menschenrechte wurde die Klage abgewiesen. Nun gilt heute allgemein, dass einvernehmlicher Sex zwischen zwei erwachsenen Personen den Staat nichts angeht. Bei Inzest ist das aber anders, die Frage ist: Was macht den Unterschied aus? Das wichtigste Argument des Gerichtshofs bei der Ablehnung der Klage war, dass Kinder aus solchen Ehen Erbschäden haben können. Das war auch in der Vorinstanz (Bundesverfassungsgericht, 2008) das zentrale Argument. Im Begründungstext ist von »Volksgesundheit« die Rede. Der Journalist Christian Rath hält dagegen:

»Nicht einmal für Menschen mit Erbkrankheiten gibt es heute Beschränkungen beim Paarungsverhalten. Es ist daher schwer zu begründen, warum die Gefahr von krankem Nachwuchs zu einem strafrechtlichen Verbot führen soll.«[2]

Tatsächlich ist einvernehmlicher Geschwisterinzest nur in etwa der Hälfte der europäischen Staaten eine Straftat. Zugelassen werden allerdings in keinem der Staaten Ehen von Geschwistern. Interessant in diesem Zusammenhang ist, dass das Thema Strafbarkeit von

---

[1] Der Held wird von seiner Schwester bedrängt. Er selbst kann nur schwer zwischen begehrenswerter Frau, Hure und Schwester unterscheiden (nach Theweleit). Theweleit schreibt in einer Fußnote dazu: »Ewers hat den Roman geschrieben in Anlehnung an die Lebensgeschichte von Oltnt. [Oberleutnant– S. B.] Paul Schulz, der als Fememörder die genannte Strafe [sechs Jahre Gefängnis – S. B.] erhielt. S. war einer der führenden Männer der Schwarzen Reichswehr gewesen [...].« (Theweleit, 1977, Bd. 1, S. 120)
[2] Rath, 2012, S. 1

Geschwisterinzest von der Bildzeitung bis zur taz auf Seite eins abgehandelt wurde und dass dem Thema auch noch im Innern der Zeitungen großer Raum gegeben wurde. Warum legt die Gesellschaft so großen Wert darauf, diese Form einvernehmlicher sexueller Beziehungen zwischen Erwachsenen zu sanktionieren? Warum wird das Thema so breit in den Medien behandelt? Warum ist das Interesse in der Bevölkerung an diesem Thema so groß? Der Strafrechtler Hans-Jörg Albrecht bezeichnet die öffentliche Diskussion über ein Verbot von Inzest als »sehr aufgeladen«[1].

Soweit ich die Literatur überblicke, wird dafür nirgendwo eine Erklärung angeboten. Ich denke, der Grund dafür, dass diese Thematik so wichtig genommen wird, ist unser Schönheitsideal. Wir entwickeln eine Vorliebe für einen Partner, der den engsten Angehörigen ähnelt. Und diese Vorliebe legt Inzest nahe. Unsere Verwandten im Tierreich haben diese Vorliebe bei der Partnerwahl nicht und daher auch dieses Problem nicht. Das starke Interesse am Thema Inzest weist darauf hin, dass diese Vorliebe bei uns Menschen eine große Rolle bei der Partnerwahl spielte und spielt. Weitaus die meisten von uns lösen offenbar den Konflikt zwischen dem Streben nach Inzest, der Inzestscheu und dem Inzestverbot, ohne sich der Tatsache bewusst zu werden, dass es da überhaupt einen Konflikt gibt. Die Kulturhistorikerin Claudia Jarzebowski hat das bei der öffentlichen Anhörung des Deutschen Ethikrats zum Inzestverbot (November 2012) folgendermaßen zum Ausdruck gebracht:

> »Zwar würde in der Praxis bei einer Aufhebung des Verbots die Zahl der Fälle aus ihrer Sicht nicht steigen. Gleichwohl werde eine ›symbolische Grenze‹ aufgehoben, was destabilisierend auf die ganze Gesellschaft wirken könne.«[2]

Das Inzestverbot stabilisiert nach Jarzebowski die Gesellschaft in ihrer Gesamtheit. Demnach ist das Verbot für jeden von uns wichtig, obwohl nahezu jeder von uns kein Verlangen nach Inzest bei sich ausmachen kann. Man könnte ihre Worte so interpretieren: Das Verbot hilft einem Jeden von uns bei der Ausbildung und Einhaltung seiner – unbewussten – Inzestscheu.

---

1 taz, 23.11.2012, S.18
2 ebd.

Warum Inzest schädlich ist

Als Inzest wird ein sexueller Kontakt zwischen nahen Verwandten bezeichnet, unabhängig davon, ob aus diesem Kontakt Kinder hervorgehen oder nicht. Inzucht ist ein Begriff aus der Züchtungsforschung und Genetik. Nachkommen von engen Verwandten sind das Resultat von Inzucht. Um den Unterschied deutlich zu machen: Wenn bei einer künstlichen Befruchtung die Spermien eines nahen Verwandten verwendet werden, kommt es zu Inzucht, aber Inzest hat nicht stattgefunden. Unter natürlichen Bedingungen müssen Verhaltensweisen, die Inzucht verhindern sollen, Verhaltensweisen sein, die Inzest verhindern.

Heute wird als Grund für die Ablehnung von Heiraten unter nahen Verwandten angegeben, dass die Nachkommen aus solchen Ehen häufig Fehlbildungen, Erkrankungen oder Behinderungen aufweisen und dass es häufig zu Abgängen bei der Schwangerschaft komme. Diese Kenntnis sei sehr alt, da ein Verbot von Inzest in allen Kulturen, auch in sehr ursprünglich gebliebenen, vorhanden ist. Gegen diese Erklärung spricht, dass in Mythen, die von Inzest handeln, die Nachkommen aus solchen Beziehungen in der Regel alles andere als missgebildet sind. Denken wir nur an Adonis oder an die Götter, die die Kinder von Zeus und Hera oder von Izanagi und Izanami sind. Die Frage ist, ob unseren Vorfahren eine Erhöhung von Fehlbildungen überhaupt aufgefallen wäre. Zu fragen ist auch, ob sie uns, heute, wenn wir keine Biologen oder Ärzte sind, auffallen würde.

Annahme: Der gemeinsame Urgroßvater von zwei Eheleuten (d.h. Cousin und Cousine) trug eine genetische Anlage für eine bestimmte Erbkrankheit, erkrankte aber selbst nicht daran, weil er das verantwortliche Allel[1] nur einmal trug, während das andere Allel »normal« war. Mit anderen Worten: Der Urgroßvater war für das krankmachende Allel heterozygot. Man spricht in diesem Fall von einem

---

1 Spermien und Eizellen enthalten jeweils einen vollständigen Satz aller Gene (abgesehen von den Genen auf den Geschlechtschromosomen), Gen A, B, C, D, ... Aus der Verschmelzung von einer Eizelle mit einem Spermium entsteht die erste Zelle des neuen Organismus, und die hat jedes Gen zweimal: AA, BB, CC, ... Aus dieser Zelle gehen alle anderen Zellen des Körpers hervor. Alle Zellen haben die gleiche genetische Konstitution. Nun gibt es von jedem Gen mehrere Varianten (Allele): A_1, A_2, A_3, ... Damit kann ein Individuum beispielsweise die genetische Konstitution A_2A_4, B_2B_2, C_1C_3, D_1D_2, ... haben. Dieses Individuum ist für B_2 homozygot und für die Gene A, C, D heterozygot. Die von diesem Organismus produzierten Gameten (Spermien bzw. Eizellen) sind nicht einheitlich. Per Zufall kann in einem Spermium bzw. Ei das Allel A_2 oder A_4 enthalten sein und das Allel C_1 oder C_2, aber immer enthält es das Allel B_2.

rezessiven Gendefekt. Wegen der gemeinsamen Abstammung kann dieses krankmachende Allel nun ihrem Kind von beiden Elternteilen mitgegeben werden. Das Kind wird mit einer Wahrscheinlichkeit von 1 : 64 für dieses Allel homozygot. Damit bricht die Erbkrankheit aus. Empirische Untersuchungen in der Bundesrepublik Deutschland ergaben, dass die Risikoerhöhung von Fehlbildungen bei Cousin/Cousinen-Heiraten bei etwa 1,6 Prozent liegt (der Kinderarzt Andreas Artlich, 2011). Das wird als moderat bezeichnet, weil das Basisrisiko für Fehlbildungen bei jeder Schwangerschaft etwa 3 Prozent beträgt[1].

Bei Inzest innerhalb der engeren Familie liegt der Wert höher[2]. Aber wäre das unseren Vorfahren aufgefallen? In der Vergangenheit war in allen Kulturen die Kindersterblichkeit sehr hoch, und es war auch sehr üblich, Kinder unmittelbar nach der Geburt zu töten oder auszusetzen (vgl. S. 129f.). Man kann daher bezweifeln, dass die Beobachtung einer so schwachen Erhöhung von Fehlbildungen zum Verbot von Verwandtenehen geführt hat. Warum haben sich aber dann ausgerechnet in den am ursprünglichsten gebliebenen Kulturen die stärksten Verbote von Ehen unter Verwandten durchgesetzt?[3]

In den Diskussionen über die Auswirkungen enger Verwandtschaft der Eltern auf die Gesundheit ihrer Nachkommen wird in der Regel von einer »alles oder nichts«-Vorstellung ausgegangen: Entweder ein Kind zeigt eine dramatische Erbkrankheit, oder es ist gesund – Glück gehabt. Das ist aber nicht korrekt. Bei den anscheinend gesunden Nachkommen liegen wegen der gemeinsamen Vorfahren mehr Gene als sonst in der Bevölkerung homozygot vor. (Bei einer Cousin/Cousinen-Heirat wird in den gemeinsamen Kindern jedes bei den Großeltern heterozygot vorliegende Gen mit einer Wahrscheinlichkeit von 1 : 64 homozygot). Als erste haben Pflanzenzüchter festgestellt,

---

1 »Kinder aus solchen Verwandtschaftsbeziehungen haben gemeinsame Urgroßeltern und damit ein erhöhtes Risiko, dass sie einen rezessiven Gendefekt sowohl über ihren Vater als auch über ihre Mutter erben und damit erkranken. Diese Risikoerhöhung beträgt 1,6 Prozent und ist moderat im Vergleich zu einem bei jeder Schwangerschaft gegebenen Basisrisiko von 3 Prozent, dass das neugeborene Kinde eine relevante Fehlbildung oder Behinderung hat. Vor diesem Hintergrund ist unsere Gesellschaft gut beraten, wenn sie die Fortpflanzungsentscheidung auch in diesem Fall den gut informierten Partnern überlässt!« (Artlich, 2011, S. 9)

2 Hat einer der Eltern einen rezessiven Gendefekt, dann hat im Mittel die Hälfte der Kinder aus dieser Ehe den Defekt ebenfalls. Heiraten diese Kinder untereinander (Bruder-Schwester-Inzest), dann sind deren Kinder mit einer Wahrscheinlichkeit von 1 : 16 homozygot für den Gendefekt.

3 »Die Institution der Ehe ist bei den Eingeborenen [Trobriander in Melanesien] gut ausgebaut, doch fehlt ihnen jede Kenntnis vom Anteil des Mannes an der Zeugung von Kindern.« (Malinowski, 1930, S. 3) Die Trobriander können daher die Einführung und Aufrechterhaltung von Inzesttabus nicht mit der Vermeidung von Mißbildungen durch zu große verwandtschaftliche Nähe der Ehepartner begründen.

was das bedeutet: Wenn man bei Kulturpflanzen Inzucht betreibt, dann werden die Pflanzen von Generation zu Generation kleiner, anfälliger gegen Krankheiten und der Ernteertrag sinkt.[1] Wenn man nun solche Pflanzen aus zwei parallel gewonnenen Linien kreuzt, erhält man prächtige Pflanzen, die einen Riesenertrag liefern. Diese Pflanzen sind maximal heterozygot. Den Effekt nennt man Heterosis (Heterose) oder Luxurieren von Bastarden (engl. hybrid vigor). Der Hobbygärtner kennt die entsprechenden Samen als F_1-Hybride. Das sind Samen der ersten Filialgeneration (nach Filia, lat.: Tochter) aus einer Kreuzung von weitgehend homozygoten Eltern aus unterschiedlichen Zuchtlinien. Auch bei Tieren und auch bei uns Menschen sind die heterozygoten den homozygoten Individuen in der Regel überlegen, allerdings ist unser Wissen hierüber geringer.

Es ist leicht einzusehen, dass es einen Selektionsdruck gegeben hat und gibt, um Inzucht aus genau diesem Grund zu verhindern: Individuen, die viele Gene homozygot tragen, haben eine geringere Tauglichkeit (Fitness) als solche, die heterozygoter sind (Heterosis). Es gibt einen zweiten Grund, warum Inzucht schädlich ist: Wenn sich die Lebensbedingungen deutlich ändern, kann eine Population von Homozygoten mit identischer genetischer Ausstattung sich voraussichtlich nicht den neuen Bedingungen anpassen. In einer Population mit vielen Heterozygoten gibt es eine Chance, dass zumindest einige wenige mit den neuen Bedingungen zurechtkommen. Man kann daraus ersehen, dass eine Population nur dann eine Chance zu einer Anpassung an eine sich ändernde Umwelt hat, wenn es ihr gelingt, Inzucht einzuschränken. Der zweite Grund war für unsere Vorfahren vermutlich von besonderer Bedeutung, weil in unserer Evolution, verglichen mit der, die zu den Gorillas, Schimpansen und Bonobos führte, dramatische Veränderungen in der Anatomie und Physiologie sich in vergleichsweise kurzer Zeit durchsetzen mussten und sich auch tatsächlich durchgesetzt haben[2].

---

1 Schon Darwin hat das beobachtet und in *Effects of Cross- and Self-Fertilisation in the Vegetable Kingdom*, 1876, beschrieben. Kommentiert hat er diese Beobachtungen in seiner Autobiographie: *Charles Darwin: Mein Leben*, dt. 2008, S. 144.
E. M. East hat 1936 ein Übersichtsartikel mit dem Titel »Heterosis« veröffentlicht. Aktuelle Zusammenfassungen finden sich in Lehrbüchern wie Srb et al., 1965, S. 461ff., Kühn, 1961, S. 149ff. und Li, 1968, S. 290ff..

2 Diese beiden Argumente für einen hohen Anteil von Heterozygotie in einer Population sind offenbar weitgehend in Vergessenheit geraten. Anders kann ich mir, beispielsweise, den bis heute großen Erfolg des Buchs *Das egoistische Gen* von Richard Dawkins nicht erklären. Dawkins schreibt:»Wenn zwei Gene, wie das Gen für braune und das für blaue Augen, um denselben Ort auf einem Chromosom konkurrieren, so heißen sie Allele. Für unsere Zwecke ist das Wort Allel gleichbedeutend mit Rivale.« (Dawkins, 1994, S. 59) An anderer Stelle bezeichnet er Allele sogar als »tödliche Riva-

Zusammengefasst: Organismen, die sich geschlechtlich fortpflanzen, vermeiden Inzest/Inzucht, weil Inzucht die Heterozygotie reduziert. »Weil« heißt hier: Es gab und gibt einen Selektionsdruck auf die Entwicklung von Mechanismen und Verhaltensweisen, die geeignet sind, die Wahrscheinlichkeit von Inzucht zu reduzieren. Heterozygote Individuen sind homozygoten Individuen in der Regel im »Kampf ums Dasein« überlegen. Hinzu kommt, dass eine Population von Homozygoten sich nicht an neue Lebensbedingungen anpassen kann, wenn diese neue Lebensweise anatomische und physiologische Veränderungen erfordert. (Eine Heirat unter entfernten Verwandten kann in besonderen Situationen ein Vorteil für eine Population sein. (vgl. S. 125f.)) Unsere Vorfahren haben Inzest – aller Wahrscheinlichkeit nach – nicht deshalb vermieden, weil sie zu der Erkenntnis kamen, dass Inzucht zu Fehlbildungen führt, sondern deshalb, weil diejenigen Populationen den »Kampf ums Dasein« überlebten, die Verhaltensweisen zur Vermeidung von Inzest entwickelten – ohne zu der Erkenntnis zu gelangen, warum das für sie sinnvoll ist. Da unser Schönheitsideal Inzest nahelegt, ist es nicht verwunderlich, dass unsere Vorfahren eine Fülle von sehr unterschiedlichen Mechanismen und Verhaltensweisen entwickelt haben, um Inzest zu vermeiden.

---

len« (ebd., S. 76). Selbstverständlich kämpfen die Allele nicht direkt gegeneinander, sondern Individuen haben in ihrem Leben Vor- bzw. Nachteile, weil sie ein bestimmtes Allel tragen. Weil auf diese Weise ein Allel ein anderes aus einer Population verdrängen kann, nennt Dawkins sie »tödliche Rivalen«. Solche Verdrängungsprozesse gibt es in der Tat. Diese Erkenntnis ist allerdings gut hundert Jahre nach Darwin nicht mehr originell. In der ersten Hälfte des letzten Jahrhunderts kam nun die Erkenntnis hinzu, dass zwei unterschiedliche Allele eines Gens für ein Individuum häufig vorteilhafter sind als zwei gleiche (Heterosis). In vielen Fällen gibt es das gute Allel nicht, auf das man nur selektieren muss, bis es homozygot vorliegt, um gewünschte Eigenschaften wie hohen Ertrag und Widerstandskraft gegen Krankheiten zu erreichen. Darüberhinaus wurde die Gefahr von Homozygotie für die Evolution erkannt. In *Das egoistische Gen* taucht das Stichwort Heterosis nicht auf, und auch das Problem von Homozygotie für die Evolution wird nicht behandelt. Joachim Bauer (2010) versucht in seinem Buch *Das kooperative Gen,* Dawkins These zu widerlegen. Sein Vorgehen beruht aber auf einem Missverständnis: Dawkins spricht zwar vom egoistischem Gen (*The selfish gene*), meint aber Allele. Niemand bestreitet, dass Gene bei der Bildung eines Organismus kooperieren. Über Kooperation von Allelen (Heterosis) findet man auch in Bauers Buch nichts. Der Autor geht nicht auf die Bedeutung der Heterozygotie von Populationen für die Evolution ein.

Verhaltensweisen bei Gorillas, Bonobos und Schimpansen, die Inzest verhindern

Maßnahmen zur Verhinderung von Inzucht sind tatsächlich sehr alt. Sie sind nicht erst in der Evolution der Menschen entstanden. Inzest, Inzestscheu und Maßnahmen zur Verhinderung von Inzest gibt es auch bei Gorillas, Bonobos und Schimpansen. Von Interesse sind hier die Unterschiede zwischen diesen Menschenaffen einerseits und den Menschen andererseits.

Es ist nachvollziehbar, dass ein Gorillamännchen die heranwachsenden Söhne vertreibt, falls sie nicht von selbst gehen. Sie wachsen zu Konkurrenten heran. (In seltenen Fällen bleibt ein Sohn noch einige Zeit nach Erreichen der Geschlechtsreife in seiner Geburtsgruppe, er muss sich dann aber dem Vater unterordnen.) Aber warum verlassen die Töchter ihre Geburtsgruppe? Berichtet wird, dass die Töchter nicht zum Verlassen der Gruppe gezwungen werden. Warum sollte ein Vater sie auch vertreiben? Sie sind keine Konkurrenten. Und warum sollte die Mutter sie vertreiben? Sie sind auch für sie keine Konkurrentinnen. Weibchen eines Harems leben – weitgehend – friedlich mit den anderen Weibchen im Harem zusammen. Warum sollten sie nicht auch mit ihren Töchtern friedlich zusammenleben? Für das Verhalten der Töchter ist nur ein Grund offensichtlich: Ihr Verhalten verhindert Inzest[1]. Inzest reduziert die Heterozygotie der Population, und das schadet der Population im »Kampf ums Dasein«.

Für Bonobos und Schimpansen gilt das Gleiche. Es ist das Verhalten der Töchter, das die Heterozygotie auf einem hohen Niveau hält. Goodall berichtet, dass bei Schimpansen das Verhältnis von Mutter und Tochter sehr eng ist. Die Tochter wird von der Mutter lange als Kind behandelt. Erst wenn die Tochter deutliche Genitalschwellungen zu entwickeln beginnt – ab dem neunten Lebensjahr –, verlässt sie ihre Geburtsgruppe. Sie verlässt sie zunächst nur zeitweise und offenbar immer aus eigenem Antrieb. Das gleiche gilt für Bonobos. Die Töchter der Bonobos verlassen mit dem siebten Lebensjahr ihre Geburtsgruppe. Bonobos und Schimpansen haben dieses Verhalten vermutlich seit der gemeinsamen Vergangenheit mit den Vorläufern der Gorillas, wenn es nicht sogar noch älter ist.

Wenn die ersten schwachen Ansätze einer Genitalschwellung sich bei den weiblichen Schimpansen und Bonobos zeigen (nach dem sechsten Lebensjahr), beginnen sie mit spielerischen Sexualkontak-

---

[1] Fossey, 1983

ten. Es gehen keine Kinder aus diesen Kontakten hervor[1]. Unter Schimpansen wird Geschwisterinzest hauptsächlich von den jungen Weibchen verhindert[2]. Aber auch die Brüder haben an ihren Schwestern in der Regel deutlich geringere sexuelle Interessen als an anderen Weibchen[3]. Möglicherweise trägt bei Bonobos und Schimpansen diese Inzestscheu dazu bei, dass die jungen Weibchen ihre Geburtsgruppe verlassen, wenn sie geschlechtsreif werden.

Über Bonobos schreibt de Waal:

»Normalerweise besteht zwischen Geschwistern nur ein geringes sexuelles Interesse, nicht so im Falle von Kevin und Kalind. Sie sind zu spät in ihrem Leben mit ihren Schwestern zusammengekommen (nach einer Zeit in der Zookinderstation), als daß sie die natürlichen Hemmungen hätten entwickeln können, die Inzucht verhindern.«[4]

Interessant hieran ist, dass die gemeinsame Abstammung die inzestuösen Handlungen nicht verhindern kann. Bei vielen Tieren, wie bei Fischen und Mäusen, wird Inzest über Geruch verhindert. Die Beobachtungen von de Waal lassen den Schluss zu, dass das Riechen des »Stallgeruchs«, der sich während der gemeinsamen Kindheit der Bonobos herausbildet, eine Rolle bei der Entwicklung der Inzestscheu spielt.

Bei Bonobos kommt es zwischen Erwachsenen und Kindern zu sexuellen Handlungen. Wegen der Promiskuität ist auch ein sexueller Kontakt von Vater und Tochter nicht auszuschließen, aber die Kontakte von erwachsenen Männchen mit weiblichen Kindern oder Jugendlichen sind ganz anders als die zwischen Erwachsenen. Nur die Kontakte unter Erwachsenen führen zur Penetration und Ejakulation[5].

---

1 van Lawick-Goodall, 1975, S. 152ff.; de Waal, 2009, S. 170
2 Über ein Schimpansenmädchen schreibt Goodall: »Besonders interessant war für uns die Entdeckung, daß sie sich außerordentlich zurückhaltend zeigte, wenn sich einer ihrer Brüder mit ihr paaren wollte. Sie verhinderte es sogar, daß der kleine Flint sich an sie heranmachte, obwohl sie in den Tagen vor ihrer ersten echten Schwellung nichts dagegen gehabt hatte, daß er sich mit ihr ›paarte‹. Und wenn auch beobachtet wurde, daß sich Figan und Faben mit ihrer Schwester paarten, nachdem Fifi zunächst auf die Annäherungsversuche ihrer Brüder mit großem Geschrei reagiert hatte, so kam es im weiteren Verlauf doch nur sehr selten zum geschlechtlichen Verkehr zwischen Geschwistern.« (van Lawick-Goodall, 1975, S. 153)
3 Ein erwachsenes Schimpansenmännchen hat wiederholt und sehr hartnäckig Weibchen mit Genitalschwellung umworben, aber seiner Schwester gegenüber benahm er sich anders: »Anders als bei anderen Brüdern war bei Evered nie beobachtet worden, daß er seine Schwester gezwungen hätte, sich während ihrer Genitalschwellung seinem sexuellen Interesse zu fügen. Er hatte ein paarmal um sie geworben, indem er sanft Zweige schüttelte, aber wenn sie ihn ignorierte oder ihm auswich, ließ er sie in Ruhe.« (Goodall, 1991, S. 99)
4 de Waal, 1993, S. 224
5 ebd., S. 207

Bei Gorillas gibt es fast jede Kombination von sexuellen Kontakten, nur zwei wurden nicht beobachtet: erstens nicht zwischen geschlechtsreifen Männchen, und zweitens nicht zwischen geschlechtsreifen Männchen und ihrer Mutter[1].

Bei Bonobos meiden die Mütter sexuell einzustufende Kontakte mit ihren Söhnen ab deren Alter von zwei Jahren. Wenn die Männchen heranwachsen, finden sie ihre Schwestern nicht mehr in der Gruppe vor. Sexualkontakte zwischen Müttern und ihren erwachsenen Söhnen wurden bei Bonobos nie beobachtet[2].

Bei Schimpansen ist Inzest von Sohn und Mutter schon deshalb unwahrscheinlich, weil eine Schimpansin etwa mit 13 Jahren ihr erstes Kind hat und ihr Sohn erst mit etwa 15 Jahren sexuell aktiv wird. Sie erreicht mit 40 Jahren ihr Klimakterium. Es bleiben also nur wenige Jahre, in denen Inzest mit dem ersten Sohn stattfinden könnte. In dieser Zeitspanne muss die Mutter dann auch noch ihren Eisprung haben, in der anderen Zeit ist sie sexuell nicht attraktiv und auch nicht aktiv. Kurz vor dem Klimakterium hat sie ihren Eisprung im Abstand von etwa 4 – 5 Jahren, nämlich erst nach dem Abstillen ihres letzten Kindes. Hinzu kommt, dass ältere Schimpansinnen in der Regel als sexuell attraktiver angesehen werden als jüngere, was dazu führt, dass auf Grund der Hierarchie unter den Männchen junge männliche Schimpansen bei diesen Weibchen wenig Chancen haben. Hinzu kommt außerdem, dass sich die erwachsenen Söhne und ihre Mütter, wenn diese eine Genitalschwellung haben, gegenseitig meiden. Goodall berichtet aber von einem Fall, der fast zu Inzest geführt hätte. Ein Alphamännchen (19 Jahre alt), das auf Grund seiner Position von keiner Seite Widerspruch duldet, versuchte, seine Mutter mehrfach zur Kopulation zu bewegen und diese dann auch mit Gewalt zu erzwingen. Die Mutter hat das aber jedes Mal erfolgreich verhindert.

Zusammenfassend kann festgestellt werden, dass die weiblichen Mitglieder der Schimpansen und Bonobos effiziente Verhaltensweisen entwickelt haben, um Inzest zu verhindern, während der Beitrag der männlichen Mitglieder kleiner und unzuverlässiger ist.

---

1 Fossey, 1983

2 »Da seine Schwestern und andere möglicherweise mit ihm verwandte Frauen fortgegangen sind oder sich gerade auf den Weg machen, ist das Risiko der Inzucht minimal. Nur mit seiner eigenen Mutter wäre das etwas anderes, und es überrascht nicht, daß dies die einzige Kombination von Sexualpartnern ist, die man in Bonobogesellschaften nicht beobachtet.« (de Waal, 2009, S. 170) Ich denke, das sollte überraschen. Wodurch es in diesem Fall zu einer Inzestscheu kommt, halte ich für interessant.

Verhaltensweisen bei Menschen, die Inzest verhindern

Inzestscheu unter Geschwistern

Es gibt Hinweise, dass Geschwisterinzest bei Menschen auf ähnliche Weise verhindert wird wie bei Schimpansen und Bonobos. Westermarck[1] stellte die These auf, dass Kinder, die zusammen aufwachsen, ein sexuelles Desinteresse aneinander entwickeln.

»Diese sogenannte Westermarck-Hypothese wurde in einigen Studien getestet. Die aussagekräftigsten Ergebnisse kamen von Wolf (1995). Wolf untersuchte eine chinesische Tradition, in der junge Mädchen von den Eltern eines Jungen adoptiert werden, um diesem später als Braut zu dienen. Wolf sammelte Daten zu den daraus entstandenen Ehen und stellte erhöhte Scheidungs- und niedrigere Fertilitätsraten bei diesen Paaren fest. Der Westermarck-Effekt war stärker, wenn die Kinder bereits in den ersten drei Lebensjahren zusammenlebten.«[2]

Diamond (1998) referiert eine Untersuchung von Shepher an Kindern in israelischen Kibbuzim:

»Kibbuzkinder leben von der Geburt an bis ins junge Erwachsenenalter in enger Gemeinschaft, praktisch wie eine Riesenfamilie aus lauter Brüdern und Schwestern. Wären Nähe und Gelegenheit Hauptfaktoren unserer Heiratsentscheidungen, müssten die meisten Kibbuzkinder daher innerhalb ihres Kibbuz heiraten. Wie eine Untersuchung über 2769 Ehen von Personen ergab, die im Kibbuzim aufgewachsen waren, wurden davon nur 13 Ehen zwischen Kindern aus dem gleichen Kibbuz geschlossen. Alle anderen heirateten nach Erreichen der Ehefähigkeit außerhalb des eigenen Kibbuz. Und selbst die 13 Fälle erwiesen sich als Ausnahmen, die nur die Regel bestätigen: Bei allen handelte es sich um Paare, bei denen die Partner erst nach dem Alter von sechs Jahren in den Kibbuz gezogen waren! Unter den Kindern, die seit der Geburt derselben Kleingruppe Gleichaltriger angehört hatten, kam es nicht nur zu keinen Eheschließungen, sondern es fanden auch weder in der Jugend noch im Erwachsenenalter irgendwelche heterosexuelle Aktivitäten statt.«[3]

Diamond zieht daraus den Schluss:

»dass der Zeitraum zwischen Geburt und dem Alter von sechs Jahren eine entscheidende Bedeutung für die Herausbildung unserer sexuellen Präferenz darstellt. Wir *lernen*, wie unbewusst auch immer, dass unsere engen Gefährten aus diesem Lebensabschnitt als Sexualpartner nicht in Betracht kommen, nachdem wir geschlechtsreif geworden sind.«[4]

Die Untersuchungen weisen darauf hin, dass früh in der Kindheit

---
1 Westermarck, 1891, zitiert nach Wikipedia, 2012
2 Wikipedia: Inzest, 2011
3 Diamond, 1998, S. 139
4 ebd., S. 140

sich die »sexuelle Präferenz« entwickelt und damit verbunden eine Einstellung, die dazu führt, dass später ehemalige biologische und soziale Geschwister als Sexual- und Ehepartner nicht bzw. kaum in Frage kommen. Zum gleichen Schluss kommen Lieberman et al. (2007) und Luo (2011) auf Grund eigener Untersuchungen.

Diese Beobachtungen tragen zu der Debatte bei, welche Bedeutung der Körpergeruch bei der Verhinderung von Inzest bei Menschen hat. Weisfield et al. wiesen eine Abstoßung über den Geruch zwischen gegengeschlechtlichen Geschwistern und zwischen Vater und Tochter nach. Die Aversion ist unter Halbgeschwistern geringer[1]. Für die Meidung über den Geruch sollen die Moleküle des Haupthistokompatibilitätskomplexes (MHC) verantwortlich sein. Bei nahen Verwandten sind die MHC-Moleküle auf Grund gemeinsamer Abstammung zum Teil identisch, und diese partielle Übereinstimmung soll die sexuelle Abstoßung bewirken. Allerdings sind die Ergebnisse über die Rolle des Geruchs bei der Verhinderung von Inzest bei Menschen umstritten[2]. Die Beobachtungen an Kibbuzkindern zeigen, dass nicht nur verwandte, sondern auch nicht miteinander verwandte Kibbuzkinder sich später als Erwachsene sexuell meiden. Offensichtlich spielen im Fall der nicht miteinander verwandten Kibbuzkinder die MHC-Moleküle keine Rolle.

Aus alledem lässt sich der Schluss ziehen, dass bei Menschen, ähnlich wie bei Bonobos und Schimpansen, der in der frühen Kindheit erlernte »Stallgeruch« die sexuelle Meidung bewirkt.

Allerdings scheint der »Stallgeruch« nicht auszureichen, oder genauer: er wurde als nicht ausreichend angesehen, sonst würde in den Mythen der Völker der Darstellung von Geschwisterinzest nicht so großer Raum gegeben; und primitive Gesellschaften hätten nicht Verhaltensvorschriften speziell zur Vermeidung von Geschwisterinzest entwickelt. Das wichtigste Tabu der Trobriander (Melanesien) betrifft Geschwisterinzest. Um ihn zu vermeiden, verlassen die Geschwister in jungen Jahren das elterliche Haus und leben von da an getrennt voneinander[3]. Von den Sioux berichtet Erik Erikson:

> »War ein bestimmtes Alter, bald nach dem fünften Lebensjahr, erreicht, so mußten Bruder und Schwester lernen, einander nicht mehr direkt anzusehen oder anzusprechen.«[4]

Von einem Stamm auf den Neuhebriden wird berichtet, dass ein Knabe mit dem Beginn der Pubertätsriten in das Klubhaus ziehen

---

1 Weisfield et al., 2003, zitiert nach Smith, 2007, S. 214
2 Wedekind et al., 1995; Jacob et al., 2002; Milinski, 2006; Chaix, 2008
3 Malinowski, 1962, S. 63
4 Erikson, 1966, S. 138

muss. Er darf das Elternhaus nicht mehr betreten, wenn seine Schwester anwesend ist. Treffen sie zufällig außerhalb des Hauses aufeinander, muss sie sich vor ihm verstecken. Wenn er Fußspuren im Sand sieht, die von seiner Schwester stammen könnten, muss er umkehren und einen anderen Weg wählen[1]. Offenbar ist Geschwisterinzest nicht gebannt. Es bedarf des ausdrücklichen Verbots, ja schon des Verbots von, oberflächlich betrachtet, sehr unverfänglichen Verhaltensweisen.

Bevc und Silverman[2] kamen nach empirischen Untersuchungen zu dem Schluss, dass Kinder, die miteinander aufwachsen, später zwar eine Aversion gegen inzestuöse Handlungen entwickeln, dass das gemeinsame Aufwachsen aber nicht die entsprechenden sexuellen Wünsche verhindert. Diese Ergebnisse können erklären, warum als Kinder voneinander getrennte Verwandte (zum Beispiel adoptierte Kinder), die, wenn sie später wieder zusammen kommen, mitunter eine starke gegenseitige sexuelle Anziehung entwickeln. Nach Greenberg und Littlewood geschah das in mehr als 50% der sich wiedergefunden habenden Verwandten, die früh voneinander getrennt waren[3]. In dem kürzlich berichteten Fall von Geschwisterinzest handelte es sich auch um sich wiedergefunden habende Geschwister (vgl. S. 50f.).

Die starke sexuelle Anziehung unter nahen Verwandten und die starken Mechanismen, die genau diese Anziehung verhindern sollen, passen zu der Hypothese, dass bei der Partnerwahl die Vorliebe für einen Partner, der den engsten Angehörigen ähnlich sieht, eine große Bedeutung hat.

Vergessen der Kindheitserlebnisse

Merkwürdigerweise erinnern wir uns nur sehr bruchstückhaft, wenn überhaupt, an Ereignisse, die vor unserem fünften Lebensjahr stattgefunden haben. Das ist deshalb merkwürdig, weil es sicher erinnernswerte Erfahrungen aus dieser Zeit gibt. Ganz allgemein gilt doch: Erinnern hilft, Erfahrungen für zukünftiges Handeln nutzbar zu machen. Das Vergessen der Ereignisse aus dieser Zeit müsste daher eigentlich ein großer Selektionsnachteil sein. Nur dann wird ein Selektionsvorteil daraus, wenn es Erfahrungen und Erlebnisse gibt, deren Erinnerung ein noch größerer Nachteil wäre als der Verlust aller Erinnerungen dieser Zeit. Was könnten das für Erfahrungen sein?

Die Psychoanalyse bietet eine Antwort an – in Übereinstimmung

---

1 Codrington und Frazer, 1910, zitiert nach Freud, 1912-13, S. 15
2 Bevc und Silverman, 1993, 2000; Silverman und Bevc, 2004, zitiert nach Smith, 2007, S. 206f.
3 Erickson, 2004; Greenberg und Littlewood, 1995; Krista, 2003, zitiert nach Smith, 2007, S. 206

mit der hier vertretenen Hypothese: In der Kindheit wird eine sexuell gefärbte Gefühlsbindung an den gegengeschlechtlichen Elternteil entwickelt und eine Rivalitätseinstellung zum gleichgeschlechtlichen Elternteil. Diese Gefühlsbindungen werden – sinnvollerweise – nach dem Abschluss des frühinfantilen Sexuallebens zum Vergessen gebracht.

Lange Zeit galt die These von Freud, dass nicht erst mit der Pubertät, sondern schon in der frühen Kindheit die sexuelle Entwicklung eines Kindes beginnt, als unerhörte Beleidigung. Heute hat sich die Aufregung gelegt, ja, mit den Kenntnissen über die Entwicklung der Sexualität bei Menschenaffen, insbesondere bei Bonobos und Schimpansen, erscheinen uns die sexuellen Interessen und Betätigungen von Menschenkindern überhaupt nicht mehr fremd. Ganz im Gegenteil. Wir müssen uns eher fragen, was dazu geführt haben mag, dass die sexuelle Entwicklung bei Menschen so wenig offensichtlich abläuft, die frühkindlichen Wünsche und Erlebnisse einem Vergessen, einer Amnesie, unterliegen und Eltern die sexuellen Betätigungen und Interessen bei den eigenen Kindern nicht erkennen.

Die Annahme liegt nahe, dass die Amnesie dieser Erfahrungen ein Selektionsvorteil war. Wenn Kinder ihre frühkindlichen sexuellen Interessen und Betätigungen vergessen, dann erleichtert das in der Zeit danach, eine »normale« Einstellung zur Sexualität zu entwickeln. Es wäre sicher störend, wenn bei der späteren Partnerwahl die Erinnerung an das ursprüngliche Interesse am gegengeschlechtlichen Elternteil immer wieder auftaucht. Zudem reduziert das Vergessen von allen diesen Wünschen, Erfahrungen und Betätigungen die Gefahr von Inzest.

Da die sexuellen Strebungen untrennbar mit anderen Handlungen und Erlebnissen des Alltagslebens dieser Zeit verwoben sind, ist ein selektives Vergessen kaum möglich. Wir können also folgern, dass diejenigen Individuen, die alle Geschehnisse der frühen Kindheit vergessen, eine größere Chance haben, eine »normale« Einstellung zur Sexualität zu entwickeln und Inzest als Heranwachsende und als Erwachsene zu vermeiden, als die Individuen, die sich erinnern können. Die in der frühen Kindheit gehabten Wünsche können Probleme bereiten, weil sie mit dem Heranwachsen nicht vollständig verschwinden. Wenn die Wünsche der Amnesie verfallen, sind sie zwar nicht beseitigt, aber im Alltagsleben weniger gegenwärtig.

An einige wenige Erlebnisse der frühen Kindheit kann sich fast jeder erinnern. Oft erscheinen sie so belanglos, dass man sich fragt, warum gerade diese Ereignisse erinnert werden. Nicht selten werden diese Ereignisse von den damals Erwachsenen auch ganz anders gesehen und anders bewertet. Der Psychoanalytiker und Pädagoge Siegfried Bernfeld schreibt:

»Unsere erinnerte Kindheit ist aber weit davon entfernt, treue Erinnerung zu sein, sie ist Tendenz, entstanden in den tiefsten Seelenwirbeln des Lebens, festgehalten, ausgestaltet als Waffe gegen mächtige Feinde innerhalb der eigenen Seele in lebenslänglichem Kampfe.«[1]

Nicht nur das Vergessen, sondern auch die Entstellung von Erinnerungen hilft demnach, die ursprünglich vorhandenen sexuellen und aggressiven Wünsche der Kindheit für das Erwachsenenleben ungefährlicher zu machen.

Die Tatsache, dass die Amnesie (und die Entstellung) der Kindheitserlebnisse von der Selektion begünstigt wurde, wirft ein Licht auf die Stärke der Probleme, die dank der Amnesie (und der Entstellung) reduziert wurden. Unsere Vorliebe bei der Partnerwahl hat, denke ich, einen beträchtlichen Anteil daran, dass diese Probleme groß sind. Hätten wir diese Vorliebe nicht, dann hätten wir die Amnesie vielleicht nicht nötig.

Erinnern der Abstammung, Aufstellung von Geboten und Gesetzen

Heiratsregeln zur Vermeidung von Verwandtenehen sind alt. In allen alten Kulturen gab es feste Vorstellungen darüber, welche der Nachbarfamilien für die Partnersuche in Frage kommen und welche nicht. Eine Heirat zwischen Personen, die zur gleichen Familie, zum gleichen Clan oder gleichen Totem gehören, ist verboten, ist tabu. Die Regeln sind in den verschiedenen Kulturen nicht identisch, aber doch sehr ähnlich: Bei den Kurnai in Australien waren Heiraten und Geschlechtsverkehr zwischen Verwandten bis zum fünften Grad und zwischen Mitgliedern verschiedener Altersgruppen nicht erlaubt. Es gab drei Altersgruppen: Kinder, Erwachsene und Alte[2]. Die Regeln gelten auch für außereheliche Geschlechtsverkehr. Übertretungen dieser Regeln wurde auch dann, wenn keine Kinder daraus hervorgingen, hart bestraft und auch dann, wenn sich erst im Nachhinein der Tabubruch herausstellte: Hatte ein Mann eine Frau von einem anderen Stamm geraubt und sie zur Frau genommen, und es stellte sich heraus, dass sie zum gleichen Totem gehört wie er, dann hatte das den Tod zur Folge, unausweichlich für den Mann und meist auch für

---

1 Bernfeld, 1967, S. 32
2 Fison und Howitt, 1880, Cunow, 1894, zitiert nach Eildermann, 1950. Ein Verbot von Heiraten außerhalb der eigenen Altersklasse existierte zum Beispiel auch bei den Mundugumor in Neu-Guinea (Mead, 1959).

die Frau. Der Raub selbst wurde von der Horde nicht bestraft[1].

Einen Einblick in die Bedeutung des Tabus für eine Gesellschaft ermöglicht ihr Strafsystem. Wiederholt wurde berichtet, dass ein Tabubrecher tatsächlich nicht lange überlebt, er stirbt häufig, ohne erkennbare äußere Einwirkungen zu zeigen, so als ob er vergiftet worden wäre. Wenn allerdings dieses Ergebnis zu lange auf sich warten lässt, hilft die Horde nach, da von dem Tabubrecher eine Gefahr für alle ausgeht.

»Die Strafe für die Übertretung eines Tabus wird wohl ursprünglich einer inneren, automatisch wirkenden Einrichtung überlassen. Das verletzte Tabu rächt sich selbst. Wenn Vorstellungen von Göttern und Dämonen hinzukommen, mit denen das Tabu in Beziehung tritt, so wird von der Macht der Gottheit eine automatische Bestrafung erwartet. In anderen Fällen, wahrscheinlich infolge einer weiteren Entwicklung des Begriffs, übernimmt die Gesellschaft die Bestrafung des Verwegenen, dessen Vorgehen seine Genossen in Gefahr gebracht hat. So knüpfen auch die ersten Strafsysteme der Menschheit an das Tabu an.«[2]

Nach Freud ist der Grund für die Strafe die Notwendigkeit, Abwehrmaßregeln zu entwickeln, um die eigenen Inzestwünsche und die der Anderen in der Gemeinschaft unter Kontrolle halten zu können[3].

Für die Entwicklung und Anwendung dieser Strafsysteme war bei allen Beteiligten Kenntnis der eigenen Abstammung notwendig[4]. In den Mythen über die Entstehung der Welt ist von Götterdynastien die Rede, deren verwandtschaftliche Beziehungen meist sehr detailreich dargestellt werden. Ähnliches gilt für die Familien der Herrschenden. Auch außereheliche Kinder und Fremde spielen in Mythen und Sagen eine wichtige Rolle. Dabei wird meist deutlich gemacht, wie schwer diese Kinder es im Leben haben. In Märchen stellt sich zu guter Letzt oft heraus, dass der arme, aber äußerst tapfer und selbstlos handelnde

---

1 Frazer, 1910, zitiert nach Freud, 1912-13, S. 9
2 Encyclopedia Britannica, elfte Auflage, 1911, zitiert nach Freud, 1912-13, S. 28
3 »Es ist uns darum nicht unwichtig, an den wilden Völkern zeigen zu können, daß sie die zur späteren Unbewußtheit bestimmten Inzestwünsche des Menschen noch als bedrohlich empfinden und der schärfsten Abwehrmaßregeln für würdig halten.« (Freud, 1912-13, S. 25) »Wir müssen sagen, diese Wilden sind selbst inzestempfindlicher als wir.« (ebd., S. 15)
4 Lewis Henry Morgan berichtet: »So finden wir, daß bei den Irokesen [...] die Ehe verboten ist zwischen *allen* Verwandten, die ihr System aufzählt, und das sind mehrere hundert Arten« (Engels, 1952, S. 48, Kursivierung im Original, nach Morgan, 1851). Offensichtlich werden von den Mitgliedern dieser Gesellschaft große intellektuelle Fähigkeiten erwartet. In Mitteleuropa unterscheiden wir heute vielleicht ein oder zwei Dutzend Verwandtschaftsgrade und sind schon damit häufig überfordert.

Mann in Wirklichkeit ein Prinz ist, und das heißt, jemand, der vielleicht doch reich ist. Sicher ist aber auf jeden Fall, dass dieser Mann eine lange Abstammung vorweisen kann. Für die Prinzessin stellt er damit keine Mesalliance mehr dar. Reichtum und Tapferkeit allein sind meist noch kein Grund für die Heirat. Ein Emporkömmling wird verachtet. Die Abstammung ist entscheidend. Wer keinen langen Stammbaum vorweisen kann, gilt wenig, welche Qualitäten er bzw. sie auch immer vorweisen mag.

Heute weist in vielen Gesellschaften der Name nach dem Vornamen einer Person darauf hin, wer der Vater bzw. die Mutter dieser Person ist. In machen Kulturen wird sogar ein großer Teil der bekannten Genealogie dazu verwendet. Dieser Brauch erleichtert die Zuordnung von Kindern zu Familien, besonders dann, wenn in einer Gesellschaft die gleichen Vor- und Nachnamen häufig sind. Darüberhinaus weisen diese Zusatznamen darauf hin, dass die Eltern der Person bekannt sind. Die Zusatznamen sind ein Abstammungsnachweis.

Interessant ist ein Blick auf die gesellschaftliche Stellung von unehelichen Kindern in Europa im Mittelalter:

»Der Mann hatte sich vor der Gesellschaft seiner außerehelichen Beziehungen noch nicht zu schämen. Es erscheint bei allen Gegentendenzen [vorwiegend durch die Kirche], es gewiß schon gibt, noch sehr oft als selbstverständlich, daß die natürlichen Bastardkinder zur Familie gehören, daß sich der Vater um ihre Zukunft sorgt und ihnen, wenn es Töchter sind, in allen Ehren die Hochzeit ausstattet.«[1]

Norbert Elias hebt hervor: »Daß man sich in der Oberschicht oft ausdrücklich und mit Stolz Bastard nannte, ist bekannt genug.«[2] Beispielsweise hatte ein Halbgeschwister von Ludwig XIII in Frankreich, obwohl Bastard, selbstverständlich eine vornehme Abstammung. Uneheliche Kinder, zu denen der Vater sich bekannte, hatten eine ähnliche gesellschaftliche Stellung wie die Kinder von Nebenfrauen in einem Harem in anderen Kulturen. Auch im antiken Griechenland wurde das ähnlich gesehen: Die unehelichen Kinder des Götterkönigs Zeus mit sterblichen Frauen waren immerhin Halbgötter. Kinder, deren Vater unbekannt war, hatten allerdings in keiner der Gesellschaften etwas zu lachen.

Auch heute noch spielt die Abstammung für die Art des Umgangs mit einer Person eine große Rolle. Jede(r) wird es weit von sich weisen, dass er bzw. sie eine uneheliche Geburt als Makel ansieht. Aber sobald von jemandem bekannt wird, dass er bzw. sie adlig ist – also einen langen Stammbaum vorweisen kann –, steigt die Achtung, auch

---

1 Elias, 1989, Bd. 1, S. 251
2 ebd., S. 252

dann, wenn bekannt ist, das dieses Adelsgeschlecht sich in der Vergangenheit durch Unterdrückung »seiner« Bevölkerung schamlos bereichert hat. Daran zeigt sich, dass wir in diesem Punkt immer noch Vorurteile haben.

Um Abstammung dreht es sich nicht nur in Mythen, Religionen, Märchen und großen Werken der Weltliteratur, auch in den Geschichtswissenschaften ging es lange Zeit hauptsächlich um die Erforschung von Abstammungen, speziell um die verwandtschaftlichen Beziehungen der Herrschenden. Das dürfte zunächst reine Auftragsarbeit gewesen sein, um deren Herrschaftsanspruch zu festigen. Später sind aus diesem Ansatz Wissenschaften geworden. Die emotionale Grundlage ist, denke ich, immer noch das Interesse an der eigenen Abstammung, und dieses Interesse gründet zum beträchtlichen Teil auf unserer problematischen Vorliebe bei der Partnerwahl.

Alternative Familienstrukturen

Eine Mutter-Vater-Kind-Familie ist geeignet, die Ausbildung des »richtigen« Schönheitsideals zu bewirken, diese Familienform beinhaltet aber hohe Risiken für Mord aus Eifersucht, für Streit zwischen den Eltern und den heranwachsenden Kindern und für Inzest innerhalb der Familie. Nun gibt es – heute – von diesem Familientypus abweichende Familienformen. Zwei Berichte über zwei verschiedene Familienstrukturen mögen als Beispiele dienen.

»In Nord-Benin [Westafrika – S. B.] wurden über Jahrhunderte die meisten Kinder im Alter von drei Jahren an Verwandte, bevorzugt Tanten, Onkel oder Großeltern, gegeben, bei denen sie als Pflegekinder aufwuchsen. Wobei die Tanten und Onkel nicht nur die Geschwister der Eltern sind, sondern auch deren Cousins und Cousinen. Und der Großonkel kann auch ein Großvater sein. Es gibt Fälle, wo Kinder zu Nichtverwandten gegeben wurden, dann werden diese mit der Kindergabe zu Verwandten. [...] Viele Kinder wissen nicht, dass die Eltern, bei denen sie aufwachsen, nicht ihre leiblichen Eltern sind. Sie waren zu klein, als sie weggegeben wurden. [...] Auf jeden Fall erfahren sie, wer ihre leiblichen Eltern sind, wenn sie erwachsen werden. [...] Man geht davon aus, dass bis zu einem Drittel aller westafrikanischen Kinder nicht bei ihren leiblichen Eltern leben.«[1]

Die Abgabe der Kinder in andere Familien verhindert offensichtlich Inzest mit Geschwistern und Eltern und ermöglicht gleichzeitig – allerdings nicht in allen Fällen –, dass die Vorliebe bei der späteren Partnerwahl auf enge Angehörige, wenn auch nicht die engsten, ausgerichtet ist. Eine weitere Sicherung zur Verhinderung von Inzest wird dadurch erreicht, dass die Kinder, wenn sie erwachsen werden, erfahren, wer ihre leiblichen Eltern sind, und damit erfahren sie auch,

---
1 Alber, 2010, S. 19

wer ihre leiblichen, mittlerweile erwachsenen Geschwister sind[1].

Als zweites Beispiel soll die Familienstruktur der Trobriander dienen, von der Bronislaw Malinowski berichtet. Die Gesellschaft ist matrilinear organisiert. Das stärkste Tabu betrifft Geschwisterinzest:

»Schon in jungen Jahren leben die Söhne und Töchter der gleichen Mutter getrennt in der Familie infolge des strengen Tabus, das jegliche vertraute Beziehung zwischen ihnen verbietet.«[2] »Wenn sie sich gerade bewegen und herumlaufen können, spielen sie in getrennten Gruppen. [...] Die Einführung dieses Tabus bedingt ein frühes Auseinanderfallen des Familienlebens, da die Knaben und Mädchen, um einander zu meiden, das elterliche Haus verlassen und fortgehen müssen.«[3]

Malinowski sind tatsächlich nur einige wenige – aber dafür dramatische – Fälle von Geschwisterinzest bekannt geworden. Warum die Verlockung zu Geschwisterinzest in dieser Gesellschaftsform offenbar besonders hoch ist, ist unklar[4].

Bei den Trobriandern gibt es kaum Konflikte zwischen dem Vater und seinen Kindern, weil der Bruder der Mutter, der dazu noch in einem anderen Dorf lebt, die Autoritätsperson der Familie ist. Die Kehrseite ist, dass die wohl in allen Gesellschaftsformen häufigste Form des Inzests, die zwischen Vater und Tochter (vgl. S. 49), damit geradezu erleichtert wird: bei der Trobriandern gilt ein Vater mit seiner Tochter als nicht verwandt. Inzest zwischen ihnen ist nicht direkt verboten, gilt aber, nach Malinowski, als »verwerflich«. Tatsächlich sind Malinowski (1929) mehrere Fälle von Vater-Tochter-Inzest bekannt geworden, während ihm kein Fall von Mutter-Sohn-Inzest bekannt geworden ist.

---

1 Von einem etwas anderen Weg, die Gefahr von Inzest in der Familie zu reduzieren, berichtet Wolf (1995, zitiert nach Wikipedia, 2012) aus China: Mädchen wurden schon im Alter von drei Jahren in die Familie des späteren Ehemanns gegeben.
2 Malinowski, 1962, S. 24
3 ebd., S. 63
4 »Besonders interessant ist der Liebeszauber dieser Eingeborenen und die mit ihm in Verbindung stehende Mythologie. Sie nehmen an, daß alle sexuelle Anziehung und alle Kraft der Verführung dem Liebeszauber innewohnt, den die Eingeborenen von einem dramatischen Ereignis der Vergangenheit herleiten, überliefert als eine tragische Sage von einem Bruder-Schwester-Inzest.« (Malinowski, 1962, S. 87) Nach dieser Sage kommt ein Mädchen zufällig mit einem Tropfen eines Liebestranks in Berührung, den ihr Bruder bereitet hat, um eine Frau im Dorf für sich zu gewinnen. Er geht nach der Bereitung des Tranks an den Strand, um zu baden. Seine Schwester folgt ihm, um ihn zu verführen. Sie sehen sich nackt, und da ist es um sie ›geschehen‹. Fortan nahmen sie keine Nahrung mehr zu sich und starben schließlich in enger Umarmung in einer Grotte. Aus ihren Körpern wuchs eine Minze mit der Wirkung eines Liebeszaubers. In diesem Mythus verführt die Frau den Mann, und der Anblick der Nacktheit der Frau überwältigt den Mann – ein wohlbekanntes Muster aus anderen Mythen.

Wertschätzung von Jungfräulichkeit bei der Hochzeit

Warum wird in vielen Kulturen auf die Jungfräulichkeit der Braut bei der Hochzeit großer Wert gelegt? De Waal sieht das so:

»Da alle Männer sicherzustellen versuchen, daß die Erträge ihres Lebens in den richtigen Händen landeten – nämlich denen der eigenen Nachkommen –, war es unvermeidlich, daß Jungfräulichkeit und Keuschheit zur Obsession wurde. Das Patriarchat, wie wir es kennen, kann man sich einfach als eine Weiterentwicklung der männlichen Mithilfe beim Großziehen des Nachwuchses vorstellen.«[1]

Diese These kann überzeugend erklären, warum ein Mann sich vergewissert, dass die Frau, die er heiraten will, nicht von einem anderen Mann schwanger ist. Sie erklärt aber nicht, warum sie Jungfrau sein muss.

Einen Hinweis auf die emotionale Grundlage dieser Wertschätzung können die sogenannten Ehrenmorde liefern, die es in vielen Gesellschaften gab und gibt: Die Brüder und der Vater töten ihre Schwester bzw. Tochter, wenn der Verdacht besteht, sie sei nicht mehr Jungfrau[2]. Die Begründung ist, dass sonst die Ehre der Familie unrettbar beschädigt ist. Wohlgemerkt, die Ehre der Familie, nicht die des Mädchens. Der Verlust der Jungfräulichkeit oder schon der Verdacht, dass es den Verlust gegeben haben könnte, weist auf Inzest hin, da die Tochter ja beschützt in der Familie aufgewachsen ist. Der Verdacht ist dann schwer von der Hand zu weisen, dass ein männlicher Angehöriger der eigenen Familie den Geschlechtsverkehr erzwungen hat. Die Jungfräulichkeit beweist also in erster Linie, dass der Vater und die Brüder sich beherrschen konnten und dass sie das

---

1 de Waal, 2009, S. 154
2 »Nach Schätzungen des Weltbevölkerungsberichts der UNO werden alljährlich weltweit 5.000 Mädchen und Frauen wegen ›sittlicher Ehre‹ ermordet. Über die Zahl ermordeter Jungen und Männer liegen keine Angaben vor.« (Wikipedia: Ehrenmorde, 2013) »Die Dunkelziffer liegt deutlich höher. Schätzungen gehen von bis zu 100.000 Morden pro Jahr aus. [...] Pakistan ist das Land mit den meisten ›Ehrenmorden‹. [...] Diese Morde sind im Wesentlichen ein Phänomen der Gesellschaften von Nordafrika, des Nahen Ostens und Zentralasiens. [...] In einigen Ländern, wie Syrien und Pakistan existieren Gesetze, nach denen die Täter im Namen der Ehre kaum oder gar nicht bestraft werden, wenn sie glaubhaft machen können, dass das Verbrechen der Wiederherstellung der Familienehre dient. [...] Auch in Brasilien können Männer, die ihre Frauen aus Untreue ermorden, immer noch freigesprochen werden [...]. Klauseln zur Verteidigung der Ehre finden sich in den Strafgesetzbüchern von Peru, Bangladesch, Argentinien, Ecuador, Ägypten, Guatemala, Iran, Israel, Jordanien, Syrien, Libanon, der Türkei, dem Westjordanland, Venezuela, dem Irak, Tunesien, Libyen, Algerien und Kuwait.« (Kresta, 2013, S. 3)

Mädchen vor anderen männlichen Verwandten beschützen konnten. Der Verlust der Jungfräulichkeit beschuldigt daher tatsächlich die Familie, in diesem Fall die Männer der Familie.

Diese These wird gestützt durch die Tatsache, dass eine Frau nach einer Scheidung sich erneut verheiraten kann. Offenbar ist eine Heirat keineswegs nur dann möglich, wenn die Braut Jungfrau ist. In Kulturen, in denen solche Ehrenmorde vorkommen, ist es häufig recht einfach, dass eine Ehe geschieden wird. Die Braut muss also nur dann Jungfrau sein, wenn sie direkt aus dem Elternhaus heraus heiratet[1]. Braucht es einen stärkeren Hinweis auf die Probleme, die die männlichen Verwandten des Mädchens haben? Die Formulierung ist offensichtlich korrekt: Wenn ein Verdacht auf Verlust der Jungfräulichkeit besteht, ist die Ehre der Familie beschädigt. In patriarchalischen Gesellschaften haben Frauen wenig Rechte, und Mädchen haben noch weniger zu sagen. Für die Frauen, die in solchen Gesellschaften leben, kann die Wertschätzung von Jungfräulichkeit bei der Hochzeit einerseits den Tod bedeuten, aber andererseits einen gewissen Schutz vor Vergewaltigung in der eigenen Familie bieten. Die hohe Wertschätzung der Jungfräulichkeit bei der Hochzeit zeigt, wie stark die Inzestwünsche sind. Die Ursache für diese Stärke ist – meines Erachtens – letztlich unsere problematische Vorliebe bei der Partnerwahl.

In manchen Kulturen wird die Frau empfindlich bestraft, wenn sie vergewaltigt wurde. Nicht der Täter wird bestraft, sondern das Opfer oder das Resultat der Tat: der Verlust der Jungfräulichkeit und damit der Verlust der Familienehre. Begreifen kann man das vielleicht, wenn man annimmt, dass die Männer in diesen Kulturen nicht gelernt haben, ihre sexuellen Wünsche ausreichend zu kontrollieren. Insbesondere die inzestuösen Wünsche sind bei ihnen so stark, dass dann, wenn eine Frau der eigenen Familie vergewaltigt worden ist, alle sittlichen Hemmungen beseitigt sind. Eine vergewaltigte Frau ist demnach eine ernsthafte Gefahr für das Zusammenleben in der Familie und im Clan. Sie wird bestraft, oft getötet oder aus der Familie ausgestoßen, weil ihre Existenz bei den Männern mühsam zurückgehaltene unbotmäßige Wünsch freisetzt.

Vorteile einer starken Inzestscheu

Ein Schönheitsideal, das an den engsten Angehörigen ausgerichtet ist, muss, um Inzest zu vermeiden, die Angehörigen selbst ausschließen. Sind die Wünsche stark, braucht es starke Gegenmaßnahmen.

---
1 Vergleiche dazu ein Zitat über vor- und frühislamische Praxis bei Heiraten, S. 162.

Ein einfacher Weg zum Erfolg ist, wenn bei der Partnerwahl nicht das vollständige Abbild des geliebten Verwandten zum Vorbild genommen wird, sondern nur einige Merkmale als wesentlich erachtet werden oder einige hinzugenommen werden, die ganz sicher nicht in der Familie vorkommen. (Das Ganze läuft unbewusst ab. Da uns die Vorliebe als Ganze nicht bewusst ist, ist uns die Auswahl von Merkmalen sicher ebenfalls nicht bewusst.) Unter Anwendung von Ergebnissen aus der Psychoanalyse kann man vermuten, dass eine zu große Ähnlichkeit mit einem Familienmitglied von den psychischen Instanzen wie Inzest behandelt wird und damit zu – grundlosen – Schuldgefühlen führt. Mit der Konzentration auf nur einige ausgesuchte Merkmale wird das Aufkommen solcher Schuldgefühle reduziert, da ja der Partner – wenn auch vielleicht nur in einigen deutlich erkennbaren Aspekten – anders aussieht als das geliebte Mitglied der Familie. Auf diese Weise ist die Wahl eines Partners aus einer Nachbargruppe möglich, deren Mitglieder etwas anders aussehen. So mögen im Verlauf der Menschheitsentwicklung Kinder entstanden sein, die eine günstige Kombination von Merkmalen und Eigenschaften ihrer beiden, zum Teil unterschiedlich aussehender Elternteile aufweisen. Da beide Elternteile einer solchen Ehe in der neuen Umgebung zurechtkamen, kann man erwarten, dass diejenigen Kinder, die eine Kombination ihrer günstigen Merkmale aufwiesen, noch besser in der neuen Umwelt zurechtkamen. Möglicherweise sind auf diese Weise Kombinationen entstanden, die sich bereits in getrennten Linien durchgesetzt haben, wie längere Beine in der einen Linie und geringere Behaarung des Körpers in einer anderen Linie.

Paarbindung

Vorstellungen zur Entstehung der Paarbindung

Viele Forscher halten die monogame Paarbindung (Monogamie) für den wichtigsten Unterschied im Sozialverhalten zwischen uns und den Menschenaffen. Allgemein wird davon ausgegangen, dass der Übergang zur Paarbindung sehr früh erfolgte. Nach Freud ist die »Gründung der Familie ... [die] Schwelle zur Kultur«[1]. Nach de Waal ist die Paarbindung »tief in uns verwurzelt«[2].

---

1 Freud, 1930, S. 459
2 »Es ist kein Zufall, daß überall auf der Welt Menschen sich verlieben, sexuell eifersüchtig sind, Schamgefühl kennen, Privatheit suchen, zusätzlich zu Mutterfiguren nach Vaterfiguren suchen und stabile Partnerschaften hoch schätzen. Die intime Beziehung

Je mehr die Zoologen über Menschenaffen lernten, desto stärker drängte sich ihnen die Frage auf, wie es zur monogamen Paarbindung bei Menschen kam, da ihre Verwandten im Tierreich sie nicht kennen:

»Wenn auch eine zeitweise und soziale Monogamie als ein weitverbreitetes Paarungssystem in den meisten menschlichen Kulturen vorherrscht, kann man Polygynie (Haremsbildung) und Polyandrie [eine Frau bildet mit mehreren Männern eine Paarungsgemeinschaft – S. B.] in einigen Ethnien beobachten. Berücksichtigt man die Paarungssysteme bei den Menschenaffen, die im Wesentlichen von Polygynie (Gorilla) bis zur Promiskuität (Bonobo) reichen, dann ist die bei Menschen vorherrschende Monogamie nicht als selbstverständlich anzusehen. Es stellt sich eher die Frage, welche ökologischen und soziologischen Faktoren dieses System beim Menschen selektiert haben.«[1]

Der Ausdruck »zeitweise und soziale Monogamie« soll darauf hinweisen, dass erwachsene Menschen zwar mehrheitlich in Paarbindungen leben, aber dass Scheidung und Wiederheirat nicht selten sind und dass es während der Ehe häufig zu außerehelichem Geschlechtsverkehr kommt. Angenommen wird allgemein, dass im Zuge der Menschwerdung die ursprünglich vorhanden gewesene Promiskuität oder die Polygynie zugunsten der Paarbindung zurückgedrängt wurde. Was der Auslöser dafür war und warum sich die Paarbindung durchgesetzt hat, ist umstritten. Weiter vorn (S. 45) habe ich dazu bereits Vermutungen geäußert. Um die bewerten zu können, ist es, denke ich, erforderlich, zunächst die zur Zeit einflussreichsten Thesen anderer Autoren darzustellen und auf ihre Plausibilität hin zu untersuchen.

Hat die Notwendigkeit eines großen Beitrags der Väter bei der Aufzucht der Kinder die Paarbindung bewirkt?

Die These: Die Notwendigkeit eines großen Beitrags der Väter bei der Aufzucht der Kinder hat die Paarbindung bewirkt, wird von vielen Autoren vertreten. Für Josef H. Reichholf erfordert die intensive Betreuung des Nachwuchses eine Paarbindung. Ein weiterer Grund für die Entstehung der Paarbindung sei, dass Mann und Frau unterschiedliche Nahrung heranschafften. Der Nahrungstausch sei für beide von großem Vorteil gewesen (reziproker Altruismus)[2].

---

zwischen Mann und Frau, die all dem innewohnt und die Zoologen als ›Paarbindung‹ bezeichnen, ist tief in uns verwurzelt. Ich glaube, das unterscheidet uns mehr von Menschenaffen als alles andere.« (de Waal, 2009, S. 153)

1 Storch et al., 2007, S. 372

2 Nach Reynolds (1974) haben Männer Fleisch erbeutet, Frauen haben pflanzliche Nahrung gesammelt und dann haben sie diese Nahrungsmittel getauscht. »In dieser

Jared Diamond schreibt:

»Ähnlich wie die Seemöwen, aber im Unterschied zu Menschenaffen oder den meisten anderen Säugetieren, leben wir in großer Zahl in ›offiziell‹ monogamen Paaren zusammen, von denen sich manche auch auf außerehelichen Sex einlassen. [...] Der Grund ist, dass es unsere ausgeklügelte, auf den Gebrauch von Werkzeug basierende Form der Nahrungsbeschaffung Kleinkindern nicht gestattet, sich selbst zu ernähren. Unser Nachwuchs muss über lange Zeit mit Nahrung versorgt, erzogen und behütet werden – eine sehr viel größere Investition als bei Schimpansen oder Orang-Utans. Menschliche Väter tragen so viel mehr zur Aufzucht ihres Nachwuchses bei als nur das Sperma, auf das sich der väterliche Beitrag bei Orang-Utans beschränkt.«[1]

Auch de Waal sieht das ähnlich[2]. Eine Paarbindung habe sich also herausgebildet, weil es schlicht notwendig war, dass die Väter einen deutlichen Beitrag zur Ernährung und Aufzucht ihrer Kinder leisten. Nur in einer Paarbindung sei das möglich.

---

neuen ökologischen Situation kann sich die Paarbindung gut entwickelt haben, weil das Männchen und das Weibchen, die eine erfolgreiche und beständige Beziehung aufgebaut hatten, selektive Vorteile in bezug auf das Überleben jedes von beiden und ihrer Jungen gewinnen würden. [...] Auf diesem Weg ist die Entwicklung der Paarbindung [...] wahrscheinlich eine der wichtigste Anpassungen, welche die Hominiden leisteten [, entstanden]«. (Reynolds, 1974, S. 257) Reichholf schreibt: »Die intensive Betreuung des Nachwuchses hat sich durchgesetzt. Wenn es dafür überhaupt biologische Gründe gibt, dann müssen sie mit der Investition beider Geschlechter in den Nachwuchs zusammenhängen. Die Basis hierzu vermittelt der ›Geschlechtervertrag‹, die ungeschriebene Gesetzmäßigkeit, daß der Mann mehr von jener Nahrung beibringt, welche die Frau nötig hat, und umgekehrt. Diese wechselseitige Arbeitsteilung bildet einen ›reziproken Altruismus‹, bei dem jeder Beteiligte langfristig weitaus mehr gewinnt, als er allein und egoistisch zustande bringen könnte.« (Reichholf, 2010, S. 156)

1 Diamond, 1998, S. 79
2 »Unsere Vorfahren mussten sich an eine unglaublich harte Umwelt anpassen. [...] Sie lebten in ständiger Angst vor in Rudeln jagenden Hyänen, zehn verschiedenen Arten von Großkatzen und anderen gefährlichen Tieren. An diesem schauerlichen Ort waren Mütter mit ihren Kindern am meisten gefährdet. Unfähig, den Räubern davonzulaufen, hätten sie sich ohne männlichen Schutz nie weit aus dem Wald wagen können. Vielleicht verteidigten Horden von agilen Männern die Gruppe und halfen im Notfall, die Kinder in Sicherheit zu bringen. Das hätte jedoch niemals funktioniert, wenn wir das Sozialsystem der Schimpansen oder Bonobos gehabt hätten. Promiskuöse Männer neigen einfach nicht sonderlich zur Selbstaufopferung. Ohne die Möglichkeit, ihre eigenen Nachkommen zu identifizieren, haben sie wenig Grund, in die Kinderaufzucht zu investieren. Um Männer zur Mitarbeit zu motivieren, musste die Gesellschaft sich verändern.« (de Waal, 2009, S. 152) Hier widerspricht de Waal sich selbst im selben Buch: »Ein Feldforscher berichtet von einem erwachsenen Schimpansen, der eine Schimpansenwaise adoptierte und das kranke Kind trug, wenn man weiterzog, es vor Gefahren beschützte und sogar sein Leben rettete, obwohl die beiden vermutlich nicht miteinander verwandt waren.« (de Waal, 2009, S. 45) Promiskuität verhindert also offenbar nicht, dass Männchen sich um andere Artgenossen, einschließlich Kinder, mit denen sie nicht verwandt sind, kümmern und sie sogar unter Lebensgefahr verteidigen.

»Andernfalls [ohne eine Paarbindung] hätten die Kinder eine geringere Überlebenschance und die Väter eine geringere Chance, ihre Erbanlagen weiterzugeben. [...] das System der Schimpansen, bei dem mehrere Männchen sich mit demselben brünstigen Weibchen paaren, wäre für den Menschen ungeeignet. Denn es führt dazu, dass ein Schimpansenvater keine Ahnung hat, welches Junge in einer Horde von ihm gezeugt wurde. Das mag ihm egal sein, da sich sein Aufwand an Bemühungen um den Nachwuchs in Grenzen hält. Für den menschlichen Vater dagegen, der einen stattlichen Beitrag zur Aufzucht des vermeintlich eigenen Kindes leistet, ist Vertrauen in die Vaterschaft sehr wichtig und zum Beispiel dadurch zu erlangen, daß er der einzige Sexualpartner der Mutter des Kindes ist. Denn sonst könnten ja seine Anstrengungen bei der Aufzucht des Kindes den Erbanlagen eines anderen zugute kommen. Vertrauen in die Vaterschaft wäre kein Problem, würden die Menschen wie Gibbons[1] weit verstreut in getrennten Paaren leben, so dass jede Frau nur selten überhaupt einen anderen Mann zu Gesicht bekäme. Doch gibt es zwingende Gründe, die dazu führen, daß menschliche Populationen fast immer aus Gruppen von Erwachsenen bestehen, trotz der damit verbundenen Vaterschaftsängste. Hierzu zählt, daß das Jagen und Sammeln in vielen Fällen die Zusammenarbeit mehrerer Männer und/oder Frauen erfordert.«[2]

Fassen wir zusammen: Die These der Autoren ist: Wenn ein Vater einen erheblichen Beitrag zur Aufzucht der Nachkommen leistet, dann muss dieser Vater auch sicher sein, dass er seine eigenen Kinder fördert, und nicht etwa die eines anderen. Der »stattliche Beitrag zur Aufzucht« bei einem Menschenvater fördert, ja erzwingt vielleicht sogar den Übergang zur Kontrolle der Vaterschaft, er fördert bzw. erzwingt damit den Übergang zur Monogamie. In letzter Konsequenz bedeutet das: Wenn in einer solchen Gruppe ein Vater z.B. bei der Jagd stirbt, ist es für die anderen Väter sinnvoll, das Kind dieses Vaters zu töten oder verhungern zu lassen, da sie andernfalls die Erbanlagen eines Konkurrenten ihrer Kinder fördern. Die Botschaft ist: Solidarität zahlt sich nicht aus. Solange der Beitrag der Väter zur Aufzucht der Nachkommen klein ist, wie das bei Schimpansen und Bonobos der Fall ist, könne Promiskuität herrschen. Steigt der Aufwand, begünstige die natürliche Selektion die Entwicklung hin zu einer Paarbindung.

Nun hat man bei den Barí-Indianern in Venezuela etwas beobach-

---

1 Gibbons gehören zu den Menschenaffen. Sie leben überwiegend in voneinander weit getrennten Paaren. Aber sie sind nicht monogam. »Monogames Verhalten ist keineswegs obligat. ... ungefähr ein Viertel aller Gruppen besteht aus zwei nicht verwandten erwachsenem Männchen und einem erwachsenem Weibchen. [...] Partnerwechsel ist sehr häufig, lebenslange Monogamie gibt es wahrscheinlich nicht.« (Storch et al., 2007, S. 411)
2 Diamond, 1998, S. 89f.

tet, das zu dieser These nicht passt: Diese Indianer leben zwar in Paarbindung, aber eine Frau muss sexuelle Kontakte mit vielen anderen Männern haben, damit – so heißt es bei ihnen – ihr Kind gut gedeihen kann. Folgerichtig, so de Waal, kümmern sich auch alle Männer gemeinsam um die Kinder der Gruppe:

»So eine gemeinsame Vaterschaft hat in Kulturen mit hoher Kindersterblichkeit entscheidende Vorteile. Für einen einzelnen Vater ist es schwierig, adäquat seine Familie zu versorgen. [...] De facto kaufen sich Frauen Unterstützung für das Kind, indem sie mit mehreren Männern Sex haben.«[1]

Das ist verwirrend: Der Beitrag der Männer zur Aufzucht der Kinder ist in diesem Fall ausgesprochen groß, aber eine monogame Paarbindung soll gerade deshalb nicht sinnvoll sein? Sinnvoll soll dagegen Promiskuität sein, insbesondere deshalb, weil die Kindersterblichkeit hoch ist?

Wie passt das zu de Waals eigener Aussage in seinem Buch ein paar Seiten vorher, wo er schreibt?: »Ohne die Möglichkeit, ihre eigenen Nachkommen zu identifizieren, haben sie [die Männer] wenig Grund, in die Kinderaufzucht zu investieren.«[2] In der Evolution des Menschen gab es sicher sehr lange eine hohe Kindersterblichkeit. Sie ist auch heute noch in manchen Gegenden der Welt, die manche als »unterentwickelt« bezeichnen, sehr hoch. Aber Promiskuität herrscht dort nicht. Nachvollziehbar ist allerdings, dass in harten Zeiten die gemeinsame Fürsorge um den Nachwuchs effizienter ist als die isolierte Fürsorge in einer Kernfamilie. In einem Sozialsystem mit Paarbindungen kann das Nahrungsangebot in den Familien sehr unterschiedlich sein: Mal gibt es Jagdglück, und ein anderes Mal nicht, die eine Familie hat Mangel, die andere nicht. Und es gibt Witwen und Waisen. Bei Promiskuität gibt es die Abschottung gegeneinander nicht, da ist »gegenseitige Hilfe« (Kropotkin) wahrscheinlicher. Auch Witwen gibt es nicht. Warum ist dann aber die Promiskuität abgeschafft worden, wenn sie anscheinend solche großen Vorteile aufweist?

Hier treffen offenkundig zwei sich widersprechende Thesen aufeinander. (1) Wenn der Beitrag zur Aufzucht der Kinder hoch ist, weil die Kinder lange unselbständig sind, dann fördere das den Übergang zur monogamen Paarbindung, da jeder Vater nur seine eigenen Kinder versorgen will. (2) Wenn der Beitrag hoch ist und dazu die Kindersterblichkeit hoch ist, dann fördert das den Übergang (zurück?) zur Promiskuität.

---

1 de Waal, 2009, S. 157
2 ebd., S. 152

Zur Klärung dieses Dilemmas erscheint es mir sinnvoll, darüber nachzudenken, ob es eine schlüssige Begründung dafür gibt, warum Schimpansen und Bonobos keine Paarbindung entwickelt haben, sondern offenbar sehr gut mit einer Sozialstruktur zurechtkommen, in der Promiskuität herrscht. Sehen wir uns zunächst die genauer untersuchten Schimpansen an: Bei männlichen Tieren herrscht eine deutliche Rangordnung, bei weiblichen Tieren ist sie weniger auffällig. Die Rangfolge wird durch physische Stärke, Klugheit und die Fähigkeit, Koalitionen zu bilden, bestimmt. Es ist also die natürliche Auslese, die im Wesentlichen den Rang bestimmt. Es herrscht Promiskuität, aber ganz egalitär geht es nicht zu: Ranghohe Männchen haben mehr Nachkommen als rangniedere. Bei Bonobos ist das ähnlich.

Schimpansen und Bonobos bringen keine Nahrung für den Nachwuchs »nach Hause«. Die Gruppe wandert innerhalb eines Reviers hin zu den Orten, wo es Nahrung gibt. Die Grenzen dieses Territoriums werden insbesondere bei Schimpansen von patrouillierenden, überwiegend männlichen Tieren bewacht. Die größten Feinde der Schimpansen sind – nach den Menschen – Wildkatzen, z.B. Leoparden. Wenn ein Leopard eine Gruppe von Schimpansen angreift, dann beteiligen sich alle Gruppenmitglieder gemeinsam an der Abwehr durch Gegenangriffe, durch Werfen von Steinen und Stöcken und durch Gebrüll. Trifft eine Patrouille von Schimpansen an ihrer Reviergrenze auf Artgenossen einer benachbarten Gruppe, dann kann es zu äußerst brutalen Kämpfen kommen, bei denen es Tote geben kann. An der Territorialverteidigung beteiligen sich rangniedere und ranghohe Männchen. Sie sorgen damit gemeinsam für Nahrung und Schutz der Nachkommen der Gruppe – wobei es sich allerdings vorwiegend um die Nachkommen der ranghohen Männchen handelt, einige der Rangniederen haben möglicherweise gar keine Nachkommen und werden vielleicht auch keine im Lauf ihres Leben bekommen. Promiskuität nutzt also den ranghohen Männchen bei der Verbreitung ihrer genetischen Anlagen. Das bedeutet: Die genetischen Anlagen der besser angepassten Männchen setzen sich durch.

Was ändert sich, wenn der Aufwand für die Ernährung und für den Schutz der Nachkommen größer wird oder wenn die Kindersterblichkeit sinkt oder steigt? Die Antwort ist einfach: Nichts. Eine Umstellung von Promiskuität zu Monogamie wird dadurch nicht gefördert. Ganz im Gegenteil: Solange der Aufwand für Schutz und Nahrung von allen gemeinsam getragen wird, ist der Übergang von der Promiskuität zur Monogamie kontraproduktiv, er würde denen schaden, die von der natürlichen Selektion begünstigt sind. Der Übergang zur Paarbindung würde der Population in ihrer Gesamtheit schaden.

Damit wird vielleicht plausibel, dass Monogamie bei Menschenaffen gar nicht und bei anderen Säugetieren sehr selten vorkommt (auch bei Gibbons nicht[1]). Warum Monogamie bei Menschen zur Regel geworden ist, muss offenkundig andere als die bisher referierten Gründe haben.

Es gibt noch eine weitere Argumentationslinie, mit der die Gültigkeit der These, die Notwendigkeit für einen großen Beitrag der Väter bei der Aufzucht der Nachkommen habe den Übergang zur Paarbindung bewirkt, in Frage zu stellen ist. Beginnen wir noch einmal mit zwei bereits angeführten Zitaten:

»Ohne die Möglichkeit, ihre eigenen Nachkommen zu identifizieren, haben sie [die Männer] wenig Grund, in die Kinderaufzucht zu investieren.«[2]

»Vertrauen in die Vaterschaft [ist] sehr wichtig und zum Beispiel dadurch zu erlangen, daß er [ein Mann] der einzige Sexualpartner der Mutter des Kindes ist. Denn sonst könnten ja seine Anstrengungen bei der Aufzucht des Kindes den Erbanlagen eines anderen zugute kommen. Doch gibt es zwingende Gründe, die dazu führen, daß menschliche Populationen fast immer aus Gruppen von Erwachsenen bestehen, trotz der damit verbundenen Vaterschaftsängste. Hierzu zählt, daß das Jagen und Sammeln in vielen Fällen die Zusammenarbeit mehrerer Männer und/oder Frauen erfordert.«[3]

Gegenseitige Hilfe bei der Jagd oder beim Sammeln von Nahrung wäre danach sinnvoll, weil ein Jäger allein wenig vermag und Sammler sich gegenseitig schützen können. Gegenseitige Hilfe bei der Aufzucht und Ernährung der Kinder wäre dagegen kontraproduktiv, besonders in Zeiten von Nahrungsmangel, weil die Nahrung den Nachkommen von Konkurrenten zugute käme. Ein Mann müsse darauf achten, so die These, dass seine Anstrengungen bei der Aufzucht der Jungen (möglichst nur) seinen Erbanlagen zugute kommen.

Sieht man sich nun allerdings die Gesellschaftssysteme von Jägern und Sammlern an, in denen Paarbindung (vor)herrscht, dann findet man, dass gerade in Mangelsituationen Nahrung extensiv geteilt wird: Franz Boas berichtet von Eskimostämmen, bei denen die Jagdbeute mit anderen Familien geteilt wird. »Dieser Brauch wird nur praktiziert, wenn die Nahrung knapp ist.«[4] Von den Balala-Buschmännern wird berichtet, sie kochten zwar getrennt, aber anschließend versammele sich die ganze Gemeinschaft, gehe von Hütte zu Hütte

---

1 Storch et al., 2007, S. 411
2 de Waal, 2009, S. 152
3 ebd., S. 90
4 Boas, 1888, zitiert nach Alt, 1956, S. 145

und leere einen Topf nach dem anderen gemeinsam[1]. »Man beobachtet oft, daß sich der erfolgreiche Jäger [bei den Buschmännern] mit dem schlechtesten Teil der Beute zufrieden gibt.«[2] Bei den australischen Karamundi teilen die Erfolgreichen ihre Jagdbeute mit den weniger Erfolgreichen. Dabei gibt es sehr detaillierte Regeln, wie die Beute unter allen Mitgliedern der Horde, das können etwa 50 Personen sein, verteilt wird.[3]

Erik Erikson liefert folgenden Beleg von den Sioux: »Eines der ältesten Prinzipien der Sioux-Ökonomie [ist] die Freigiebigkeit.«[4] Auch nach jahrzehntelangem Leben in Reservaten ist dieses Prinzip weitgehend erhalten geblieben.

»Wenn ein Mann knapp mit Lebensmitteln ist oder gar nichts mehr hat, so kann er sein Pferd einspannen und mit seiner Familie auf Besuch ziehen. Die Nahrung wird gerecht verteilt, bis nichts mehr übrig ist. Der verachtetste Mann ist der Reiche, der seine Reichtümer nicht an seine Umgebung verteilt. Er ist es, der wirklich >arm< ist.«[5]

Hinzu kommt, dass in vielen Jäger-und-Sammler-Kulturen das Sammeln wesentlich wichtiger war als das Jagen.

»Die Frauen [der Buschmänner], die Früchte und Nüsse sammeln, sind verantwortlich für 80% des Lebensunterhalts der Buschmänner. [...] Einer der Gesichtspunkte, die ich unterstreichen möchte, ist, daß wir noch nicht genügend beachtet haben, was die Frauen leisten. Sammeln ist ein sicherer Weg, zu überleben; Jagen ist riskanter.«[6].

Es sieht stark danach aus, dass die Frauen der Buschmänner mehr Nahrung an die Männer gaben als die Männer an die Frauen. Schmidbauer weist darauf hin, »daß Angehörige altsteinzeitlicher Kulturen mehr vom Sammeln als vom Jagen leben [...], die Frauen also in der

---

1 Passarge, 1907, zitiert nach Eildermann,1950, S. 33
2 Schmidbauer, 1972, S. 19
3 Howitt, 1904, zitiert nach Eildermann, 1950, S. 34. Von den Feuerländern wird berichtet: »Wird Fisch oder irgend ein anderes Nahrungsmittel von jemandem verteilt, so behält derjenige, welcher die Verteilung vornimmt, gar nichts für sich, und diejenigen, die zuerst kommen, werden am besten bedacht.« (Somló, 1909, zitiert nach Eildermann, 1950, S. 52) »Auch ist es z.B. Gebrauch [bei >dem Australneger<], daß der, welcher ein Tier erlegt hat, selbst wenig oder nichts davon verzehrt, es aber freigebig unter seine Kameraden verteilt, die er mit Zufriedenheit beobachtet, während sie seine Beute zubereiten und verzehren.« (Lumholtz, 1892, zitiert nach Eildermann, 1950, S. 52) Von den Hadza in Tansania berichtet James Woodburn: »Besondere Vorrechte genießen schwangere Frauen, die jederzeit von jedem Jäger, der auch kleinere Fleischmengen heimbringt, fordern können, soviel sie wollen.« (Schmidbauer, 1972, S. 38)
4 Erikson, 1968, S. 124)
5 Mekeel, 1936, zitiert nach Erikson, 1968, S. 124. Es ist nachvollziehbar, dass Indianer mit dieser Mentalität in der wirtschaftlichen Realität der USA nicht zurechtkommen können.
6 DeVore, 1974, S. 203

Regel mehr zum Überleben beitragen als die Männer [...].«[1]

Schlussfolgerung: Die Notwendigkeit eines großen Beitrags der Väter bei der Aufzucht ihrer Nachkommen hat nicht die Umstellung von der Promiskuität zur Monogamie bewirkt. Ganz im Gegenteil: Solange der Aufwand für Schutz und Nahrung von allen gemeinsam getragen wird, wie das bei Bonobos und Schimpansen der Fall ist, ist der Übergang von der Promiskuität zur Monogamie kontraproduktiv, er wird von der Selektion verhindert. In einer Jäger-und-Sammler-Kultur, in der Paarbindung vorherrscht, sorgt ein Vater nicht nur für seine Nachkommen, sondern nahezu selbstlos auch für andere Familien, insbesondere dann, wenn sie in Not sind. Da die Menschheit ein solches Jäger-und Sammler-Dasein in ihrer Evolution durchlaufen hat, hat sich offensichtlich die Paarbindung durchgesetzt und erhalten, obwohl ein Vater dabei nicht nur für seine Nachkommen, und damit für die Verbreitung seiner Gene, gesorgt hat. Schließlich ist es keineswegs ausgemacht, wer wen in der Vergangenheit ernährt hat. Vielleicht haben die Frauen sogar mehr Nahrung an die Männer gegeben als umgekehrt. Das passt ebenfalls schlecht zu der These, die Notwendigkeit eines großen Beitrags der Väter bei der Aufzucht ihrer eigenen Nachkommen habe den Übergang zur Paarbindung bewirkt.

Hat Sex gegen Nahrung die Paarbindung bewirkt?

Owen Lovejoy (1981) sieht den entscheidenden Grund für das Entstehen der Paarbindung und des aufrechten Gangs und auch für den hohen Fortpflanzungserfolg von Menschen in der Möglichkeit, Nahrung zu transportieren: Die Väter haben mit den nun freigewordenen Händen Nahrung »nach Hause« gebracht. Die Frauen konnten deshalb ortsfest bleiben und daher auch mehrere Kinder gleichzeitig haben, die nicht in der Lage sind, sich an der Nahrungssuche zu beteiligen. Als Gegenleistung für diese Versorgung hätten die Frauen sich monogam verhalten[2].

Wie dieser Handel zu einer monogamen Paarbindung führen soll, ist mir unerfindlich. Immerhin ist eine solche Tauschbeziehung bei

---

1 Schmidbauer, 1974a, S. 310
2 Andere Autoren sehen das ähnlich, z.B. Joseph Shepher: »Durch Tausch und Teilen der Nahrung unter den Geschlechtern kam wahrscheinlich auch der Austausch von Sex gegen Nahrung ins Spiel. Frauen, die attraktiver und öfter zum Geschlechtsverkehr bereit waren, wurden besser ernährt und hatten mit ihren Nachkommen bessere Überlebenschancen.« (Shepher, 1978, zitiert nach Batten, 1994, S. 166). De Waal sieht das auch so: »[...] das bei weitem typischste menschliche Verhaltensmuster ist der Tausch Sex gegen Essen zwischen einem Mann und einer Frau mit Kindern.« (de Waal, 2009, S. 157)

Menschen das zentrale Element bei der Prostitution. Ein Tausch Sex gegen Essen zwischen erwachsenen männlichen und weiblichen Tieren findet in den Gruppen von Bonobos und Schimpansen regelmäßig statt und führt nicht dazu, dass sich eine Paarbindung etabliert. Diese Tauschbeziehung stabilisiert die Promiskuität. Warum sollte das bei Menschen anders sein?

Die These von Lovejoy führt zu einer weiteren Frage: Was haben die Väter ihrem Nachwuchs und ihrer Partnerin nach Hause bringen können? Die Paarbindung hat sich nach Lovejoy zu der Zeit entwickelt, zu der die Umstellung von der vierbeinigen zur zweibeinigen Fortbewegung stattfand. Zu der Zeit konnten die Menschen sich nur sehr langsam und unbeholfen fortbewegen. Auch das Besteigen von Bäumen wurde für sie immer mühsamer. Der Zugang zu den üblichen Nahrungsquellen war ihnen kaum noch möglich, wie Lovejoy selbst schreibt. Das war für viele tausend Jahre der Fall, weil die Umstellung zur zweibeinigen Fortbewegung sehr aufwändig war. Jagd war unseren Vorfahren zu der Zeit nicht möglich. Blieb den Vätern nur der Transport von leicht erreichbaren Früchten und Nüssen, einer Handvoll Insekten, Schnecken, Muscheln, Wurzeln und Vogeleiern? Wie konnte das alles transportiert werden? Einfach so in der Hand? Carsten Niemitz[1] bezeichnet diese Vorstellung, nachvollziehbar salopp, als »Einkaufstüten-Theorie«. Gleichwohl soll die Versorgung der Frauen mit Nahrung so gut gewesen sein, dass sie viele Kinder bekamen und aufziehen konnten.

In der These von Lovejoy steckt noch eine weitere Annahme, nämlich die, dass je besser die Versorgungslage ist, desto mehr Kinder ziehe eine Familie auf. Für Menschen scheint das nicht zuzutreffen. Heute, und nach allem, was man weiß, auch in zurückliegenden Jahrhunderten trifft das genaue Gegenteil zu. Die Privilegierten haben wenige Kinder und die Armen viele. Das gilt nicht nur für die Extreme, sondern für die gesamte Skala von Arm zu Reich[2].

Der zur Zeit einflussreichste Beitrag zur Erklärung der Entstehung der Paarbindung stammt von Sergey Gavrilets (2012). Gavrilets hat Owen Lovejoys Vorstellung weiterentwickelt und mathematisch modelliert. Er nimmt an, dass die Männer einer Population zwei unterschiedliche Strategien verfolgen, um eine Vaterschaft zu erreichen: Entweder sie kämpfen gegen Rivalen um eine Frau oder sie verlocken eine Frau zur Kopulation durch Anbieten von Nahrung. Die stärkeren Männchen haben mit der ersteren Strategie Erfolg, die schwächeren

---
1 Niemitz, 2004, S. 23
2 Fisher, 1958

mit der zweiten. Die Frauen sind wählerisch. Sie honorieren das Verhalten der »Versorger«, indem sie ihnen treu sind. Je mehr Nahrung ein Mann liefert, desto treuer wird die Frau. Nach vielen Generationen ist die Treue der Frauen so stark geworden, dass alle Männer zu der Strategie des Versorgens übergegangen sind. Damit hat sich Monogamie durchgesetzt.

Wie die Frauen ihre Treue gegen den Widerstand der stärkeren Männer durchsetzen können, bleibt hier offen. Plausibel wäre Gavrilets' These dann, wenn bei unseren Vorfahren die Frauen deutlich größer und kräftiger gewesen wären als die Männer. Das war aber nicht der Fall. Weil – nach dem Modell – die schwachen Männer mehr Erfolg bei den Frauen haben als die starken – die schwachen sind die Versorger –, sinkt die Fähigkeit der Populationsmitglieder von Generation zu Generation, den Kampf ums Dasein zu bestehen, da ja die jeweils schwächeren Männer in der aktuellen Population die meisten Nachkommen haben. Diese Problematik wird nicht diskutiert. Dieser Nachteil könnte dann ausgeglichen werden, wenn eine monogame Paarbindung deutliche Selektionsvorteile im Vergleich zu Promiskuität ausweist. Gavrilets weist darauf hin, dass genau das Gegenteil zutrifft: Promiskuität hat im Vergleich zu Monogamie viele Vorteile[1]; er berücksichtigt diese Erkenntnis in seinen Modellierungen allerdings nur soweit, dass Monogamie sich in den Simulationsrechnungen durchsetzen kann. Im Modell versorgt ein Ehemann nur seine Ehefrau und seine Kinder. Bei den ursprünglichsten von Ethnologen untersuchten Gesellschaften, den Jägern und Sammlern, herrscht (weitgehend) Monogamie, aber das selbstlose Teilen von Nahrung innerhalb der Gruppe ist die Regel (vgl. S. 76f.). Das zentrale Element des Modells, der direkte Tausch von Sex gegen Nahrung, ist in diesen ursprünglichsten bekannten Gesellschaften nicht verwirklicht. Heute führt verlässliche Versorgung mit Nahrung nicht automatisch zu großer Treue. Wäre das der Fall, dann hätte das regelmäßige Gehalt eines Beamten den größten Appeal für eine junge Frau und führte zu treuem Verhalten in der Ehe, während andere Eigenschaften, wie Klugheit, Aussehen, und Humor, zweitrangig wären. In der Vergangenheit war die Zwangsverheiratung von Frauen in vermutlich allen Kulturen die Regel. Geht man von Gavrilets' Modell aus, dann muss man erklären, wie die Frauen ihre Wahlfreiheit verloren haben.

---

1 Wenn eine Frau sexuelle Kontakte zu mehreren Männern hat, dann hat das nach Gavrilets vielfältige Vorteile. Beispielsweise ermöglicht dieses Verhalten einer Frau Zugang zu besseren Genen, es steigert die Wahrscheinlichkeit einer Befruchtung, es verhindert Kindstötung (Infantizid) und führt dazu, dass aus der tödlichen Rivalität von Männern eine Unterstützung bei Kämpfen wird (Gavrilets, 2012, S. 9925).

Hat die Notwendigkeit zur Kooperation der Männer bei der Jagd die Paarbindung bewirkt ?
Desmond Morris (1967) entwickelt in seinem Buch *Der nackte Affe* die These, die ständige Bereitschaft von Frauen zu sexuellen Kontakten sei notwendig gewesen, um die Paarbindung aufrecht erhalten zu können. Die Paarbindung sei besonders hilfreich gewesen, Wettstreit unter Männern zu reduzieren. Die Männer hätten sich Streitereien um Sex nicht leisten können, da eine Notwendigkeit zur Zusammenarbeit bestand, beispielsweise bei der Jagd. Die Spannungen zwischen den Männern würden dadurch reduziert, dass die Frauen eindeutig einem Mann zugeordnet seien. Ähnlich äußert sich Gavrilets (2012).

Hierzu ist auf die Tatsache hinzuweisen, dass Bonobos und Schimpansen gemeinsam auf Jagd gehen und dabei hervorragend zusammenarbeiten. In beiden Arten herrscht gleichwohl Promiskuität, wobei der Geschlechtsakt so öffentlich stattfindet wie nur möglich. Insbesondere bei Bonobos gibt es eine ständige Bereitschaft zu sexuellen Kontakten. Die Notwendigkeit einer Zusammenarbeit der männlichen Tiere führt offenbar nicht zwangsläufig zu einer Paarbindung. Sie ist sehr gut mit Promiskuität vereinbar. Es ist daher nicht erkennbar, warum die Paarbindung geeignet sein sollte, den Wettstreit unter Männern zu reduzieren. Sehen wir nicht noch heute täglich genau das Gegenteil davon?

Aus Sicht von Theodosius Dobzhansky (1962) lief die Entwicklung zur gegenwärtigen Familien- und Sozialstruktur folgendermaßen ab:

»Mit dem Übergang zur aufrechten Haltung, dem Leben auf dem Boden [...] mußte eine andere Arbeitsteilung durch die natürliche Auslese begünstigt werden. Dauernde sexuelle Empfängnisbereitschaft des Weibchens machte monogames Familienleben möglich und befreite so das Männchen von der ständigen Notwendigkeit, Eindringlinge abzuwehren. Er konnte sich jetzt auf die Nahrungssuche außerhalb des Wohnplatzes spezialisieren, während das Weibchen mehr am Ort verbleiben, die Nachkommenschaft warten, Nahrung in der Nachbarschaft des Wohnraums beschaffen und die häuslichen Tätigkeiten ausführen konnte, die mit der Steigerung der Technik und besonders mit dem Gebrauch des Feuers zunahmen.«[1]

Nehmen wir einmal an, die Männchen mussten sich tatsächlich längere Zeit von den Frauen trennen, um Nahrung zu beschaffen. Wenn Promiskuität herrscht, hat ein Mann, der bei seiner Rückkehr Nahrung mitbringt, eher Vorteile als Nachteile bei sexuellen Aktivi-

---
1 Dobzhansky, 1965, S. 237

täten. Anders bei einer Paarbindung: Kommt der Mann nach langer Abwesenheit zurück, dann hat er keineswegs die Sicherheit, dass »seine« Frau sich in der Zwischenzeit monogam verhalten hat. Es ist durchaus vorstellbar, dass ein Mann bei der Rückkehr feststellt, dass sich »seine« Frau in der Zwischenzeit einem anderen Mann angeschlossen hat, z.B. wegen Hunger, und dass dieser Andere seinen neuen »Besitz« verteidigt. Gleichzeitig mag es sein, dass alle anderen Frauen »vergeben« sind. Gerade die ständige sexuelle Bereitschaft der Frauen stellt bei längeren Abwesenheiten die Paarbindung auf die Probe. Dass Odysseus nach zehnjähriger Abwesenheit bei seiner Rückkehr eine treue Gattin vorfand, ist wohl als Ausnahme anzusehen.

Hat ein gestiegenes Bedürfnis nach genitaler Befriedigung die Gründung von Familien bewirkt?

Freud nahm an, dass unsere Vorfahren ursprünglich getrennt voneinander auf Nahrungssuche gingen. Irgendwann sei es dann zur Bildung von Familien gekommen:

> »In seiner affenähnlichen Vorzeit hatte er [der Urmensch] die Gewohnheit angenommen, Familien zu bilden [....]. Vermutlich ging die Gründung der Familie damit zusammen, daß das Bedürfnis genitaler Befriedigung nicht mehr wie ein Gast auftrat, der plötzlich bei einem erscheint und nach seiner Abreise lange von sich nichts mehr hören läßt, sondern sich als Dauermieter beim Einzelnen niederließ. Damit bekam das Männchen ein Motiv, das Weib oder allgemeiner: die Sexualobjekte bei sich zu behalten; die Weibchen, die sich von ihren hilflosen Jungen nicht trennen wollten, mußten auch in deren Interesse beim stärkeren Männchen bleiben.«[1]

Es ist sicher möglich, dass ein Anwachsen der sexuellen Interessen dazu führt, dass die Männchen und Weibchen bei der Nahrungssuche nicht mehr getrennte Wege gehen, sondern verbunden bleiben. Und das mag zu einer Paarbindung führen oder zu einer Familienstruktur mit einem Männchen und mehreren Weibchen. Möglich ist aber auch, dass ein erhöhtes »Bedürfnis genitaler Befriedigung« zu einer Sozialstruktur führt, in der Promiskuität herrscht, so wie das bei Schimpansen und Bonobos bis heute der Fall ist.

Zusammengefasst: Keine der vorliegenden Erklärungen zur Entwicklung der Paarbindung erscheinen mir zwingend. Für eine Popula-

---

1 Freud, 1930, S. 458. Anders als die meisten Autoren geht Freud nicht davon aus, dass bei unseren Vorfahren ursprünglich Promiskuität geherrscht habe. Man muss allerdings dabei berücksichtigen, dass diese These deutlich früher (1913 in *Totem und Tabu*) aufgestellt wurde als die anderen hier referierten. Über das Sozialverhalten von Menschenaffen war zu Freuds Zeiten nahezu nichts bekannt.

tion von Menschenaffen, die bisher Promiskuität betrieben hat, bietet der Übergang zu einer monogamen Paarbindung keinen Selektionsvorteil, wie groß auch immer der Aufwand für die Aufzucht der Jungen ist. »Sex gegen Nahrung« ist mit Promiskuität hervorragend vereinbar, aber nur schlecht mit monogamer Paarbindung. Die »Kooperation der Männer bei der Jagd« erzwingt keinesfalls den Übergang zur Paarbindung. Ein »gestiegenes Bedürfnis genitaler Befriedigung« kann auch zu Promiskuität führen. Die Frage bleibt daher offen, warum sich eine Paarbindung – zumindest »offiziell«, wie Jared Diamond es ausdrückt – durchgesetzt hat.

Was der Entstehung einer Paarbindung entgegenstand

Zu den bisher angeführten Gründen, warum eine Paarbindung im Vergleich zur Promiskuität nachteilig ist, kommen noch weitere hinzu.

Die Paarbindung hat unser Zusammenleben nicht friedlicher gemacht. Bei Bonobos und Schimpansen, bei denen Promiskuität herrscht, sind »Ehrenmorde« und Mord aus Eifersucht unbekannt. In menschlichen Gesellschaften dagegen ist Mord aus Eifersucht die häufigste Todesursache nach Krankheit und Unfall[1]. Im Verlauf des Jahres 2011 wurden in Deutschland, laut Bundeskriminalamt (BKA), 348 Männer und 313 Frauen ermordet (Mord bzw. Totschlag). Dabei wurden 49,2% der Frauen von ihren Partnern getötet, während »nur« 6,9% der Männer Opfer ihrer Partnerin wurden[2]. Sogar Kriege können aus Eifersucht beginnen. Der Trojanische Krieg soll durch die Entführung einer Frau ausgelöst worden sein. Eifersucht und Schmerz wegen verschmähter Liebe scheinen unvermeidbare Folgen nach dem Übergang zur Paarbindung zu sein.

Prostitution ist eine Folge der monogamen Paarbindung. Bei Promiskuität ist Prostitution unbekannt. In vermutlich allen menschlichen Gesellschaften gibt es Prostitution.

> »Etwa 400.000 Frauen arbeiten in Deutschland in der Prostitution, schätzt die Bundesregierung. Bis zu 1,2 Mio Männer nehmen täglich die sexuellen Dienstleistungen von Prostituierten in Anspruch. Der Umsatz im Wirtschaftssektor Prostitution wird auf 14,5 Mrd. Euro jährlich geschätzt. Dies

---

1 Diamond, 1998, S. 124
2 Schmollack, 2012, S. 3

zeigt, dass Prostitution in vielerlei Hinsicht eine gesellschaftlich relevante Größe ist.«[1]

Nirgends sind Prostituierte angesehen. Sehr häufig ist Prostitution mit Leid und Zwang verbunden. Es sind nicht die Prostituierten, die zu Spannungen in der Gesellschaft führen, sondern der Drang, besonders von Männern, wie die Statistik ausweist, Prostituierte aufzusuchen.

Wenn Männer Prostituierte aufsuchen, dann ist Kinderwunsch und Verbreitung der eigenen Gene in der Population sicher nicht die treibende Kraft, eher kann man dieses Verhalten als einen Rückfall in die vor- und frühmenschliche Phase unserer Evolution ansehen, in der – vermutlich – Promiskuität herrschte, ohne dass die Männer dabei an eventuelle Nachkommen dachten. Für diese Hypothese spricht, dass ein Mann keine Anstrengung unternimmt, andere Männer vom Geschlechtsverkehr mit der Frau abzuhalten, mit der er gerade zusammen war. Die Frau ist nicht Teil eines imaginierten Harems. Eifersucht wird nicht entwickelt, so wie sich auch Eifersucht bei Promiskuität nicht entwickelt. »Freier« kümmern sich auch ausgesprochen selten darum, ob sie vielleicht ein Kind gezeugt haben.

Gegenwärtig wird diskutiert, ob Prostitution eine Paarbindung gefährdet oder stabilisiert. Wie auch immer diese Diskussion ausgeht, es bleibt die Frage, worin der Selektionsvorteil der Paarbindung im Vergleich zur Promiskuität liegt, wenn mit dem Übergang zur Paarbindung durch Prostitution soviel Leid, Zwang, Spannungen und Kriminalität entsteht.

Mit dem Übergang zur Paarbindung entstand Ehebruch. In einer Gesellschaft, in der Promiskuität herrscht, ist Ehebruch unbekannt. Bei Menschen ist Ehebruch so häufig, dass viele Autoren deshalb von einer sozialen Paarbindung sprechen, womit gemeint ist, dass ein Mann und eine Frau zusammen wohnen, aber sich nicht unbedingt monogam verhalten[2]. Mitte des letzten Jahrhunderts ergaben Studien

1 Ver.di, 2012
2 Ein Beispiel für soziale Monogamie (offiziell leben die Partner in Monogamie, aber beide haben außereheliche Sexualkontakte) und serielle Monogamie (Heirat, gefolgt von Scheidung, anschließend erneute Heirat mit einem anderen Partner) ist das Götterpaar Zeus und Hera. Im antiken Griechenland gab es mehrere große Tempel, die Hera geweiht waren. Sie wurde als Göttin der Fruchtbarkeit und der Heiligkeit der Ehe verehrt. Das entbehrt nicht einer gewissen Ironie. Hera war die Gemahlin und gleichzeitig die Schwester von Zeus, des Königs der Götter. Hera hatte mehrere außereheliche Affären. Zeus war vor seiner Ehe mit Hera schon mehrfach mit Göttinnen verheiratet gewesen, die meisten waren ebenfalls nahe Verwandte, eine davon, Demeter, war wie Hera eine Schwester von ihm. Eine andere, Metis, hat Zeus kurz nach der Heirat aufgefressen. Seine Affären mit unsterblichen und sterblichen Frauen sind äußerst zahlreich.

an Neugeborenen, dass in Krankenhäusern in Großbritannien und USA bis zu 30 Prozent der Babys das Resultat von Ehebrüchen sind[1]. Der Prozentsatz von Ehen, in denen Seitensprünge vorkommen, dürfte deutlich höher sein, da ja nicht jeder Ehebruch zu einem Kind führt. Die monogame Paarbindung ist demnach die vorherrschende Form des Zusammenlebens geworden, obwohl damit auch Ehebruch entstand, der den Einzelnen Leid bringt und die Gesellschaft als Ganze destabilisiert. Kaum eine Unterhaltungssendung im Fernsehen kommt ohne die Darstellung von Ehebruch und seinen für alle Beteiligten fatalen Folgen aus. Die »Regenbogenpresse« hat fast kein anderes Thema; auch in den Mythen und Sagen der Völker spielen Ehebrüche und ihre verheerenden Folgen eine zentrale Rolle.

Beide, Männer und Frauen, haben Probleme mit monogamem Verhalten. In den Zehn Geboten ist der Wunsch nach Promiskuität oder einem Harem gleich zweimal zum Thema gemacht: »Du sollst nicht ehebrechen.« Und: »Du sollst nicht begehren deines Nächsten Weib, Knecht, Magd, Vieh noch alles, was dein Nächster hat.« (Die Frau des Nächsten ist genau so Objekt der Begierde wie sein Vieh, sie hat nicht den Status einer dem Mann gleichgestellten Person.) Angesprochen ist mit diesen Geboten offenbar in erster Linie der Mann. Im *Physiologus*, einem frühchristlichen Tierbuch, das vermutlich schon in der zweiten Hälfte des zweiten Jahrhunderts entstand, findet sich folgende Aufzählung »irdischer Begierden«: »Hurerei, Ehebruch, Habgier, Prahlerei und dergleichen irdische Begierden [...].«[2] Platz eins und zwei nehmen sexuelle Begierden ein. Eine Idealvorstellung von Monogamie findet sich ebenfalls in dem Buch: »Wenn sie [die Turteltaube] aber verwitwet ist, stirbt sie in der Erinnerung an ihren verstorbenen Gatten mit ihm zusammen und verbindet sich mit keinem anderen mehr.«[3] Vom Mann wird das Entsprechende nicht er-

---

Götter und Halbgötter gingen daraus hervor. Zeus hatte auch Affären mit Männern, zum Beispiel mit Ganymed, einem trojanischen Jüngling. Hera hat alles unternommen, um diese ehebrecherischen Affären zu verhindern und die Nachkommen daraus zu schädigen. Einmal war Zeus so wütend darüber, dass er Hera mit Ambossen an den Fußgelenken beschwert an den Berg Olymp hängte. (Goldhill, 1998) Wer Hera in ihrer Funktion als Göttin der Heiligkeit der Ehe in einem Tempel anrief, kannte natürlich diese Vergangenheit des Götterpaares. Ihre/seine Probleme in der eigenen Ehe erschienen sicher klein im Vergleich mit den Problemen, die Hera hatte. Zu fragen ist: Warum lebt Zeus in Paarbindung bei diesem sexuellen Drang und der Macht und der Freiheit, die er als oberster Gott im Olymp hat? Warum verteidigt Hera die Heiligkeit der Ehe, statt sich von Zeus zu trennen? Zurück auf die Erde: Was macht die Ehe so verteidigenswert?

1 Diamond, 1998, S. 110ff.
2 Treu, 1981, S. 73
3 ebd., S. 53

wartet. Witwen und Witwenschicksale gibt es nur bei Paarbindung.

Sind die Männer der aktive Teil oder sind sie Opfer von Verführung? Eva verführt angeblich Adam. Auch im *Physiologus* wird der Mann als leicht verführbar dargestellt[1]. Margaret Mead berichtet von den Berg-Arapesh in Neu-Guinea:

»Zufälliger Geschlechtsverkehr wird stets als Verführung durch die Frau betrachtet. Väter warnen ihre Söhne: ›Wenn du unterwegs bist, schlaf in einer Hütte von Verwandten. Triffst du auf dem Wege eine fremde Frau, dann bleibe nicht stehen, um dich mit ihr zu unterhalten. Ehe du dich versiehst, wird sie dir die Wange streicheln; dann wird dein Fleisch schwach werden [...]‹.«[2]

In vielen Kulturen dürfen Frauen in der Öffentlichkeit nur verschleiert auftreten. In wohl allen Kulturen müssen sie »züchtig« gekleidet sein. Eine »nicht statthafte« Kleidung gilt als Verführung und ist damit oft strafmildernd für den Vergewaltiger. Diese Tatsachen und die erwähnten Daten über Prostitution in Deutschland legen den Verdacht nahe, dass besonders die Männer »haltlos« sind, dabei aber gern die Verantwortung für »Fehltritte« abzuschieben versuchen.

Mit der Entwicklung zur Paarbindung entstand nicht nur wohlbegründete Eifersucht, sondern in vielen Fällen auch grundlose, krankmachende Eifersucht – nicht nur bei Othello. Diese Eifersucht ist oft das Resultat der eigenen übermächtigen Wünsche, Ehebruch zu begehen. Dem Partner wird angelastet, was man selbst möchte. Es gibt auch Schuldgefühle als verinnerlichte Strafe, die das Gebot: »Du sollst nicht ehebrechen« im Vorfeld verteidigen sollen.

Zusammengefasst: Im Laufe unsrer Evolution ist die Paarbindung entstanden. Dabei ist nicht erkennbar, dass der Übergang von der Promiskuität zur Paarbindung einen Selektionsvorteil bietet. Zudem sind mit dem Übergang gänzlich neue, sehr ernsthafte Probleme entstanden, die bis auf den heutigen Tag ungelöst blieben. Verwundern muss, dass sich trotz der Probleme die monogame Paarbindung durchgesetzt hat. Folglich muss die Paarbindung einen bisher unerkannten Selektionsvorteil bieten, der so groß ist, dass die ungelösten

---

1 »Es gibt Steine, die heißen feuerwerfend. Wenn diese Steine sich jemand nähern, entzünden sie alles, was ihnen begegnet. Denn sie sind von solcher Natur, männlich und weiblich, wenn sie weit voneinander entfernt sind [...]. So auch du, wahres Gemeindemitglied [Mitglied einer Christengemeinde – S. B.], fliehe das weibliche Geschlecht, damit du nicht, wenn du dich ihm zur Lust nahst, die gesamte Tugend in dir verbrennt. Denn auch Samson näherte sich einer Frau und wurde durch Scheren seiner Kraft beraubt. Und viele sind, wie wir lesen können, durch die Schönheit von Frauen auf Abwege gekommen.« (Treu, 1981, S. 73f.)
2 Mead, 1959, S. 58

ernsthaften Probleme, die mit seiner Einführung aufgetreten sind, in Kauf genommen werden konnten.

Was die Entstehung der Paarbindung förderte

In der wissenschaftlichen Literatur findet man als Grund, warum Ehebruch besonders bzw. ausschließlich bei Frauen hart bestraft wird[1], Überlegungen folgender Art: Die Evolution habe hierbei ihre Hand im Spiel. Mit der Abschreckung durch Bestrafung werde erreicht, dass verheiratete Männer tatsächlich nur ihre eigenen Kinder aufziehen. Und das werde von der natürlichen Selektion stark unterstützt.

»Für den menschlichen Vater [...], der einen stattlichen Beitrag zur Aufzucht des vermeintlich eigenen Kindes leistet, ist Vertrauen in die Vaterschaft sehr wichtig und zum Beispiel dadurch zu erlangen, daß er der einzige Sexualpartner der Mutter des Kindes ist. Denn sonst könnten ja seine Anstrengungen bei der Aufzucht des Kindes den Erbanlagen eines anderen zugute kommen.«[2]

Das ist sicher zutreffend, aber es erklärt unser Verhalten nur zum Teil, wie man an der unterschiedlichen Bewertung von Ehebruch und Scheidung erkennen kann.

In vielen Gesellschaften, in denen Ehebruch sehr hart bestraft wird, sind Scheidungen recht einfach. Das soll schon sehr lange so gewesen sein. Bei einer Scheidung und Wiederheirat – oft als »serielle Monogamie« bezeichnet – ist es ganz offensichtlich, dass ein Vater nicht nur seine leiblichen Kinder fördert. Wenn das Argument zuträ-

---

1 »Bis in die jüngste Vergangenheit zeichneten sich praktisch alle diese Gesetze [Ehebruchgesetze – S. B.] ungeachtet ihrer Herkunft – ob hebräisch, ägyptisch, römisch, aztekisch, islamisch, afrikanisch, chinesisch oder japanisch – durch ihre Asymmetrie aus. Sie waren allein dazu bestimmt, verheirateten Männern die Gewissheit zu verschaffen, daß ihre vermeintlichen Kinder auch wirklich von ihnen stammen. Folglich ist der Familienstand der beteiligten Frau entscheidend, während dem des Mannes keine Bedeutung beigemessen wird. Beteiligt sich eine Frau an AEV [außerehelicher Geschlechtsverkehr – S. B.], so gilt das als Verbrechen gegen ihren Ehemann, dem in der Regel Anspruch auf Schadenersatz zusteht (oft in Form brutaler Rache oder durch Scheidung unter Rückgabe des Brautpreises). Dagegen wird der AEV eines verheirateten Mannes nicht als Verbrechen gegen seine Ehefrau gewertet. Vielmehr gilt er, wenn seine Partnerin beim Ehebruch verheiratet ist, als Verbrechen gegen deren Ehemann, und wenn sie unverheiratet ist, als Verbrechen gegen ihren Vater oder ihre Brüder (da ihr Wert als zukünftige Braut durch die Tat gemindert wird).« (Diamond, 1998, S. 122)
2 Diamond, 1998, S. 89

fe: »Vertrauen in die Vaterschaft [ist] sehr wichtig, [...] denn sonst könnten ja seine Anstrengungen bei der Aufzucht des Kindes den Erbanlagen eines anderen zugute kommen«, sollte ein Mann dann nicht seine Beihilfe zur Aufzucht der Kinder aus der vorangegangenen Ehe seiner Frau verweigern? In diesem Fall gibt es ja keinen Zweifel an der fremden Vaterschaft. Andererseits: Sollte ein Vater nicht alles daran setzen, seine eigenen Kinder in der neuen Ehe seiner ehemaligen Frau zu fördern? Und sollte er nicht auch keine Mühen scheuen, seine unehelichen Kinder – auch die von Prostituierten – aufzuspüren, um ihnen soviel Alimente wie möglich zukommen zu lassen? Das alles ist aber nicht der Fall. Damit kommen Zweifel auf, ob die harte Bestrafung von Frauen bei Ehebruch tatsächlich ihren Grund darin hat, dass ein Mann darauf aus ist, seine eigenen Nachkommen zu fördern, und zwar deshalb zu fördern, weil sie seine Gene tragen.

Bei Ehebruch fühlt sich ein Partner hintergangen, bei Scheidung – ohne vorherigen Ehebruch – ist das weniger der Fall. Dies mag der wesentliche Grund für die unterschiedliche persönliche und gesellschaftliche Beurteilung von Ehebruch und Scheidung sein. Aber, denke ich, es kommt noch ein Aspekt hinzu. In der Belletristik und in Unterhaltungssendungen wird häufig der Fall behandelt, dass ein Kind spät in seinem Leben erfährt, dass es ein »Kind der Liebe«, d.h. eines Ehebruchs, ist. Das Kind macht sich dann auf, seinen biologischen Vater[1] zu suchen. Der ist möglicherweise schon verstorben, aber ein Bild existiert noch, usw.. Was treibt die Mutter zum späten Geständnis, was treibt das Kind zur Suche? In der literarischen Bearbeitung wird deutlich gemacht, dass die Mutter, neben der Reue, die Furcht umtreibt, das Kind könnte per Zufall eine inzestuöse Beziehung eingehen. Diese Gefahr wird oft in aller Deutlichkeit dargestellt und ist dann der direkte Auslöser des Geständnisses. Das Kind wiederum möchte sich ein Bild vom Vater machen[2]. Das nun ist hilfreich, um einen »geeigneten« Partner zu finden. Bleibt die tatsächliche

---

1 Meist handelt es sich um den Vater.
2 Durch Gerichtsbeschluss hat die 22-jährige Geschichtsstudentin Sarah P. erreicht, dass sie den Namen ihres biologischen Vaters erfährt. »Ihre Mutter hatte ihr erst vor vier Jahren erzählt, dass der Mann, den sie bisher für ihren Vater hielt, nicht ihr leiblicher Vater ist. Da dieser unfruchtbar ist, ließ sich Sarahs Mutter [...] mit einer Samenspende künstlich befruchten. [...]. Sarah P. will keine dauerhaften Beziehungen zu ihrem biologischen Vater, aber ihn zumindest einmal treffen. *So würde sie gerne überprüfen, ob er ihm ähnlich sieht, weil sie nicht das Gesicht ihrer Mutter hat.* [Hervorhebung von S. B.] Auch von möglichen Erbkrankheiten würde sie gern erfahren. [...] Sarah P. hat keine finanziellen Interessen an ihrem Spendervater.« (Rath, 2013, S. 6) . Dass Sarah P. Interesse an Geschichte hat, kann Zufall sein, aber dieses Interesse kann auch mit der Aufarbeitung ihrer persönlichen Geschichte zu tun haben.

Vaterschaft unbekannt, ist Inzest per Zufall möglich, und ein Kind, insbesondere die Tochter, kann sich bei der Partnersuche nicht am Aussehen des biologischen Vaters orientieren. Bei einer Scheidung und Wiederheirat sind dagegen die biologischen Eltern dem Kind bekannt. Das löst beide Probleme.

Um das »richtige« Schönheitsideal ausbilden zu können, ist Promiskuität ungeeignet, eine Paarbindung ist dagegen geeignet, und die Paarbeziehung muss von langer Dauer sein. Tatsächlich wurden in den unterschiedlichsten Gesellschaften Verhaltensweisen entwickelt, die für das Erreichen dieses Ziels hilfreich sind. Wenn zwei sich finden, um den »Bund der Ehe« einzugehen, dann ist nachvollziehbar, dass sie sich gegenseitig versichern, dass dieser Bund von Dauer sein soll. Diese gegenseitige Versicherung ist nun aber nicht nur eine persönliche Angelegenheit. Der Priester sagt »bis dass der Tod Euch scheidet« – in anderen Gesellschaften wird Entsprechendes geäußert. Wohlgemerkt: Es ist nicht so, dass die zukünftigen Eheleute sagen: »bis dass der Tod *uns* scheidet«. Auch vom »Bund fürs Leben« sprechen, denke ich, eher die Angehörigen als die Eheleute selbst. Offenbar wünscht die Gemeinschaft, dass die Paarbeziehung eine lange Dauer hat. Sie übt Druck aus. Sie erschwert Scheidungen auch gegen der Willen der beiden Beteiligten. Welche Gründe man auch immer anführen mag, warum die Gesellschaft so handelt: Objektiv trägt sie dazu bei, dass ein Kind das »richtige« Schönheitsideal ausbilden kann.

Im Lauf der Evolution und der Kulturentwicklung haben wir Verhaltensweisen entwickelt, die geeignet sind, die Paarbindung zu stabilisieren. Eine Paarbindung wird sicher dadurch stabilisiert, dass die Ehe demonstrativ angekündigt wird und dass im Rahmen eines Festes die Verwandtschaft und die Nachbarn von dieser Ehe Kenntnis nehmen. Damit ist die Paarbindung durch die Gemeinschaft gegen Übergriffe von stärkeren Mitgliedern dieser Gemeinschaft weitgehend geschützt. Und es wird auch demonstriert, dass die Partner beabsichtigen, sich in Zukunft monogam zu verhalten. Das könnte bedeuten, dass die Paarbindung erst im Laufe der Kulturentwicklung auf diese Weise geschützt und stabilisiert wurde. Aber es gibt Hinweise, dass ein solcher Schutz schon früh begonnen haben könnte. Bei Mantelpavianen wurde beobachtet, dass Männchen die Zugehörigkeit eines Weibchens zu einem benachbarten Männchen respektieren. Das tun sie auch dann, wenn sie selbst stärker als das benachbarte Männchen sind[1]. Es könnte also sein, dass es auch bei Menschen zu einem Respektieren der Paarbindung lange vor der Entwicklung von kulturell entwickelten Regeln gekommen ist. Diese Regeln mögen dann ebenfalls einen wichtigen Beitrag geleistet haben. Allerdings haben diese Mechanismen zur Stabilisierung der Paarbindung alle zusammen – bis heute – nur mäßigen Erfolg gehabt.

Eine Paarbindung wird durch Liebe stabilisiert. Liebe zielt auf eine monogame Paarbeziehung. Sie ist daher bestens geeignet, eine Paarbindung zu stabilisieren und Seitensprünge zu minimieren. Die Möglichkeit, ein Gefühl von Liebe zu entwickeln, wird daher durch die natürliche Selektion begünstigt worden sein. Das gilt wohl auch für die Eifersucht. Auch Eifersucht und Verlustangst können eine Beziehung stabilisieren – solange sie nicht krankhaft übersteigert sind. Man kann daher vermuten, dass die Fähigkeit, solche Gefühle entwickeln zu können, von der natürlichen Selektion begünstigt wurde.

Zur Stabilisierung der Paarbeziehung gehört sodann sicher auch die ständige Bereitschaft von Frauen zu sexuellen Handlungen, und nicht nur dann, wenn sie ihren Eisprung haben. Eine Paarbeziehung unter Menschen wäre sicher gefährdet, wenn die Frauen, so wie die Weibchen der Schimpansen und Gorillas, nur in einer kurzen Phase und das im Abstand von drei bis fünf Jahren zu sexuellen Handlungen bereit wären.

Zu den Verhaltensweisen, die geeignet sind, die Paarbindung zu stabilisieren, gehört auch der versteckte Koitus, da ein öffentlicher Koitus bei den Zuschauern den Wunsch nach Promiskuität weckt bzw. stärkt.

Die Paarbindung bei Menschen ist vermutlich nicht in einem einmaligen Akt entstanden. Eher dürfte es so gewesen sein, dass sie sich

---

1 Hans Kummer hat Mantelpaviane untersucht. Mantelpaviane bilden Harems, viele solcher Harems sind in einer großen Gruppe vereinigt. »Nachdem Feldbeobachtungen gezeigt hatten, daß männliche Mantelpaviane den Besitz von Weibchen untereinander anerkennen, entwarfen Kummer und seine Mitarbeiter ein Experiment, um die Entwicklung dieser Einschränkung zu testen. Zuerst demonstrierten sie, daß zwei Männchen, die gemeinsam mit einem Weibchen aus einem Käfig freigelassen werden, um dieses kämpfen. Wenn das Weibchen mit nur einem Männchen zusammengebracht wurde, während das andere aus einem nahegelegenen Verschlag zusehen konnte, war das Ergebnis ein ganz anderes. Das Weibchen brauchte nur kurze Zeit mit einem Männchen zu verbringen, damit das andere die Paarbindung bei seinem Eintritt in ihren Käfig respektierte. Sogar große, voll dominante Männchen wurden so am Kämpfen gehindert. Statt dessen schauten sie in den Himmel, fingerten an kleinen Dingen am Boden herum oder sahen aufmerksam und forschend in die Landschaft außerhalb ihres Gefängnisses, indem sie den Kopf nach Art der Paviane bewegten, die etwas überaus Interessantes erspäht hatten. Kummer hat diese Objekte jedoch nie ausfindig machen können.« (de Waal, 1993, S. 36)

zunehmend deutlicher herausgebildet hat, und damit einhergehend haben sich dann die Probleme und auch die Problemlösungen herausgebildet. In einigen Gesellschaften mag der einmal erreichte Zustand länger erhalten geblieben sein als in anderen, oder es wurde vielleicht sogar der Weg zurück zu einer allgemeinen Promiskuität oder zu Harems eingeschlagen. Frauen wurden und werden häufig in Harems gezwungen, und viele Männer gehen dabei »leer« aus. Unbegrenzte Promiskuität gibt es heute unter Menschen selten. Aber in vielen Gesellschaften tritt sie periodisch auf. Von den Aborigines wurde berichtet, dass sie alle zwei, drei Jahre ein großes Fest feierten, bei dem unter anderem eine Orgie mit vollständigen sexuellen Freiheiten stattfand[1]. »Häufig kam es zu rituellem Inzest.«[2] Bemerkenswert ist dabei, dass die gleichen Stämme außerordentlichen großen Wert darauf legten, dass die Heiratsregeln, die den Sexualverkehr einschränken, ansonsten eingehalten werden. Ähnliches wird von vielen anderen Völkern berichtet[3]. Auf diese Weise konnte und kann der Druck auf einen Übergang zur Monogamie periodisch reduziert und damit erträglicher gemacht werden. Auch das ausschweifende Feiern im Karneval hat diese Funktion.

Es bleibt nichts anderes übrig als anzunehmen, dass es einen starken Selektionsdruck gegeben hat – nicht nur einmal –, der die Menschen immer weiter auf den Weg zur Paarbindung gezwungen hat. Ein inneres Bedürfnis nach Zweisamkeit, nach persönlichem engen Kontakt mag dabei sicher eine Rolle gespielt haben, aber entscheidend war dieses Bedürfnis wohl nicht. Der Übergang zur Paarbindung selbst war nicht von der Selektion begünstigt, das erreichte Resultat ist voller Nachteile, und insbesondere viele Männer haben einen so starken Wunsch nach Promiskuität behalten, dass dadurch der Zusammenhalt in der Gesellschaft ernsthaft belastet wird. In Anbetracht all dieser Probleme ist man gezwungen anzunehmen, dass es eine Verhaltensweise gegeben hat, deren Einführung für die Menschheitsentwicklung sehr günstig war, die aber nur unter der Bedingung günstig war, wenn gleichzeitig eine Paarbindung eingeführt wurde. Die gesuchte Verhaltensweise ist, denke ich, unsere Vorliebe bei der Partnerwahl für eine Person, die den engsten Angehörigen ähnlich sieht. Für die Entwicklung dieser Vorliebe ist eine lang anhaltende Paarbindung optimal, weil die Eltern auf diese Weise anwesend sind, wenn die Vorliebe für die spätere Partnerwahl sich

---

1 Eildermann, 1950, vgl. auch Freud, 1912-13, S. 170
2 Haas, 2012, S. 108
3 z.B. Erikson, 1968, S. 187

beim Kind herausbildet.

Um es noch einmal zu betonen: Die Paarbindung selbst führt nicht dazu, dass die Individuen einer Population schließlich unterschiedlich aussehen. Viele Vögel leben in Paarbindung – zumindest während der Aufzucht ihrer Jungen; ihr Erscheinungsbild ist einheitlich. Die Paarbindung ist offenbar nur eine notwendige Voraussetzung, aber sie ist nicht hinreichend für die Bildung von Gestaltvarianten. Gestaltvarianten bilden sich dann heraus, wenn die Wahl eines Partners nach dem Bild der engsten Angehörigen erfolgt und Ehebruch mit Partnern, die nicht nach diesem Kriterium ausgewählt werden, selten ist. »Ehebruch« ist bei Vögeln sehr häufig. Für die Paarbindung und den »Ehebruch« wird offenbar auf familienspezifisches Aussehen wenig oder kein Wert gelegt. Die (soziale) Paarbindung bei Vögeln ist offenbar für die Aufzucht von Jungen günstig. Sie hat sich deshalb in der Evolution durchgesetzt. Bei Menschen ist Hilfe durch den Mann bei der Nahrungsbeschaffung und Hilfe beim Schutz der Jungen ebenfalls von großer Bedeutung, aber darüberhinaus ist die Paarbindung bei Menschen eine wichtige Voraussetzung für die Bildung von Gestaltvarianten.

Versteckter Koitus, versteckter Eisprung

Bei vielen Tieren ist erkennbar, wann sie in Brunft sind. Die Weibchen der Schimpansen und Bonobos haben um die Zeit des Eisprungs eine weithin erkennbare Genitalschwellung. Die macht sie sexuell attraktiv. Die Weibchen der Gorillas entwickeln nur sehr schwache Anzeichen, die auf den Östrus hinweisen, Menschen entwickeln keine erkennbaren Anzeichen. Man spricht daher bei Menschen von einem versteckten Eisprung. Nach Jared Diamond ist der versteckte Eisprung »das am heftigsten umstrittene Problem der Evolution des menschlichen Fortpflanzungsverhaltens«[1].

Einige Autoren vermuten, dass der versteckte Eisprung sich aus einem deutlich erkennbaren Eisprung entwickelt hat. Andere, wie de Waal, vermuten, dass wir Menschen in unserer Vergangenheit nie eine Genitalschwellung hatten. Erst nach der Trennung von Menschen und Menschenaffen habe sich in der *Pan*-Abstammungslinie eine Genitalschwellung entwickelt.[2]

Viele Autoren nehmen an, dass der Übergang zum versteckten Ei-

---
1 Diamond, 1998, S. 100
2 de Waal, 2009, S. 150

sprung den Zweck gehabt habe, die Paarbeziehung zu stabilisieren. Mary Batten schreibt:

»Was aber kann eine Frau tun, um sicherzustellen, daß ihr Partner langfristig für sie sorgt und nicht zu einer anderen Frau überläuft? Eine Möglichkeit wäre, ihn über den Zeitpunkt des Eisprungs im unklaren zu lassen – über den Zeitraum also, in dem eine Empfängnis sehr wahrscheinlich ist und in dem sie folglich auch für einen Mann am attraktivsten ist.«[1]

Diese Begründung ist schwer nachzuvollziehen: Nehmen wir einmal an, es habe eine weibliche Person gegeben, die auf Grund veränderter Erbanlagen diese Genitalschwellung nur noch reduziert, vielleicht sogar überhaupt nicht mehr ausbildet. Das hätte zur Folge, dass diese Person sexuell weniger beachtet oder sogar vollständig unbeachtet bliebe, weil ja die anderen Frauen eine Genitalschwellung zeigen und genau dies die Frauen attraktiv macht. Die Frau ohne Genitalschwellung hätte daher weniger oder vielleicht sogar gar keine Nachkommen. Folglich müsste gleichzeitig, mit dem Übergang zum versteckten Eisprung oder besser noch: vorher, die Herausbildung von Merkmalen stattfinden, die eine Frau sexuell attraktiver machen, als es eine Genitalschwellung vermag, und diese Merkmale müssten ständig erkennbar sein. Daraus folgt: Für sich allein genommen, ist der Übergang zu einem versteckten Eisprung ein Selektionsnachteil.

Häufig werden Hypothesen zum versteckten Eisprung gemeinsam mit Hypothesen vom versteckten Koitus und der Paarbindung diskutiert. Bekanntlich paaren sich Schimpansen und Bonobos öffentlich, während Menschen das nicht tun. Allgemein gilt im Tierreich, dass Tiere, die in Gruppen zusammen leben, sich vor den Augen ihrer Artgenossen paaren. Die Frage ist also: Warum ziehen sich Menschen für die Paarung zurück?

Zur Erklärung dieses Verhaltens wurde eine ganze Reihe von Hypothesen entwickelt. Jared Diamond zählt sechs zur Zeit gängige Hypothesen auf[2]:

(1) Männliche Jäger können tagsüber besser zusammenarbeiten, wenn der Geschlechtsakt und der Eisprung im Dunkeln bleiben. Damit würden sich weniger Aggressionen zwischen den Männern entwickeln.

Das gilt offenbar nur für Gesellschaften, in denen eine Paarbindung schon etabliert ist und diese Paarbindung durch diejenigen gefährdet ist, die leer ausgegangen sind, unglücklich verheiratet sind oder starke Neigungen zu Promiskuität verspüren. Die Aussage gilt

---
1 Batten, 1994, S. 153
2 Diamond, 1998, S. 101ff.

nicht für Gesellschaften mit Promiskuität: Männliche Schimpansen und Bonobos kooperieren bei der Jagd sehr gut. Der Geschlechtsakt und auch der Eisprung sind bei ihnen so öffentlich wie nur möglich. Kooperation unter Männern setzt also prinzipiell nicht voraus, dass Geschlechtsakt und Eisprung im Dunkeln bleiben müssen. Den Übergang von der Promiskuität zur Paarbindung kann diese These nicht erklären.

(2) Der versteckte Eisprung und der versteckte Koitus festigen die Bande zwischen Mann und Frau. Damit sei die Grundlage für die Paarbindung und die Familie geschaffen worden.

Warum es notwendig sein soll, dass der Koitus und der Eisprung versteckt sein müssen, um die Paarbindung stabilisieren zu können, ist für mich nicht ersichtlich.

(3) Zwangsverheiratete Frauen können sich einen Partner für den Ehebruch aussuchen. Damit können sie Kinder von einem Mann ihrer Wahl bekommen. Beides, der versteckte Eisprung und der versteckte Koitus, erleichtert den Ehebruch. Die zwangsweise Verheiratung habe die Entwicklung zum versteckten Einsprung und versteckten Koitus befördert.

Ich denke, man kann mit Recht bezweifeln, dass die Möglichkeit von Ehebruch bei Zwangsheiraten ausreiche, eine solch dramatische physiologische Veränderung, wie es ein versteckter Eisprung ist, in der Evolution durchzusetzen. Dass der Koitus im Fall des Ehebruchs nicht öffentlich stattfindet, ist nachvollziehbar; aber warum sollte er in der Ehe ebenfalls ins Dunkle verlagert werden?

(4) Frauen entwickelten den versteckten Eisprung, um Männer unter Ausnutzung ihrer Vaterschaftsängste in ein festes Eheverhältnis zu zwingen. Während des Östrus müsse ein Mann seine Frau bewachen. In der anderen Zeit könne er sich als Schürzenjäger betätigen. Der versteckte Eisprung lasse ihn im Unklaren darüber, wann der Östrus beginnt und wann er beendet ist. Damit müsse er ständig zu Hause bleiben, um die Frau zu bewachen, und das stabilisiere die Paarbindung.

Vorausgesetzt wird hier, dass sich in einer promiskuitiven Gemeinschaft Vaterschaftsängste entwickeln können. Denn ohne Vaterschaftsängste wird es – nach dieser These – ja den Übergang zu einem festen Eheverhältnis nicht geben. Vorausgesetzt wird auch, dass ein Mann den Zusammenhang von Eisprung bei der Frau, Koitus und der Geburt eines Kindes neun Monate später durchschaut – und das in einer Gesellschaft, in der bisher Promiskuität herrschte. Das ist zu bezweifeln.

(5) Unter Pavianen und Gorillas kommt es bei der Übernahme des

Harems durch ein neues Männchen vor, dass dieses Männchen die noch nicht abgestillten Jungtiere tötet. Das bewirkt, dass die Mutter bald danach einen Eisprung hat und sich dann mit dem neuen Oberhaupt des Harems paart. Bei unseren Vorfahren soll das ähnlich gewesen sein. Als Gegenmaßnahme – so die These – haben die Frauen einen versteckten Eisprung entwickelt, um die Vaterschaft im Dunkeln halten zu können. Damit könne ein neues Familienoberhaupt im Unklaren darüber bleiben, ob das in Frage kommende Kind von ihm ist. Und das könne das Kind eventuell retten.

Die Argumentation bezieht sich offensichtlich auf Populationen, in denen keine monogame Paarbindung, sondern Promiskuität herrscht und die Promiskuität von den weiblichen Mitgliedern der Population forciert wird. Die Strategie der Frauen hat nur dann Erfolg, wenn der neue Alphamann aus der gleichen Population stammt, die er als Oberhaupt künftig beherrscht. Kommt das neue Oberhaupt von außen, hilft die Strategie der Frauen zur Rettung des Kindes nicht. Und: Für Populationen mit strikter Paarbindung liefert die These keine Begründung für die Herausbildung des versteckten Eisprungs. Aber genau dafür wird eine Erklärung gesucht. Populationen mit Promiskuität, wie die der Bonobos und Schimpansen, leben sehr gut mit öffentlichem Koitus und weithin sichtbarem Östrus.

(6) Der Schmerz bei der Geburt soll den Übergang zum versteckten Eisprung bewirkt haben: Für die Frauen wurden die Geburten immer schmerzhafter und risikoreicher, weil der Kopf ihres Kindes bei der Geburt immer größer wurde. Um nicht mehr schwanger zu werden, hätten sie daher zunehmend auf Geschlechtsverkehr während der fruchtbaren Phase verzichtet. Dieses Verhalten hätte allerdings zum Ende der Menschheitsentwicklung führen müssen. Die Entwicklung des versteckten Eisprungs habe deshalb – als Gegenmaßnahme der Natur – verhindert, dass die Menschheit ausstarb.

Diese These setzt voraus, dass unsere Vorfahren zu der fraglichen Zeit Einsicht in den Zusammenhang zwischen Geschlechtsverkehr, Eisprung und Schwangerschaft hatten. Die Erkenntnis, dass Geschlechtsverkehr nur während des Eisprungs zu Schwangerschaft führt, soll aber noch keine zweihundert Jahre alt sein. Hinzu kommt: Nach dieser These sollten Frauen, die eine leichtere Geburt haben, mehr Kinder in die Welt setzen als die, die eine schwere Geburt hatten. Damit breitet sich die Anlage zu einer leichten Geburt in der Population aus. Warum aber sollte sich gerade bei denen mit leichter Geburt ein versteckter Eisprung entwickelt haben? Vorausgesetzt wird auch, dass die Frauen entscheiden konnten, wann sie Geschlechtsverkehr haben und wann nicht.

Schon die Tatsache, dass es eine hohe Anzahl sehr unterschiedlicher Thesen zur Erklärung der Entwicklung zum versteckten Eisprung und zum versteckten Koitus gibt, zeigt, dass Diskussionsbedarf besteht. Diamond, der das genauso sieht, favorisiert daher auch nicht eine der Thesen, sondern entwickelt eine Synthese aus Elementen der unterschiedlichen Erklärungsversuche: Er berücksichtigt dabei allerdings nicht diejenigen Gründe, die nur in der Vergangenheit einen Sinn gehabt haben[1]. Diamonds Synthese lautet: Der versteckte Eisprung und die dauernde Bereitschaft zu Geschlechtsverkehr fördert die Funktion der Sexualität als soziales Bindemittel. Damit wird eine Paarbeziehung möglich, und die ist für die Aufzucht der Nachkommen auch nötig. An der Aufzucht der Nachkommen muss sich der Vater beteiligen, weil der Aufwand dafür erheblich gewachsen ist.

Gegen Diamonds Synthese spricht: Bonobos haben mehrfach am Tage sowohl hetero- als auch homosexuelle Kontakte, wobei die Sexualität zur Stabilisierung von sozialen Bindungen und zur Entschärfung sozialer Konflikte eingesetzt wird. Das hat weder zur Paarbindung geführt, noch hat es zum versteckten Eisprung oder zum versteckten Koitus geführt. Unbestritten: Der versteckte Eisprung, und insbesondere die dauernde Bereitschaft zu Geschlechtsverkehr, vermag bei Menschen eine bestehende Paarbindung zu stabilisieren, aber es ist nicht erkennbar, dass diese Bedingungen den Übergang von der Promiskuität zur Paarbindung bewirken oder gar erzwingen können. Sexualität als soziales Bindemittel ist mit Promiskuität ausgezeichnet vereinbar. Es ist auch nicht nachvollziehbar – wie gezeigt –, dass für unsere Vorfahren der Übergang von der Promiskuität zur Paarbindung einen Selektionsvorteil gebracht haben sollte, und zwar allein

---

1 »Begnügen wir uns lieber damit zu begreifen, warum der versteckte Eisprung und der häufige, versteckte Koitus heute noch einen Sinn haben. Wenigstens können wir uns dann beim Rätsellösen auf Selbstbeobachtung und die Betrachtung unserer Mitmenschen stützen.« (Diamond, 1998, S. 107) Nach Diamond arte alles andere leicht in »Paläo-Poesie« aus. Zugegeben, die Gefahr einer Fehlinterpretation besteht bei solchen Rekonstruktionen durchaus, aber die Gefahr, dass man Entscheidendes unberücksichtigt lässt, wenn man sich nur auf die für heute sinnvoll erscheinenden Gründe beschränkt, ist nicht von der Hand zu weisen. Heute macht z.B. die Haarlosigkeit bei Menschen und die von keinem Säugetier übertroffene Fähigkeit des Menschen, zu schwitzen, keinen Sinn mehr, aber beides existiert. Unbestritten gilt: Eine Frau, die an den Beinen, an den Armen und auf der Brust behaart ist, gilt als unattraktiv. Dabei schützen die Haare im Winter vor Kälte und im Sommer vor Sonneneinstrahlung und damit vor Hautkrebs. Und sie schützen vor Parasiten, z.B. Mücken. Vermutlich hatte in der Vergangenheit beides einen Sinn, der in unserer heutigen Lebensweise nicht mehr zu entdecken ist (Berking, 2010). Die Beschränkung bei der Suche auf Gründe, die heute noch einen Sinn machen, ist daher bedenklich.

schon deshalb, weil der Aufwand für die Aufzucht der Jungen größer wurde.

Zusammenfassend muss festgestellt werden: Es existiert bisher keine befriedigende Erklärung für die Entwicklung zum versteckten Eisprungs und zum versteckten Koitus.

Alle hier angeführten Hypothesen stimmen in einem Punkt überein: Es seien die Erwachsenen, die den Koitus bei anderen nicht sehen sollen und auch äußere Anzeichen des Eisprungs nicht bemerken sollen. Es wird aber nicht diskutiert, dass es vielleicht die Kinder sind, die beides nicht sehen sollen. Das erscheint befremdlich, da heute in sehr vielen, wenn nicht in allen Gesellschaften, sehr großer Wert darauf gelegt wird, dass Sexualverkehr vor Kindern verborgen wird, insbesondere der Sexualverkehr ihrer Eltern. Anne Parsons schreibt über Süditalien:

»In vielen Familien müssen die Kinder aus Raumgründen im Bett der Eltern schlafen, oder sie teilen sich das Bett mit ihren Geschwistern. In jedem Fall werden aber Vorkehrungen getroffen, daß sie die Eltern nicht bei intimen Handlungen überraschen können. Als ein junger Mann gefragt wurde, wie er sich verhalten würde, wenn er seine Eltern beim Geschlechtsverkehr überraschte, antwortete er: ›Ich würde sie umbringen!‹ Die Sittlichkeitsgebote werden äußerst streng beobachtet, sie bilden eine Art von Tabu, außer bei sehr kleinen Kindern. Trotz der räumliche Beengtheit und der daraus resultierenden intensiven körperlichen Nähe versucht man, alles Sexuelle aus dem familiären Bereich so weit wie möglich herauszuhalten.«[1]

Bronislaw Malinowski schreibt über die von ihm als sexuell sehr freizügig charakterisierten Trobriander:

»Da das Haus der Eltern nicht die Möglichkeit bietet sich abzuschließen, hat das Kind Gelegenheit, aus eigener Anschauung sich über den Geschlechtsakt zu informieren. [...] Das Kind wird nur ausgezankt und angewiesen, den Kopf unter die Matte zu stecken. [...] Die älteren Kinder, besonders die männlichen, müssen das Haus verlassen, um nicht durch ihre störende Gegenwart das Geschlechtsleben ihrer Eltern zu hemmen.«[2]

Die Jungen ziehen in ein Junggesellenhaus und die Mädchen manchmal zu einer älteren verwitweten Tante oder zu einer anderen Verwandten mütterlicherseits. Nicht nur vor den Kindern, auch in der Öffentlichkeit vermeiden Eheleuten jede Anspielung auf Geschlechtliches:

»Peinlich vermeiden Eheleute jede Geste, die zärtliche Beziehungen zwi-

---
1 Parsons, 1974, S. 229
2 Malinowski, 1930, S. 40ff.

schen ihnen verraten könnte. Nie fassen sie sich im Gehen bei den Händen oder legen den Arm umeinander, was *kaypapa* heißt und Liebenden und Freunden gleichen Geschlechts erlaubt ist. [...] Nie wird man auf den Trobriander-Inseln Mann und Frau zärtliche Blicke, liebevolles Lächeln oder verliebte Neckereien austauschen sehen. [...] Mann und Frau dürfen in der Öffentlichkeit frei miteinander plaudern und scherzen, solange nur jede Anspielung auf Geschlechtliches streng vermieden wird.«[1]

Es gibt Filme, die Jugendliche unter 16 Jahren nicht sehen dürfen. In der Regel wird als Grund angegeben, dass sie vor dem Anblick von Sexualverkehr »geschützt« werden müssen. Es ist sogar noch gar nicht so lange her, dass aus diesem Grund im Film ein Kuss nicht gezeigt werden durfte.

Bei Schimpansen und Bonobos findet der Geschlechtsverkehr im Beisein der Kinder statt[2]. Ein junger Schimpanse beginnt ab dem achten Monat sich für jedes Weibchen mit Genitalschwellung zu interessieren; seine Mutter gehört nicht dazu, vermutlich deshalb, weil sie noch jahrelang keine Genitalschwellung hat. Dieses Verhalten bewirkt bei ihm vermutlich eine Orientierung auf Promiskuität, wobei die Mutter als Sexualobjekt ausgenommen ist. Bei Bonobos ist das ähnlich.

Bei Menschen ist das aber anders. Unsere Vorliebe bei der Partnerwahl für eine Person, die dem gegengeschlechtlichen Elternteil ähnlich sieht, ist nicht erst im Erwachsenenalter, sondern auch schon während der Kindheit und Jugend problematisch. Alles, was die Inzestgefahr reduziert, ist daher hilfreich, um diese Lebensphase ohne Probleme durchlaufen zu können. Es gehört keine große Phantasie dazu, zu erkennen, dass eine weithin sichtbare Genitalschwellung der Mutter und ein familienöffentlicher Koitus kontraproduktiv wären. Auch die Beobachtung der periodischen Genitalschwellung und ein Koitus bei Nichtverwandten wären kontraproduktiv: Es könnte sich ein »falsches« Schönheitsideal herausbilden, nicht das Bild der engsten Angehörigen wären dann das Vorbild bei der späteren Partnerwahl, sondern das Bild von nichtverwandten Personen bekäme

---

1 Malinowski, 1930, 81f.
2 Goodall berichtet von der Forschungsstation Gombe: »Wenige Minuten später wandte sich David Greybeard [ein Schimpansenmännchen – S. B.] mit gesträubten Haaren der alten Flo [die eine Genitalschwellung hatte – S. B.] zu. Er schüttelte, auf der Erde sitzend, einen kleinen Zweig und starrte dabei zu ihr hinüber. Flo kam sofort herbei, drehte sich um und hockte sich hin. Wieder [wie vor wenigen Minuten beim Kopulieren mit einem anderen Männchen – S. B.] war Fifi [Flos drei Jahre alte Tochter – S. B.] zur Stelle und stieß und schob aus Leibeskräften, um David zu vertreiben. Und auch David ließ sich ihre Einmischung gefallen.« (van Lawick-Goodall, 1975, S. 73) Die Kopulation wurde nicht abgebrochen.

Einfluss auf das Schönheitsideal.

Heute wird üblicherweise angeführt, dass Scham eine Kulturleistung sei und daher nur bei Menschen anzutreffen. Das erkläre, warum Menschen ihr Geschlecht bedecken und warum der Koitus nicht öffentlich sei. Unbestritten ist, dass Scham eine Kulturleistung ist; nur hilft diese Feststellung nicht dabei, herauszufinden, wie es zur Entwicklung von Scham kam.

Homosexualität

Es ist kaum möglich, über männliche oder weibliche Homosexualität zu schreiben, ohne dabei in Fettnäpfchen zu treten. Warum ist das Thema so emotionsgeladen? In fast allen Gesellschaften ist Homosexualität geächtet[1] oder sogar strafbar[2]. Warum ist das so? Das Argument, sie sei widernatürlich, gilt für sehr viele unserer Verhaltensweisen. Das Trinken von Milch anderer Tiere, das Tragen von Haut anderer Tiere in Form von Kleidern und Schuhen hat kein Vorbild im Tierreich. Es ist zweifellos widernatürlich. Homosexuelles Verhalten gibt es dagegen zum Beispiel auch bei Menschenaffen. Warum soll mich die sexuelle Präferenz meiner Nachbarn etwas angehen, solange die Beteiligten ohne äußeren Zwang handeln? Warum gibt es ein Geraune in einem Haus, wenn in eine der Wohnungen Homosexuelle einziehen? Ein Familienvater könnte doch nur froh sein. Sie zahlen Steuern und tragen damit zum Unterhalt seiner Kinder bei, weil von den Steuern, beispielsweise, Kindergärten und Schulen gebaut und Lehrer bezahlt werden. Hinzu kommt, dass die männlichen Homosexuellen in der Vergangenheit seine Chance, eine Frau zu finden, objektiv erhöht haben. Hinzu kommt außerdem, dass er in Bezug auf sie keine »Vaterschaftsängste« entwickeln muss. Die zentrale Frage muss daher lauten: Warum fördert ein heterosexueller Mann nicht die soziale Sicherheit von Homosexuellen? Für heterosexuelle Frauen gilt natürlich die entsprechende Frage.

Es ist immer noch wenig darüber bekannt, wie es dazu kommt, dass Erwachsene in der Regel gegengeschlechtliche und nur in Ausnahmefällen gleichgeschlechtliche Personen als Partner wählen. Vermutlich gibt es nicht nur eine Ursache dafür. Diskutiert werden genetische, neurale und hormonelle Ursachen und soziale Einflüsse im

---

[1] Ruth Benedict (1934) berichtet von Indianerstämmen Nordamerikas, in denen Homosexuelle geachtet waren. (Benedict, 1949, S. 237ff.)
[2] In der Bundesrepublik Deutschland war Homosexualität bis 1969 strafbar.

Verlauf der Entwicklung. In der psychoanalytischen Forschung wurde eine enge Korrelation zwischen der späteren Homosexualität bei Männern und einer frühen, sehr starken Bindung an die Mutter gefunden:

»Wir haben bei allen untersuchten Fällen festgestellt, dass die später Invertierten [Homosexuellen – S. B.] in den ersten Jahren ihrer Kindheit eine Phase von sehr intensiver, aber kurzlebiger Fixierung an das Weib (meist an die Mutter) durchmachten, nach deren Überwindung sie sich mit dem Weib identifizierten [...].«[1]

Für Mädchen gilt das Entsprechende[2]. Die Wahl eines gleichgeschlechtlichen Partners wird durch die Latenzzeit (s. S. 105) erleichtert: Nach dem Höhepunkt der infantilen Phase der Sexualität spielen heterosexuelle Interessen kaum eine Rolle. In dieser Zeit bilden Jungen und Mädchen häufig gleichgeschlechtliche Gruppen, die gegengeschlechtliche Mitglieder ausschließen. Die Bindung der Gruppenmitglieder aneinander beinhaltet durchaus homoerotische Gefühle. Zu sexuellen Aktivitäten kommt es in der Regel nicht, aber der Übergang zu heterosexuellen Gefühlen in der Pubertät wird durch diese Entwicklung nicht erleichtert. Freud nahm an, dass Menschen nicht nur anatomisch, sondern auch psychisch bisexuell angelegt sind:

»Die psychoanalytische Forschung widersetzt sich mit aller Entschiedenheit dem Versuch, die Homosexuellen als eine besonders geartete Gruppe von den anderen Menschen abzutrennen. Indem sie auch andere als die manifesten kundgegebenen Sexualerregungen studiert, erfährt sie, daß alle Menschen der gleichgeschlechtlichen Objektwahl fähig sind und dieselbe auch im Unbewußten vollzogen haben.«[3]

Wie häufig besondere Erlebnisse während der Entwicklung der frühkindlichen Sexualität zu Homosexualität führen, ist unbekannt, aber dass eine Änderung der sexuellen Präferenz auf diesem Wege entstehen kann, ist unbestritten.

Bisexuelles Verhalten schadet der Arterhaltung nicht oder kaum; nur ausschließlich homosexuelles Verhalten ist problematisch. In einer Gruppe, in der Promiskuität herrscht, können alle Mitglieder, so wie bei den Bonobos, bisexuell orientiert sein, ohne dass die Arterhaltung gefährdet ist. Es können auch einige ausschließlich homosexuell orientiert sein, ohne dass die Arterhaltung gefährdet ist. Das gilt insbesondere für Homosexualität von Männern. Es müssen sich nicht

---

1 Freud, 1905, S. 44
2 Vergleiche Freud, 1905, S. 44; 1908, S. 171ff. und 1920, S. 284.
3 Freud, 1905, S. 44

alle reproduzieren, ganz im Gegenteil: Für die Arterhaltung ist es sinnvoll, wenn die fitteren mehr Nachkommen haben als die weniger fitten, solange sich alle an der Erhaltung der Population beteiligen. Bei staatenbildenden Insekten, wie den Honigbienen, reproduzieren sich auch nur ganz wenige. Weitaus die meisten tragen nur zur Erhaltung der Population bei. Staatenbildende Insekten haben mit dieser Strategie großen Erfolg in der Evolution gehabt.

Mit dem Übergang zur Paarbindung im Laufe der Menschheitsentwicklung änderte sich die objektive Bedeutung von Homosexualität für eine Population: Die Paarbindung, zusammen mit dem Schönheitsideal, das am Bild der engsten Verwandten orientiert ist, hat sich deshalb durchgesetzt – so meine Hypothese –, weil auf diese Weise viele neue Gestaltvarianten erzeugt werden konnten. Einige wenige davon kamen mit den neuen Lebensbedingungen, die sich zu Beginn der Menschheitsentwicklung auftaten, besser zurecht als die anderen. Wenn bei dem Individuum, das besser mit den neuen Bedingungen zurechtkam, eine homosexuelle Neigung ausschließlicher Art auftrat, dann nützte die gute Angepasstheit an die neue Umwelt wenig. Folglich war – zu dieser Zeit und mit Paarbindung – eine heterosexuelle Ausrichtung bei den Heranwachsenden objektiv erwünscht. Die natürliche Selektion hat demnach die heterosexuelle Ausrichtung gefördert. Die Alternative führt zum Untergang der Gestaltvariante. Ein Weg, auf dem die (ausschließliche) homosexuelle Ausrichtung minimiert werden kann – wie auch immer sie zustande gekommen sein mag –, ist die Ächtung der Homosexualität durch die Gemeinschaft bis hin zu Strafen und Zwangsverheiratungen. Auch die verinnerlichte Strafe, in Form von Angst- und Schuldgefühlen, kann einen Beitrag leisten. Eine Population, deren Mitglieder so reagieren und im Zuge einer kulturellen Tradition daran festhalten, hat einen höheren Reproduktionserfolg und eine höheren Anteil von unterschiedlichen Gestaltvarianten als eine, deren Mitglieder solche Regeln und Angst- und Schuldgefühle nicht entwickeln.

In der eigenen Familie und in der Population in seiner Gesamtheit erscheint die Eindämmung von ausschließlicher Homosexualität als sinnvoll – in grauer Vorzeit. In der Nachbarfamilie ist ausschließliche Homosexualität dagegen erwünscht: Jeder Heterosexuelle hätte nur Vorteile davon, wenn ein Nachbar, der sich solidarisch an der Lösung der Probleme der Gemeinschaft beteiligt, ausschließlich homosexuell ist[1].

---

1 Das erinnert an eine Vorstellung von Edward O. Wilson (1978, zitiert nach Gould, 1983). Wilson vertritt die Ansicht, in menschlichen Urgesellschaften habe es eine Selektion darauf gegeben, dass ein kleiner Anteil der Männer homosexuell ist. Diese

Zusammengefasst: Unser Schönheitsideal hat vermutlich Anteil an der Ausbildung von Homosexualität. Unsere Vorliebe bei der Partnerwahl hat zusammen mit der vom Schönheitsideal erzwungenen Paarbindung vermutlich dazu beigetragen, dass Homosexualität geächtet wurde.

Heute stellt Homosexualität für die Gesellschaft keinen Nachteil dar, eher kann man die Ansicht begründet vertreten, dass ein wachsender Anteil Homosexueller für die Menschheit günstig ist, weil es schon jetzt zu viele Menschen auf der Erde gibt.

Frühkindliche sexuelle Betätigungen

Im Alter von etwa acht Monaten kommt es bei männlichen Schimpansen und Bonobos erstmals zum spielerischen Besteigen von erwachsenen Weibchen. Stellen wir uns einmal vor, in einem Kindergarten wird zufällig von einem Außenstehenden beobachtet, dass die Kleinen sich gegenseitig oder die Kindergärtnerinnen spielerisch besteigen. Sicher gäbe es einen Aufschrei in der Presse, der Kindergarten würde umgehend weltweit bekannt – und geschlossen. Sexualität bei Kindern ist ein Tabu. Wo sexuelle Handlungen offen zutage treten, da werden sie fast immer verhindert.

Bei Bonobos und Schimpansen ist die Funktion der kindlichen

Männer hätten zur Ernährung aller Mitglieder der Gruppe beigetragen und damit den Reproduktionserfolg der Gruppe erhöht. Letztlich hätten Gruppen mit einigen Homosexuellen dadurch einen höheren Reproduktionserfolg gehabt als Gruppen ohne Homosexuelle.

Es ist einsehbar, dass unter diesen Bedingungen die heterosexuellen Männer mehr Nachkommen haben können, aber es ist nicht erkennbar, warum die Gruppe als Ganzes einen höheren Reproduktionserfolg haben sollte. Gruppen mit Homosexuellen dürften nur dann einen höheren Reproduktionserfolg haben, wenn sich die Homosexuellen intensiver als die Väter selbst für das Wohl der Gruppe einschließlich der Kinder in der Gruppe einsetzen. Warum aber sollten sie? Wenn, wie angenommen, die Homosexuellen sich um die Gemeinschaft besonders verdient machten, sogar mehr als die Väter von Kindern, dann sollte man erwarten, dass die Gemeinschaft die Homosexuellen hoch achtet. Wären sie missachtet worden, hätten sie ihre Bemühungen um das Wohl der Gruppe sicher reduziert. Heutzutage sind Homosexuelle in keiner Gesellschaft geachtet. Mit der Annahme, die homosexuellen Männer hätte sich besonders um die Gemeinschaft verdient gemacht, entsteht daher die Notwendigkeit zu erklären, wie es dazu kam, dass heutzutage homosexuelle Männer in allen Gesellschaften missachtet werden. Findet sich keine plausible Erklärung, muss die Annahme, dass sich die Homosexuellen besonders um das Wohl der Gemeinschaft verdient gemacht haben, in Zweifel gezogen werden.

Sexualität leicht erkennbar: Die sexuelle Betätigung im Kindes- und Jugendalter ist für die richtige sexuelle Prägung hilfreich, wenn nicht sogar notwendig. Das Schönheitsideal wird bei allen Kindern der Gruppe etwa gleichartig, weil die sexuellen Erkundungen an fast allen Mitgliedern der Gruppe stattfinden. Die spätere Promiskuität unter den Gruppenmitgliedern wird vorbereitet.

Für Menschen gilt das Gegenteil. Sexuelle Erkundungen werden bei Kindern nicht geduldet. Dafür muss es einen Grund geben. Gern wird an dieser Stelle argumentiert, dass nur der Mensch eine Kultur entwickelt habe. Scham sei eine Kulturleistung. Zu den ersten Kulturleistungen gehöre das Verhüllen der Sexualorgane. Anders als bei Tieren findet bei Menschen Sexualität im Verborgenen statt. Nur so könne spätere Zügellosigkeit verhindert und eine kulturelle Höherentwicklung ermöglicht werden. Kinder müssten deshalb schon früh in ihrem Leben an dieses Ziel herangeführt werden. Frühe Entwicklung von Scham soll später Promiskuität verhindern.

Meiner Ansicht nach ist ein wichtiger Grund, dass eine sexuelle Betätigung im Kindesalter mit Nicht-Verwandten zu einer »falschen« Vorliebe bei der späteren Partnerwahl führt. Verhindern lässt sich das durch Unterdrückung der sexuellen Betätigung bei Kindern und durch Ächtung und Bestrafung solcher Handlungen. Eine sexuelle Betätigung mit Mitgliedern der eigenen Familie führt zwar zur »richtigen« Vorliebe, aber diese Vorliebe darf in der direkten sexuellen Strebung keine Zukunft haben. Das wäre Inzest.

Damit ist ein tiefgreifendes Dilemma entstanden. Eine einfache Lösung scheint es nicht zu geben. Sowohl die vollständige Unterdrückung der kindlichen Sexualität als auch die vollständige Freizügigkeit, so wie sie uns Schimpansen und Bonobos vorführen, würde die Entwicklung zu einem verantwortungsbewussten erwachsenen Menschen verhindern.

Nicht in allen Kulturen werden sexuelle Betätigungen von Kindern unterdrückt. Malinowski berichtet von den Trobriandern:

> »Die Kinder weihen sich gegenseitig in die Geheimnisse des Geschlechtslebens ein auf durchaus praktische Art und Weise und in sehr frühem Alter. Lange ehe sie imstande sind, den Geschlechtsverkehr wirklich auszuführen, beginnt ihr frühzeitiges Liebesleben. In ihren Spielen und Zeitvertreiben befriedigen sie ihre Neugier nach Aussehen und Funktion der Geschlechtsorgane und erleben dabei, wie es den Anschein hat, ein gewisses Lustgefühl.«[1]

Bei diesen Spielen werden die Tabuvorschriften zur Verhinderung

---
[1] Malinowski, 1962, S. 41

von Inzest streng eingehalten. Kinder des gleichen Totems meiden sich, Bruder und Schwester dürfen sich nicht einmal berühren. Unter Jugendlichen ist das Geschlechtsleben »nicht mehr bloßes Kinderspiel, sondern nimmt einen hervorragenden Platz unter den Lebensinteressen ein.«[1] Kinder gehen nur sehr selten aus diesen Beziehungen hervor.

Möglicherweise bildet sich auf diese Weise bei vielen Kindern ein »falsches« Schönheitsideal aus. Es enthält weniger das Bild der engsten Angehörigen und mehr das Bild der Nachbarn. Aber dieses Bild hat wenig Einfluss bei der Wahl des eigenen Ehepartners und vielleicht können deshalb kindliche und jugendliche sexuelle Aktivitäten von der Gemeinschaft toleriert werden: Kinder werden häufig – zwangsweise – verlobt. »Den Eingeborenen gilt vaypokala (Kinderverlöbnis) als gleichbedeutend mit Heirat.«[2] Bei den Trobriandern sind »Kreuz-Vettern-Basen-Heiraten«, die von den Eltern der zukünftigen Ehepartner arrangiert werden, die Regel. Unter Jugendlichen wird Promiskuität geduldet. Das geht niemanden etwas an. Mit dem Eheschluss wird alles anders. Ehebruch wird hart, früher sogar mit dem Tod, bestraft. Das Prinzip der Partnerwahl »wähle einen Partner, der deinen engsten Angehörigen ähnlich sieht« setzt sich offenbar auch unter diesen Bedingungen durch. Vermutlich gilt allgemein für ursprüngliche Gesellschaften: Bei den Kindern können dann sexuelle Aktivitäten mit Nicht-Familienangehörigen toleriert werden, wenn später – zwangsweise – als Ehepartner nur ein enger Verwandter in Frage kommt.

Besonderheiten in der Entwicklung von Menschen

Menschen entwickeln sich langsam

Menschen entwickeln sich langsamer als andere Säugetiere, einschließlich Schimpansen, Bonobos, Gorillas und Orang-Utans. Menschenkinder sind im ersten Lebensjahr so hilflos im Vergleich zu Kindern der Menschenaffen, dass Adolf Portmann (1951) sie mit guten Argumenten als »physiologische Frühgeburt« bzw. als »sekundäre Nesthocker« bezeichnet hat. Auch die nachfolgende Entwick-

---

1 ebd., S. 46
2 ebd., S. 77

lung ist ausgesprochen langsam[1].

Man muss sich vor Augen halten, dass es bei Säugetieren einen starken Selektionsdruck gibt, die Hilflosigkeit in der frühen Kindheit rasch zu beenden, wenn die Kinder im Freien, nicht in einer Höhle aufwachsen. Junge Mäuse und junge Eichhörnchen sind unmittelbar nach der Geburt völlig hilflos, aber auch geschützt. Die großen Herdentiere der Savanne bringen Junge zur Welt, die unmittelbar nach der Geburt stehen und laufen können. Bei Menschenaffen wie Gorillas, Bonobos und Schimpansen können sich die Kinder kurz nach der Geburt ans Fell der Mutter klammern. So kann die Mutter das Kind und sich selbst schützen oder fliehen, sie kann laufen und auch Bäume besteigen. Es ist zweifellos günstig, wenn die Nachkommen nach der Geburt möglichst früh auf eigenen Füßen stehen, zum Einen, um sich selbständig ernähren zu können, und zum Anderen, um Feinden entkommen zu können. Bei Menschen gab es offenbar eine Selektion in die gegenteilige Richtung. Das ist erklärungsbedürftig.

Bei Menschen wird die Sexualentwicklung unterbrochen

Bei Menschen nimmt die Sexualentwicklung einen merkwürdigen Verlauf. Nach einer frühkindlichen Blüte kommt eine Pause, Latenzzeit genannt, in der die sexuellen Interessen gering sind, und erst mit der Pubertät wird die Sexualentwicklung wieder aufgenommen. Bei Menschenaffen werden im Wesentlichen die gleichen Entwicklungsphasen wie bei Menschen unterschieden, von einer Latenzzeit spricht man anscheinend aber nicht. Tatsächlich gibt es bei ihnen diese deutliche Unterbrechung bei sexuellen Handlungen und Interessen auch nicht, nur eine Abschwächung ist erkennbar.

Gibt es bei Bonobos und Schimpansen eine Latenzzeit?

Bonobomädchen verlassen ihre Geburtsgruppe, wenn sie etwa sieben Jahre alt sind. Schon im Alter von fünf bis sechs Jahren treiben sie sich zunehmend häufiger allein am Rand der Gruppe herum.

---

[1] »Die Säuger wachsen alle von Anfang des freien Lebens an sehr rasch, und ihr Hauptwachstum liegt bereits hinter ihnen, wenn sie geschlechtsreif werden. [...]. Bei Menschen steigert sich im Gegenteil die Intensität der Wachstumsvorgänge gerade in der Zeit der geschlechtlichen Reifung ganz besonders stark, und es wird ein wichtiger Teil des gesamten Wachstums in dieser Spätphase erst verwirklicht.« (Portmann, 1962, S. 82)

»Bonobofrauen werden von ihrer Gemeinschaft nicht weggeschickt oder von Männern aus der Nachbarschaft entführt. Sie werden einfach zu Vagabundinnen, die sich immer mehr an der Peripherie der Gruppe herumtreiben und ihre Mutterbindung lösen. Sie geraten in eine Phase der sexuellen Apathie, was für Bonobos ein seltsamer Zustand sein muß. Auf diese Weise wird Sex mit Männern der eigenen Gemeinschaft vermieden. Sie gehen fort, wenn sie rund sieben Jahre alt sind, also etwa zu der Zeit, da sie ihre erste Genitalschwellung bekommen. Mit diesem Reisepass ausgestattet, werden sie zu Herumtreiberinnen, die verschiedene Nachbargemeinschaften besuchen, bis sie sich schließlich in einer niederlassen. Dann erblüht schließlich ihre Sexualität.«[1]

Gemeint ist: Dann entwickelt sich ihre Genitalschwellung zu der Größe, wie sie reife Weibchen haben; ihr sexuelles Interessen steigt, und das sexuelle Interesse der Männchen an ihnen steigt ebenfalls. Im Alter von zehn Jahren sind sie voll entwickelt; im Alter von 13 bis 14 Jahren haben sie ihr erstes Baby.

Auf eine Phase infantiler Sexualität folgt also eine Phase, die man, in Anlehnung an die bei Menschen beobachtete Sexualentwicklung, Latenzzeit nennen könnte, weil in ihr das Interesse an Sexualität gering ist.

Bei männlichen Bonobos ist eine solche Phase weniger gut erkennbar, da die Männchen in der Gruppe bleiben. De Waal schreibt, dass männliche Bonobos im Kindesalter Weibchen mit Genitalschwellung umwerben und von ihnen auch erhört werden.

»Kommen diese jungen Männer aber in die Pubertät, beginnen die älteren sie als Rivalen zu betrachten und verbannen sie an den Rand der Freßgemeinschaft. Erst viele Jahre später sind sie soweit, ihren Platz in der Hierarchie beanspruchen zu können. Bis dahin sind ihre älteren Schwestern fort, was sicherstellt, daß sie nur nichtverwandte weibliche Gruppenmitglieder befruchten.«[2]

Die Lebensphase, in der die jungen Männer an den Rand der Fressgemeinschaft gedrängt werden, könnte als (erzwungene) Latenzzeit betrachtet werden. In dieser Zeit gibt es offenbar keine oder kaum sexuelle Kontakte. Der Versuch der Jugendlichen, einfach so weiterzuleben, insbesondere sich sexuell so weiter zu betätigen wie in der Kindheit, würde für sie üble Folgen haben. Diesen Folgen können sie nur durch sexuelle Abstinenz und weitgehende Abwesenheit entkommen. Die Entwicklung einer Unterbrechung ihrer sexuellen Aktivitäten, die man Latenzzeit nennen könnte, schützt sie offenbar vor Angriffen der erwachsenen Männchen der Gruppe.

Bei Schimpansen verläuft die Entwicklung im Prinzip ähnlich.

---
1 de Waal, 2009, S. 169f.
2 ebd., S. 171

Ein Schimpansenmädchen hat ab etwa sieben Jahren in unregelmäßigen Abständen kleine Genitalschwellungen. Von da an beginnt sie spielerische sexuelle Kontakte mit männlichen Kindern zu suchen, während ausgewachsene Männchen an dem Mädchen kein Interesse haben. Mit etwa neun Jahren ist die Schwellung so groß geworden, dass sich auch reife Männchen angezogen fühlen[1]. Von da an wandert das junge Weibchen zu verschiedenen anderen Gruppen und kommt gelegentlich auch in ihre Geburtsgruppe zurück[2]. Ebenso wie ein Bonobomädchen wird sie zu der Zeit noch nicht schwanger. Das wird sie erst zwei bis vier Jahre später. Diskutiert wird daher, dass möglicherweise dieses Intervall zwischen der ersten Ovulation und der ersten Schwangerschaft eine Anpassung ist: Wenn das junge Weibchen Nachwuchs hat, bevor sie von der neuen Gruppe akzeptiert ist, dann kann das für sie und ihr Kind sehr ungünstige Folgen haben[3]. Tatsächlich wurde beobachtet, dass Neugeborene gelegentlich von erwachsenen Artgenossen getötet und gefressen werden. Dieses Intervall ist keine Latenzzeit mit sexueller Abstinenz, aber doch eine Verzögerung der sexuellen Entwicklung.

Die Männchen der Schimpansen bleiben in ihrer Geburtsgruppe. Nach dem Ende der Kindheit halten sie Abstand zu ranghohen Männchen, suchen aber gleichzeitig den Kontakt zu ihnen, auch dann, wenn sie von ihnen gerade angegriffen worden sind. In dieser Entwicklungsphase geben sie häufig ihre sexuellen Interessen an brünstigen Weibchen vollständig auf[4].

---

1 van Lawick-Goodall, 1975, S. 151
2 Goodall, 1991
3 Boesch und Boesch-Achermann, 2000
4 »Wenn die Gruppe zum Fressen in einen Baum klettert, hält sich das heranwachsende Männchen oft in diskretem Abstand zu den Ranghöheren, wenn es sich nicht sogar in einem benachbarten Baum seine Nahrung sucht. [...] Wenn die innere Spannungen, die daraus resultieren, daß es mit Artgenossen umherzieht, die ihm so weit überlegen sind, zu groß werden, kehrt das heranwachsende Männchen entweder für eine Weile zu seiner Mutter zurück, oder es zieht – was häufig vorkommt – allein umher. Fast alle heranwachsenden Männchen, die uns bekannt sind, verbrachten, wenn sie älter wurden, Stunden oder gar Tage außer Sichtweite und häufig sogar außer Hörweite anderer Schimpansen. Dieses Alleinsein wird – jedenfalls in einigen Fällen – ohne Zweifel absichtlich gesucht.« (van Lawick-Goodall, 1975, S. 149f.) »Das Verhalten der halb erwachsenen Schimpansen gegenüber den erwachsenen Tieren ist durch große Vorsicht gekennzeichnet. Vermutlich ist es der zunehmende Respekt vor den ausgewachsenen Männchen, der dazu führt, daß sich die Halbwüchsigen weit weniger als in ihrer frühen Kindheit an brünstige Weibchen heranmachen oder diese Gewohnheit sogar völlig aufgeben.« (ebd., S. 144) »Wir sahen zwar ab und zu, daß ein heranwachsendes Männchen ihr, halb hinter einem Baum verborgen, ein Zeichen gab, aber obwohl Flo selbst in solchen Fällen meist aufstand und auf den jungen Freier zuging, waren auch die erwachsenen Männchen sofort auf den Beinen und folgten ihr mit

Alle diese Beobachtungen kann man dahingehend interpretieren, dass Menschenaffen schwache Ansätze zu einer Latenzzeit entwickelt haben. Die sexuelle Zurückhaltung in dieser Phase hilft, Inzest zu vermeiden, und hilft den heranwachsenden Söhnen, sich in die eigene Gemeinschaft der Erwachsenen einzugliedern und den Töchtern, sich in die fremde Gemeinschaft der Erwachsenen einzugliedern.

Menschen durchleben eine Latenzzeit

Zur Sexualentwicklung bei Menschen schreibt Freud:

»Die erste Objektwahl des Kindes ist also eine *inzestuöse*[1]. Die ganze hier beschriebene Entwicklung wird rasch durchlaufen. Der merkwürdigste Charakter des menschlichen Sexuallebens ist sein *zweizeitiger Ansatz* mit dazwischenliegender Pause. Im vierten und fünften Lebensjahr erreicht es einen ersten Höhepunkt, aber dann vergeht diese Frühblüte der Sexualität, die bisher lebhaften Strebungen verfallen der Verdrängung und es tritt die bis zur Pubertät dauernde *Latenzzeit* ein, während welcher die Reaktionsbildungen der Moral, der Scham, des Ekels aufgerichtet werden [Fußnote von Freud, direkt im Anschluss von mir zitiert]. Die Zweizeitigkeit der Sexualentwicklung scheint von allen Lebewesen allein dem Menschen zuzukommen, sie ist vielleicht die biologische Bedingung seiner Disposition zur Neurose. Mit der Pubertät werden die Strebungen und Objektbesetzungen der frühen Kindheit wieder belebt, auch die Gefühlsbindungen des Ödipus-Komplexes. Im Sexualleben der Pubertät ringen miteinander die Anregungen der Frühzeit und die Hemmungen der Latenzperiode.«

Die Freudsche Fußnote lautet:

»Zusatz aus dem Jahr 1935: Die Latenzzeit ist ein physiologisches Problem. Eine völlige Unterbrechung des Sexuallebens kann sie aber nur in jenen kulturellen Organisationen hervorrufen, die eine Unterdrückung der infantilen Sexualität in ihren Plan aufgenommen haben. Dies ist bei den meisten Primitiven nicht der Fall.«[2]

Wenn mit etwa dem fünften Lebensjahr die Phase der infantilen Sexualität endet und die Latenzzeit beginnt, dann beginnt in vielen Kulturen ein neuer Lebensabschnitt außerhalb der Familie: Die Kinder kommen in die Schule. Nach Siegfried Bernfeld (1925) ist das kein zufälliges Zusammentreffen[3]. Von den Kurnai und Narrinyeri in Australien wird berichtet, dass bei ihnen die Lehrzeit für Kinder beiderlei Geschlechts mit dem fünften bis sechsten Lebensjahr beginnt. Jungen und Mädchen werden hauptsächlich vom Vater bzw. der Mut-

---

gesträubtem Haaren. Es war, als ob sie fürchteten, Flo könnte versuchen, ihnen zu entwischen. Die Nähe der älteren Artgenossen ließ den Verwegenen seine amourösen Absichten vergessen und eilig Reißaus nehmen.« (ebd., S. 74)
1 Diese und die folgenden kursiven Textstellen sind im Original gesperrt gedruckt.
2 Freud, 1925a, S. 62. Vgl. dazu S. 103.
3 Bernfeld, 1967, S. 98ff.

ter mit den einschlägigen Techniken vertraut gemacht.

»Bis gegen das neunte, zehnte Jahr wird das Kind mit großer Liebe gepflegt und erhält von allem, was Mutter und Großeltern, die mit den Kindern in der Regel zusammen sind, selber an Nahrung erlangen.«[1]

Danach beginnt für die Kinder eine ausgesprochen harte und entbehrungsreiche Lehrzeit außerhalb der Familie, die erst mit der Aufnahmeprozedur in den Erwachsenenstatus (Initiation) und der darauf folgenden Heirat endet. Bei den Jungen kann diese Lehrzeit bis zum zwanzigsten Lebensjahr dauern, bei den Mädchen endet sie meist ein bis zwei Jahre nach der ersten Menstruation.[2]

Der frühe Beginn und die nachfolgende Unterbrechung der Sexualentwicklung erhöhen die Gefahr von Inzest

Solange die Kinder noch im Schoß der Familie sind, besteht die Gefahr von Inzest, auch in unserer Gesellschaft. Im Normalfall wissen wir als Erwachsene nicht einmal mehr, dass ein solcher Wunsch in der Kindheit bestand. Nicht nur die Wünsche sind uns nicht bewusst, auch die Abwehr der Wünsche ist uns nicht bewusst – aber beides existiert. Erst wenn in den Medien über einen Fall von Inzest berichtet wird, merkt man an den großen Emotionen, die der Bericht auslöst – zu beobachten beispielsweise in veröffentlichten Leserbriefen in Zeitungen –, dass es die unbewussten Wünsche und die Abwehr der Wünsche gibt. Heute, wie auch früher, ist es meist der Vater, der Probleme macht: Er sieht das Abbild der Frau heranreifen, die er geheiratet hat – und das sieht auch die Mutter so. Sie wird zu Recht argwöhnisch: Schneewittchen wird immer schöner. Da muss die besorgte Mutter – im Märchen als böse Mutter oder als Stiefmutter bezeichnet – dafür sorgen, dass die Tochter entfernt bzw. ausgesetzt wird, sonst wird sie die »Schönste im ganzen Land«. Im Märchen verhindert der Vater nicht, dass seine Tochter aus der Familie vertrieben wird. Er tut das nicht deshalb, weil er generell machtlos wäre, auch nicht deshalb, weil ein Matriarchat in alten Zeiten herrschte, sondern vermutlich deshalb, weil er die Beschuldigung seiner Frau, inzestuöse Gedanken – nehmen wir den sanftesten Fall an – gehabt zu haben, nur halbherzig zurückweisen kann. In den Märchen wird der Vater üblicherweise als sehr mächtig dargestellt: Er ist ein Patriarch mit vollkommener Macht über die Mitglieder seiner Familie. Er kann seine Tochter sogar als Preis für die Lösung eines Rätsels oder einer Heldentat aussetzen. Kommentare seiner Ehefrau zu diesem Verhalten werden uns in der Regel nicht mitgeteilt, so gering ist

---

1 Eildermann, 1950, S. 100
2 Fison und Howitt, 1880; Cunow, 1894, zitiert nach Eildermann, 1950, S. 99 ff.

ihre Rolle dabei. Wenn er nun aber bei der Vertreibung von Schneewittchen machtlos erscheint, dann wird er wohl zu Recht von seiner Ehegattin beschuldigt worden sein[1].

Die Tochter ist allerdings keineswegs immer passiv, sondern, wie man aus Familientherapien zu Genüge weiß, macht sie dem Vater – ganz unschuldig – schöne Augen[2]. Eine brutale Maßnahme der Disziplinierung der Mädchen – vermutlich primär mit dem Ziel, Inzest zu verhindern – ist die Beschneidung. Es sind weniger die Männer, die an der Tradition festhalten, sondern durchgeführt und auch verteidigt wird die Beschneidung von erwachsenen Frauen, die als Kinder selbst entsetzlich darunter gelitten haben. Ein potentielles Schneewittchen wird nicht getötet oder ausgesetzt, aber brutal auf eine Weise misshandelt, die einen deutlichen Hinweis auf das imaginierte befürchtete Vergehen liefert.

Auch der Sohn hat mit der langen Unselbständigkeit Probleme. Da er das Elternhaus nach Bildung des Schönheitsideals nicht verlassen kann, um sich, wie die heranwachsenden Männchen der Bonobos und Schimpansen, an den Rand der »Freßgemeinschaft« (de Waal) zu flüchten, bleibt er unter der Fuchtel der Eltern, insbesondere des Vaters[3]. Der ist damit aber auch nicht glücklich, da ihm zunehmend

---

1 In »Aschenputtel« und in »Hänsel und Gretel« ist der Vater ähnlich schwach und machtlos dargestellt.

2 Anne Parsons (1964) schreibt über Familienstrukturen in Süditalien: »Einer meiner neapolitanischen Gewährsleute erzählte mir, daß seine siebenjährige Tochter sich ihm im Bett auf so verführerischer Weise genähert hätte, daß er sie fast gewaltsam zurückstoßen mußte. Er war auch keineswegs erstaunt, als ich ihm sagte, daß ein berühmter Wiener Arzt schon vor vielen Jahren auf solche und ähnliche Vorkommnisse hingewiesen und sie zum Ausgangspunkt einer ganzen Theorie gemacht hätte. Zur Lösung dieser ödipalen Konflikte des kleinen Mädchens steht in katholischen Ländern das Ritual der heiligen Kommunion zur Verfügung. Das kleine Mädchen wird aus diesem Anlaß wie eine Braut ganz in Weiß gekleidet und so vor den Altar geführt. Dabei soll ihm unter anderem klar gemacht werden, daß es seine Wünsche und Vorstellungen auf einen späteren Zeitpunkt verschieben muß: erst wenn es als Braut eines jungen Mannes im weißen Schleier vor den Altar tritt, kann es auf Erfüllung seiner Wünsche hoffen. Die femininen ödipalen Wunschträume finden hier also ihren Ausdruck und ihre symbolische Erfüllung in einer kulturellen Institution.« (Parsons, 1974, S. 229f.)

3 Das gilt nicht für alle Familien. Beispielsweise ist bei den Trobriandern, von denen Bronislaw Malinowski (1927) berichtet, der Bruder der Mutter des Kindes die Autoritätsperson und nicht der Vater des Kindes. Der Bruder der Mutter muss also die Inzestverbote durchsetzen. Bei Kindern, die von alleinerziehenden Müttern aufgezogen werden, wie das heute zunehmend häufiger stattfindet, müssen die Versagungen selbstverständlich allein von der Mutter ausgehen. Im Folgenden werde ich mich weitgehend auf die vorherrschende Mutter-Vater-Kind-Familie beziehen und nur, wo es mir erforderlich erscheint, andere Familien-Konstellationen diskutieren.

deutlicher ein Konkurrent heranwächst. Glücklicherweise gibt es die Latenzzeit. Sie reduziert zum einen die Gefahr von Inzest des Sohnes mit weiblichen Verwandten und zum anderen die Gefahr, vom Vater als Konkurrent behandelt zu werden. Man kann also vermuten, dass es einen starken Selektionsdruck gegeben hat, eine Latenzzeit mit sexueller Unauffälligkeit zu entwickeln, die so lange währt, bis die körperliche Reife für ein selbständiges Leben in Sicht ist.

In manchen Fällen ist die Furcht des Vaters aber trotzdem so groß, dass er den Sohn aus der Familie entfernt – so wie Schneewittchen von ihrer (Stief-)Mutter aus der Familie entfernt wurde. Das berühmteste Beispiel ist Ödipus. Als Strafe der Götter (wegen Verführung seines Ziehbruders) fürchtet der Vater von Ödipus, Laios, dass sein Sohn, Ödipus, ihn später erschlägt und seine Frau heiratet. Die Tatsache, dass dieses Thema im Lauf von mehr als zweitausend Jahren von sehr vielen Autoren erfolgreich auf die Bühne gebracht wurde, zeigt, dass Inzest ein zentrales Problem der Menschheit war und ist, auch wenn uns das selten bewusst wird. Ähnlich wie bei Mädchen gibt es auch bei den Jungen Beschneidungen an den Genitalien. Auch die können sehr brutal sein und in einigen Fällen zu einer Kastration führen. Alle diese Handlungen sind als Teil einer Disziplinierung der Heranwachsenden zu verstehen.

Was kann der Grund dafür sein, dass die Sexualentwicklung durch eine Latenzzeit unterbrochen wird?

Man kann Freud nur zustimmen: »Der merkwürdigste Charakter des menschlichen Sexuallebens ist sein *zweizeitiger Ansatz* mit dazwischenliegender Pause.«[1] Hätten wir nicht viele Probleme vermeiden können, wenn die Sexualentwicklung erst kurz vor Beginn der Pubertät beginnen würde? Die Gefahr von Inzest wäre damit erheblich kleiner, und andere häusliche Probleme zwischen den Eltern und den Heranwachsenden wären es ebenfalls. Zudem wäre die Häufigkeit von Neurosen erheblich kleiner, vielleicht gäbe es sie überhaupt nicht. Offensichtlich ist der zweizeitige Ansatz der Sexualentwicklung mit der langen Latenzzeit in der Mitte, für sich genommen, ungünstig. Daher muss man wohl annehmen, dass diese Entwicklung im Laufe der Evolution durch Selektion erzwungen wurde: Es muss eine Verhaltensweise gegeben haben, die einen hohen Selektionsvorteil bot, aber nur dann, wenn die Sexualentwicklung durch eine Latenzzeit unterbrochen wird. Die Vorteile müssten so groß sein, dass die Nachteile, die eine lange Latenzzeit mit sich bringt, in Kauf genommen werden konnten. Diese neue Verhaltensweise ist, meines Er-

---

1 Freud, 1925a, S. 62

achtens, unsere Vorliebe bei der Partnerwahl. Die Wahl eines Partners nach dem Abbild der engsten Verwandten gelingt dann besonders effizient, wenn diese Vorliebe sich zu einer Zeit entwickelt, in der die Kinder noch sehr unselbständig sind. Notwendigerweise dauert es dann einige Zeit, bis die Kinder soweit herangewachsen sind, dass sie sich selbständig ernähren können. In der Zeit nach der Ausbildung der Vorliebe müssen die Kinder möglichst geringe sexuelle Interessen haben und möglichst keine Merkmale sexueller Reife aufweisen – aber körperlich heranreifen. Die Latenzzeit schützt sie.

Als Zwischenbilanz heißt das: Unsere Vorliebe bei der Partnerwahl liefert eine Erklärung dafür, warum die Sexualentwicklung früh beginnt, von einer Latenzzeit gefolgt ist und dann wieder aufgenommen wird. Eine Orientierung des Schönheitsideals auf die Eltern bzw. andere nahe Verwandte bildet sich nur dann aus, wenn ein Kind zu dieser Zeit noch weitgehend unselbständig ist. Zwischen der Bildung des Schönheitsideals und seiner Nutzung bei der Partnerwahl reifen die Kinder, zunächst nur körperlich, dann auch sexuell heran. Unser Schönheitsideal erscheint damit als Ursache der Zweizeitigkeit der Sexualentwicklung. Folglich wäre dann dieses Ideal »die biologische Bedingung seiner [des Menschen] Disposition zur Neurose«[1].

Warum eine langsame körperliche Entwicklung der Menschen?
Warum entwickeln sich Menschen langsam? Vielleicht war die Kindlichkeit, die körperliche Unreife im Alter von fünf Jahren, nur über eine allgemeine Entwicklungsverzögerung zu erreichen. Diejenigen Kinder waren von der Selektion begünstigt, die sich körperlich langsam entwickelt haben, weil sie mit größerer Wahrscheinlichkeit später einen »richtigen« Partner gewählt haben. Notwendig war natürlich, dass die Kinder in der Phase der Unselbständigkeit von der Horde bzw. der Familie ernährt und geschützt wurden. Die Verlangsamung der Reifung war auch noch in anderer Hinsicht nützlich: Sie verlängerte die Phase des Spielens und Lernens und wurde damit zur Voraussetzung für die großen geistigen Leistungen und für die kulturelle Entwicklung des Menschen. Damit liefert unsere Vorliebe bei der Partnerwahl eine Erklärung dafür, warum Menschen sich so außerordentlich langsam entwickeln.

Wie plausibel ist diese Erklärung? Ist die Selektion auf eine Verlängerung der Phase des Spielens und Lernens nicht viel wahrscheinlicher die Ursache und nicht die Folge der Entwicklungsverlangsamung? Diese Idee vertrat als einer der ersten William Thomas und

---
1 ebd., S. 62

seitdem erfreut sie sich großer Beliebtheit. Thomas war der Ansicht, dass

»die charakteristische Hilflosigkeit des Kindes, die zuerst nur als Nachteil empfunden wird, in Wirklichkeit die Voraussetzung für die menschliche Überlegenheit ist. *Denn die Natur verfolgt damit die Absicht[1]*, eine ausreichend große Zeitspanne für die Entwicklung des sehr komplexen Mechanismus, der unser Hirn darstellt, zur Verfügung zu stellen. Das menschliche Hirn ist, zusammen mit den durch die aufrechte Haltung frei gewordenen Händen, die Voraussetzung für die Wendung des Menschen nach außen. Durch seinen Erfindungsgeist und sein Organisationstalent kann er sich gegen die Umwelteinflüsse wehren, sie kontrollieren und kultivieren und so schließlich seine Vorherrschaft errichten.«[2]

Wenn wir einmal annehmen, dass die »Natur die Absicht verfolgt« habe, die Phase des Spielens und Lernens zu verlängern, dann ergibt sich folgendes Szenario: Am Anfang der Menschheitsentwicklung hat schrittweise die Einführung der Paarbindung gestanden. Der Mann hat Nahrung nach »Hause« gebracht. Mann und Frau haben sich gemeinsam um ihre Nachkommen gekümmert. Die Kinder sind behütet aufgewachsen. Das hat in zunehmendem Maße eine lange unbeschwerte Kindheit ermöglicht und damit Zeit zum Spielen und Lernen geschaffen. Die Paarbindung war damit die entscheidende Ursache für den Erwerb einer hohen Flexibilität im Verhalten, weil sie eine allgemeine Verlangsamung der Reifung ermöglichte. Die steigende Flexibilität im Verhalten hat die Lösung immer komplexerer Probleme möglich gemacht und damit die Menschheitsentwicklung entscheidend vorangebracht.

Das klingt alles einleuchtend. Nur kann damit zum Beispiel nicht erklärt werden, warum Menschenaffen nicht mehrfach in der Evolution eine Verlängerung der Kindheit entwickelt haben, wenn sie doch so günstig für das Überleben ist. Auch in einem Harem der Gorillas gibt es den für eine lange Kindheit erforderlichen Schutz und keinen Nahrungsmangel. Es ist nicht erkennbar, warum ein Gorilla-Mädchen schon im Alter von sechs Jahren ihre Geburtsgruppe verlassen muss.

Noch problematischer wird diese Erklärung, wenn man die Sexualentwicklung einbezieht. Der zweizeitige Ansatz der Sexualentwicklung führt, wie diskutiert, zu Problemen, insbesondere deshalb, weil die Kinder in einer Familie mit Paarbindung aufwachsen. Man muss sich also fragen, warum nur die körperliche Entwicklung verlangsamt wurde und nicht auch die sexuelle. Wie einfach wäre das Leben, wenn erst mit der körperlichen Reife, die ein selbständiges Leben in greifbare Nähe rücken lässt, die sexuellen Interessen reifen. Die Pha-

---
1 Kursiv von S. B.
2 Thomas, 1907, zitiert nach Muensterberger, 1974, S. 50f.

se des Spielens und Lernens wäre auf diese Weise weitgehend konfliktfrei verlängert worden. Das ist nun offenkundig nicht geschehen. Wir haben einen zweizeitigen Ansatz der Sexualentwicklung – trotz der daraus resultierenden Probleme. Und daraus folgt: Mit der Annahme, dass es einen Selektionsdruck zur Verlangsamung der körperlichen Entwicklung gab, um die Phase des Spielen und Lernens zu verlängern, können wir nicht erklären, warum die Sexualentwicklung nicht ebenfalls verzögert wurde, sondern in zwei Teile aufgespalten wurde.

Nach dem bisherigen Stand der Diskussionen sehe ich keinen Grund, der plausibler wäre als der, dass die allgemeine Verlangsamung der Entwicklung und der zweizeitige Ansatz der Sexualentwicklung durch einen Selektionsdruck zur Wahl eines Partners, der den engsten Angehörigen ähnlich sieht, entstanden ist.

Die Vorliebe für einen Partner, der den engsten Angehörigen ähnelt, entwickelt sich in zwei Schritten

Bevor es zur Entwicklung einer Vorliebe bei der späteren Partnerwahl kommt, lernen Kinder, welche Personen ihnen Nahrung und Schutz gewähren. Ein Fehler in dieser Hinsicht kann schlimme Folgen haben, wie das Märchen »Der Wolf und die sieben Geißlein« zeigt: Der Wolf wurde nicht eingelassen, weil er wesentliche Merkmale, an denen die Kinder ihre Mutter erkennen, nicht vorweisen konnte. Ihm gelang erst dann der Einlass, nachdem er sein Fell weiß gepudert hatte und durch Fressen von Kreide seine Stimme der der Geißenmutter angeglichen hatte. Der »Volksmund« wusste offenbar, dass in das Bild der fürsorgenden Erwachsenen die äußere Erscheinung und auch die Stimme eingehen.

Nachdem ein Kind sich ein Bild von den fürsorgenden Erwachsenen gemacht hat, entwickelt es ein Schönheitsideal, das die Vorliebe bei der späteren Partnerwahl bestimmt. Bei Schimpansen und Bonobos gehen in dieses Schönheitsideal genau die Personen nicht ein, die für das körperliche Wohl des Kindes gesorgt haben und noch sorgen, sondern mehr oder weniger alle anderen gegengeschlechtlichen Mitglieder der Population (vgl. S. 37ff.).

Im Gegensatz dazu entwickeln die Kinder der Menschen eine

»Gefühlsbindung an den gegengeschlechtlichen Elternteil mit Rivalitätseinstellungen zum gleichgeschlechtlichen, eine Strebung, die sich in dieser Lebenszeit noch ungehemmt in direkt sexuelles Begehren fortsetzt.«[1]

---
1 Freud, 1925b, S. 108

Und das heißt: Sie entwickeln eine Gefühlsbindung an genau die Personen, die bisher, und auch während dieser Zeit noch, für das körperliche Wohl des Kindes sorgen. Aus dem Vergleich mit Bonobos und Schimpansen folgt: Es ist offenbar keineswegs zwangsläufig, dass die Personen, die für Schutz und Nahrung sorgen, Vorbild für die spätere Partnerwahl werden. Ganz im Gegenteil: Es ist erklärungsbedürftig, warum wir Menschen als Kleinkinder eine Gefühlsbindung an die Eltern mit direktem sexuellen Begehren entwickeln und nicht an außenstehende Personen, wie das Schimpansen und Bonobos machen.

Diese Gefühlsbindung an die Eltern führt unausweichlich zu tiefgreifenden Konflikten. Sie führt nicht nur während der Kindheit und Jugend zu Konflikten zwischen Eltern und Kindern, sondern die Vorliebe für die spätere Partnerwahl ist – genau betrachtet – auch nicht zielgerecht. Es wäre fraglos nicht im »Sinne« der Evolution, wenn ein Kind den gegengeschlechtlichen Elternteil heiratete. Die Zielperson darf dem Elternteil nur ähnlich sehen. Nur diese Wahl ermöglicht die Herausbildung familientypischer Merkmale und erhält dabei gleichzeitig die Heterozygotie auf einem für das Überleben und die Fortentwicklung der Art notwendigen hohen Niveau. Folglich musste es einen zweiten Schritt geben, in dem das Ziel verändert wird.

Ich denke, das läuft folgendermaßen ab: Den ersten Schritt macht ein Kind in seiner »Frühblüte der Sexualität« (Freud), den zweiten in der Latenzzeit und Pubertät. In diesem zweiten Schritt tritt an die Stelle des gegengeschlechtlichen Elternteils nun eine Person, die diesem Elternteil nur noch ähnlich sieht. Eine derartige Zieländerung ist nicht einfach. Manchmal kann man teilnehmender Beobachter an so einem Prozess sein, wenn einem Kind erklärt wird, dass es später einmal nicht den Vater bzw. die Mutter heiraten könne. In der Regel sind die Wünsche und die Zurückweisungen der Wünsche subtiler. Die Folgen sind es oft nicht, wie Therapeuten bestätigen können. Die ursprünglichen Wünsche und Strebungen werden verdrängt und (mehr oder minder erfolgreich) verarbeitet. Nach Aussage der Psychoanalyse resultiert aus der Verarbeitung dieser Probleme die Aufrichtung einer neuen psychischen Instanz: das Über-Ich mit der Funktion des Gewissens. Am Ende der Latenzzeit muss die Zieländerung der Präferenz weitgehend erreicht sein, und das gelingt auch in der Regel[1].

---

1   Nach Freud (1932, S. 98) werden bei der normalen Erledigung des Ödipuskomplexes die verdrängten Triebregungen vollständig im Es zerstört und die Libido in andere Bahnen übergeleitet. Wenn das nicht gelingt, kommt es zu psychischen Störungen. Auch wenn die Ablösung von der Mutter nicht gelingt, kommt es zu psychischen Störungen. Nach Klaus Theweleit (1977) können diese Störungen geschichts-

Vielleicht ist es notwendig, dass die Vorliebe sich in zwei Schritten entwickelt, weil es einem Kind schlicht nicht möglich ist, in nur einem Schritt ein Bild für die Partnerwahl zu entwickeln nach der Regel: Suche einen Partner, der dem gegengeschlechtlichen Elternteil so ähnlich wie möglich sieht, aber diese Person darf mit dir nicht oder nur wenig verwandt sein.

Ich möchte noch einmal betonen, dass diese Gefühlsbindung an den gegengeschlechtlichen Elternteil mit direktem sexuellen Begehren nur dann notwendig ist, wenn als Ziel letztendlich eine Partnerwahl nach dem Bild der engsten Angehörigen erreicht werden soll. Junge Schimpansen und Bonobos werden in vergleichbar liebevoller Weise von ihren Müttern betreut, aber eine phallisch-sexuelle Komponente in ihrer Gefühlsbindung an die Mutter wird sich vermutlich nicht oder kaum entwickeln, wie man aus dem späteren Sexualverhalten schließen kann. Sie entkommen damit einem Konflikt, der in der Entwicklung von Menschen unvermeidbar ist. Und damit entfallen auch in der – rudimentären – Latenzzeit der jungen Schimpansen und Bonobos, falls man diese Entwicklungsphase so nennen möchte, entscheidende Ursachen für eine Differenzierung ihrer psychischen Organisation. In Umkehrung der Argumentation heißt das: Weil die Kinder der Menschen im ersten Schritt eine Gefühlsbindung an den gegengeschlechtlichen Elternteil mit sexuellem Begehren entwickeln und weil diese Gefühlsbindung keine Zukunft haben konnte und kann, gab es einen Selektionsdruck, psychische Mechanismen zu entwickeln, der zu einer Verschiebung des Ziels des sexuellen Begehrens führte und führt. Diesem Selektionsdruck verdanken wir zu einem beträchtlichen Teil unsere komplexe psychische Konstitution.

Weil es einem Kind nur in zwei Schritten möglich ist, das geeignete Schönheitsideal aufzubauen, und die Strebung im ersten Schritt äußerst problematisch ist, gab und gibt es einen Selektionsdruck, alle Erlebnisse aus der »Frühblüte der Sexualität« zu vergessen, sobald der zweite Schritt ansteht. Heute ist die Amnesie ein normales Element unserer Entwicklung. Diese Amnesie hat sicher den zweiten Schritt in der Entwicklung des Schönheitsideals, die spätere Partnerwahl, und das Leben in einer Paarbindung erleichtert.

Bei Bonobos und Schimpansen bewirkt die Unterbrechung zwischen der frühkindlichen sexuellen Betätigung und der späteren sexuellen Betätigung als Erwachsener einen Schutz. Bei den jungen Weibchen ist das hauptsächlich ein Schutz vor Inzest und bei den jungen Männchen neben einem Schutz vor Inzest ein Schutz vor Aggression

---

bestimmende Dimensionen erreichen (vgl. S. 49).

durch ranghöhere Männchen. Bei Menschen kommt in deren Latenzzeit ein neuer Aspekt hinzu: die Modifikation des Schönheitsideals mit all seinen Folgen für die Differenzierung der psychischen Organisation.

Der zweizeitige Ansatz der Sexualentwicklung und der Ödipuskomplex wurden in der ersten Hälfte des 20. Jahrhunderts in Westeuropa an Personen der Mittelschicht entdeckt und untersucht. Schon früh stellte sich die Frage, ob auch in gänzlich anders strukturierten Kulturen die Sexualentwicklung ähnlich verläuft.

Bronislaw Malinowski (1927) fand, dass bei Trobriandern der Vater im Leben seiner Kinder eine geringe Rolle spielt. Nach Malinowski ist er ein Freund der Kinder. Die Autoritätsperson, die sie fordert, einschränkt, bestraft – und wie Margared Mead[1] von den Berg-Arapesh berichtet: ihnen die Wunden bei der Initiation beibringt –, ist der Bruder der Mutter. Auch die Mutter der Kinder ist ihrem Bruder untertan. Wie in allen anderen Kulturen gibt es bei den Trobriandern Inzestverbote zwischen Eltern und Kindern, zwischen den Geschwistern und mit nahen Verwandten, natürlich auch zwischen den Kindern und dem Bruder der Mutter. Das oberste Tabu ist nach Malinowski das zwischen Bruder und Schwester. Die beiden vermeiden daher seit ihrer frühen Kindheit den direkten Kontakt miteinander. »Das kann sogar so weit gehen, daß bestimmte Gegenstände zwischen Bruder und Schwester nur über eine Mittelsperson ausgetauscht werden können.«[2] Die Stärke des Tabus lässt auf die Stärke der Versuchung schließen. Für die Betrachtungen hier ist entscheidend, dass es auch in diesen Sozialstrukturen Inzestverbote gibt, was darauf hinweist, dass es die entsprechenden Wünsche gibt und dass die Inzestverbote von den »Erziehungsberechtigten« durchgesetzt werden.

Der Psychoanalytiker Paul Parin (1972) hat Kulturen in Westafrika untersucht und die gewonnenen Resultate mit Resultaten an Schweizern in seiner Praxis in der Schweiz verglichen. Er kommt zu dem Schluss, dass der zweizeitige Ansatz der Sexualentwicklung und der Ödipuskomplex universalen Charakter haben: Die phallische Phase der Libidoentwicklung beginne in »allen vorhandenen und denkbaren Familien- und Gesellschaftsordnungen«[3] zu einer Zeit, zu der die Kinder die Fürsorge ihrer »Mutter« bedürfen. Daher entwickeln die Kinder – Jungen wie Mädchen[4] – zwangsläufig eine inzestuöse

---

1 Mead, 1959, S. 56
2 Parsons, 1974, S. 207
3 Parin, 1983, S. 197
4 Nach Erkenntnissen der Psychoanalyse entwickeln sowohl Jungen als auch Mädchen in ihrer phallischen Phase eine sexuell gefärbte Gefühlsbindung an die Mutter

Strebung zu ihr. Bei Menschenaffen entwickle sich – so Parin – eine solche Beziehung nicht, weil die phallische Interessen eines Kindes der Menschenaffen erst nach der Auflösung der engen Beziehung von Mutter und Kind hervortreten. Das ist, wie wir inzwischen wissen, nicht zutreffend: Bei Schimpansen und Bonobos beginnt die phallische Phase der jungen Männchen etwa im achten Monat ihres Lebens. Zu dieser Zeit kann man bei ihnen die entsprechenden Betätigungen beobachten. Sie beginnt damit nicht später, sondern erheblich früher als bei Menschenkindern – die phallische Phase soll bei Menschen im dritten Lebensjahr beginnen –, und trotzdem entwickeln die jungen Männchen der Bonobos und Schimpansen keine inzestuösen Strebungen, sondern Inzestscheu. (Für ein Bonobo- bzw. ein Schimpansenmädchen besteht keine Notwendigkeit, einen Mechanismus zu entwickeln, der Inzest mit dem Vater und den Brüdern verhindert, weil sie ihre Geburtsgruppe verlässt, wenn sie geschlechtsreif wird.)

Fassen wir zusammen: Die Psychoanalyse hat herausgefunden, dass in einer Mutter-Vater-Kind-Familie der Sohn sich in die Mutter und die Tochter in den Vater verliebt – in andersgearteten Familienstrukturen sind die Liebeswünsche auf die den Eltern analogen Personen ausgerichtet. Diese Tatsache wird als äußerst problematisch für das weitere Leben, aber als unvermeidlich angesehen. Im Gegensatz dazu wird hier die These vertreten, dass diese libidinösen Strebungen nicht das unvermeidliche Resultat unserer langen Abhängigkeit von Pflegepersonen sind, dass sie vielmehr das angestrebte Ziel sind. Die Ausbildung dieser libidinösen Strebung, »die sich in dieser Lebenszeit noch ungehemmt in direkt sexuelles Begehren fortsetzt«[1], ist der erste Schritt in der Entwicklung eines Schönheitsideals, das unsere Evolution weit vorangebracht hat. Im zweiten Schritt, der in der nach-

---

(bzw. an eine analoge Person, wenn die Kinder in einer anderen Familiensituation aufwachsen). »Das erste Liebesobjekt des Knaben ist die Mutter, sie bleibt es auch in der Formation des Ödipuskomplexes, im Grunde genommen durchs ganze Leben hindurch. Auch fürs Mädchen muß die Mutter – und die mit ihr verschmelzenden Gestalten der Amme und der Pflegerin – das erste Objekt sein; die ersten Objektbesetzungen erfolgen ja in Anlehnung an die Befriedigung der großen und einfachen Lebensbedürfnisse, und die Verhältnisse der Kinderpflege sind für beide Geschlechter die gleichen. In der Ödipussituation ist aber für das Mädchen der Vater das Liebesobjekt geworden, und wir erwarten, daß sie bei normalem Ablauf der Entwicklung vom Vaterobjekt aus den Weg zur endgültigen Objektwahl finden wird.« (Freud, 1932, S. 126f) Die Umorientierung der Objektwahl beim Mädchen vom Mutter- zum Vaterobjekt wird vermutlich einerseits von endogenen Faktoren bestimmt wie der neuronalen und der hormonellen Situation und andererseits von äußeren Einflüssen bestimmt wie den Rollenerwartungen des sozialen Umfelds und der Erkenntnis des Mädchens, dass sie kein Junge ist, dass ein anatomischer Unterschied zwischen Jungen und Mädchen besteht.
1 Freud, 1925b, S. 108

folgenden Zeit, der Latenzzeit, stattfindet, erfährt das Schönheitsideal eine Zieländerung. Aus dem direkten sexuellen Begehren wird die Vorliebe für eine Person, die dem gegengeschlechtlichen Elternteil nur noch ähnlich sieht. Dieser Schritt erfordert eine komplexe psychische Organisation. Ich denke, der Selektionsdruck, der die Zieländerung bewirkt hat, hat wesentlich dazu beigetragen, dass unsere Vorfahren im Laufe ihrer Evolution diese komplexe Organisation entwickelt haben.

Zwangsheiraten und Mitgift

In vielen heutigen Gesellschaften suchen die Eltern den Ehepartner für ihre Kinder aus. Damit haben Menschen eine Verhaltensweise entwickelt, für die es im Tierreich nach allem, was bekannt ist, kein Vorbild gibt. Für dieses Verhalten werden sehr unterschiedliche Gründe angegeben. Ganz oben auf der Liste steht: Das ist bei uns Tradition. Oft geht es auch darum, mit einer Ehe die Bande zwischen Clans zu festigen, oder es geht um die Vererbung materieller Güter oder um eine »standesgemäße« Wahl. Die sanfteste Form des Zwangs ist, dass die Eltern die Zustimmung zur Heirat geben müssen.

Zwangsheiraten gibt es schon lange, nicht erst seit Beginn der Landwirtschaft, wie Untersuchungen z.B. bei Buschmännern in Afrika und bei Aborigines in Australien gezeigt haben, und damit nicht erst, seit es substantiell etwas zu vererben gibt. Vermutlich gab es sie ursprünglich auf allen Kontinenten und in allen Kulturen[1]. Auch in

1 David Buss (1995) hat in einem Grundsatzartikel über die Aufgabe und die Bedeutung der Evolutionären Psychologie geschrieben: Neben Problemen, die für Männer und Frauen im Verlauf der Evolution gleichartig waren, habe es Herausforderungen gegeben, die unterschiedlich waren und noch heute unterschiedlich sind. Der größte Unterschied sei, dass nur Frauen Kinder bekommen. Eine Frau habe daher das Problem zu lösen, einen Mann zu finden, der die Fähigkeiten und den Willen hat, sie und ihre Kinder mit Nahrung zu versorgen. Das passt offensichtlich schlecht zu der Tatsache, dass in allen Kulturen Frauen mehr oder weniger gegen ihren Willen verheiratet wurden und in Jäger-und Sammler-Kulturen die Frauen in der Regel mehr Nahrung nach Hause brachten als die Männer (vgl. S. 77). Der Mann habe, nach Buss, das Problem, dass er seiner Vaterschaft nie vollständig sicher sein kann. Diese Sicherheit sei aber von großer Bedeutung, da er sonst Gefahr laufe, das Kind eines anderen aufzuziehen. (»Men who failed to solve this problem risked investing resources in children who were not their own.« (Buss, 1995, S. 164)) Das ist zutreffend, aber Buss diskutiert nicht, dass viele Väter sich absichtlich anders verhalten, indem sie Kinder adoptieren, Kinder aus der ersten Ehe ihrer zweiten Frau fördern und eigene uneheliche Kinder verleugnen. Buss verzichtet auf diese Weise auf eines der hilfreichsten Instrumente wissenschaftlichen Arbeitens, nämlich auf die Möglichkeit, aus einem Widerspruch zwischen den

Märchen gibt es nahezu immer Zwangsheiraten: Der König gibt dem seine Tochter, der ein schweres Rätsel löst oder einen Drachen erschlägt.

Ton Koene[1] berichtet vom Leben der Himba in Namibia. Dort baut ein dreizehnjähriges Mädchen – heute: 2012 (!) – sich zunächst eine eigene Hütte, dann wird sie mit einem etwa dreißigjährigen Mann aus dem Nachbardorf, den sie vorher noch nie gesehen hat, zwangsverheiratet und wohnt fortan mit ihm in dieser Hütte.

»Yunis Makhyun, ein Vertreter der salafistischen Al-Nur-Partei in der Verfassunggebenden Versammlung [in Ägypten, 2012 (!) – S. B.], vertritt beispielsweise die Ansicht, dass das Heiratsalter für Mädchen auf 9 Jahre gesenkt werden sollte.«[2]

Selbstverständlich wählt das Mädchen sich ihren Ehemann nicht selbst aus. Bei den Berg-Arapesh in Neu-Guinea sucht der Vater für seinen Sohn eine Frau aus, und zwar zu einer Zeit, zu der beide noch Kinder sind.

»Ein kleines Mädchen [der Berg-Arapesh – S. B.] wird sieben- oder achtjährig mit einem Jungen verlobt, der etwa sechs Jahre älter ist, und von diesem Zeitpunkt an zieht es in das Heim seines zukünftigen Mannes. [...] Die Arapesh meinen, daß die Eltern über ihre Kinder, die sie haben wachsen lassen, ein Aufsichtsrecht haben sollten. Aus den gleichen Gründen muß dieses Recht den Männern ihren Frauen gegenüber zustehen.«[3]

Bei den Tchambuli, die ebenfalls in Neu-Guinea leben, ist das ähnlich: »Das Ideal ist, die Heirat zwischen einem Vetter und seiner Base in deren Kindesalter zu arrangieren [...].«[4] In den Märchen und auch in der Realität ist es in weitaus den meisten Fällen die Tochter, die gegen ihren Willen mit einem Mann verheiratet wird. Homosexuelle Männer werden in manchen Kulturen mit dem Ziel zwangsverheiratet, bei ihnen die Homosexualität zu bekämpfen[5].

Eine Zwangsverheiratung ist eine kaum vorstellbare Grausamkeit.

»Mit vollem Recht sagt Mantegazza: ›Es gibt wohl keine größere Tortur als die, welche ein menschliches Wesen zwingt, sich die Liebkosungen einer ungeliebten Person gefallen zu lassen ... .‹ [dazu Fußnote von A. Bebel: *Die Physiologie der Liebe*] Ist eine solche Ehe nicht schlimmer als Prostitution? Die Prostituierte hat bis zu einem gewissen Grade die Frei-

---

von einer Theorie vorhergesagten Fakten, in diesem Fall den postulierten »objektiven Interessen« von Frauen und Männern, und der Realität eine neue, weiterführende Arbeitshypothese zu entwickeln.
1 Koene, 2012, S. 30f.
2 El Gawhary, 2012, S. 10
3 Mead, 1959, S. 49f.
4 ebd., S. 114
5 Wikipedia, 2012: Zwangsheirat

heit, sich ihrem schmählichen Gewerbe zu entziehen, und sie hat, wenn sie nicht in einem öffentlichen Haus lebt, das Recht, den Kauf der Umarmung desjenigen zurückzuweisen, der ihr aus irgend einem Grunde nicht zusagt. Aber eine verkaufte Ehefrau muß sich die Umarmungen ihres Mannes gefallen lassen, habe sie auch hundert Gründe, ihn zu hassen und zu verachten.«[1]

Bei so viel Leid muss man sich fragen, warum es weltweit Zwangsheiraten gibt.

Wenn dann doch einmal die Liebe so stark ist, dass zwei gegen den Willen der Eltern heiraten wollen, dann führt das mitunter direkt zu Mord und Totschlag, wie bei Romeo und Julia. Auch heute noch kommt es vor, dass in einem solchen Fall die männlichen Angehörigen, meist die Brüder, gemeinsam die junge Frau töten, wenn sie ihrer habhaft werden können. Das wird »Ehrenmord« genannt. Was treibt die Brüder? Ist die selbstbestimmte Partnerwahl ein Verbrechen, das so strafwürdig ist wie Mord? Bringt die Auflehnung gegen die Familie, gegen die väterliche Autorität die gesamten Sozialstruktur ins Wanken? Ich denke nicht, dass dies die Gründe sind, weil sie sowohl für die Tochter als auch für den Sohn gelten würden. Der aber wird nicht umgebracht, wenn er eigene Wege geht. Der Einwurf, Söhne werden in diesen Gesellschaften nun mal anders behandelt als Töchter, ist keine Erklärung für die unterschiedliche Bewertung ihrer Handlungen, sondern ist selbst erklärungsbedürftig. Ich denke, der wichtigste Grund für den »Ehrenmord« ist, dass die selbstbestimmte Partnerwahl der jungen Frau von Außenstehenden als Hinweis gewertet könnte, dass die Kontrolle und der Schutz des Mädchens durch die männlichen Familienangehörigen ungenügend war. Wenn Zweifel an der ausreichenden Kontrolle und am ausreichenden Schutz der ausschlaggebende Grund sind, dann mag das bei den Zweiflern den Verdacht entstehen lassen, dass sie womöglich nicht mehr Jungfrau ist. Das wiederum wirft ein schlechtes Licht auf die männlichen Angehörigen der Familie (vgl. S. 68ff.). Der in der Regel völlig unbegründete Vorwurf, den man in diesem Zusammenhang oft hören kann, sie habe ein liederliches Leben geführt, mag darauf hinweisen, dass die männlichen Mitglieder der Familie – und auch die der benachbarten Familien – ihre sexuellen Phantasien für Realität halten[2].

Als Begründung für Zwangsheiraten kann man hören: Wenn die

---

1 Bebel, 1980, S. 134
2 »In Jordanien zeigen Autopsien, dass bei 80 % der Verdächtigten gar keine unerlaubte sexuelle Beziehung bestanden hatte, die als Mord-Begründung angeführt wurde.« (Wikipedia, 2012: Ehrenmord)

Eltern den Kindern freien Lauf ließen, würden sie vielleicht eine unvernünftige Wahl treffen, womöglich aus Liebe heiraten, den falschen, weil unzuverlässigen Partner wählen und sich auf diese Weise ins Unglück stürzen. Die Eltern und Großeltern wüssten schon immer am besten, was gut für die Kinder ist. Tatsächlich zeigt die hohe Scheidungsrate und der hohe Anteil allein erziehender Mütter in den so genannten westlichen Gesellschaften, dass die Selbstbestimmung bei der Partnerwahl keine Garantie dafür ist, dass eine Ehe lange hält.

Zwei Fragen drängen sich auf: Erstens, wodurch wurde diese Art der Bevormundung möglich und, zweitens, welchen Grund mögen unsere Vorfahren gehabt haben, Zwangsheiraten zu entwickeln?

Die Antwort auf die erste Frage erscheint einfach: Die Kinder durchlaufen eine lange Phase der Unselbständigkeit. Das ermöglicht in dieser Phase eine Verheiratung gegen ihren Willen.

Einen Schlüssel zur Antwort auf die zweite Frage dürfte eine Verhaltensweise liefern, die als Frauentausch bezeichnet wird. In vielen Jäger-und-Sammler-Kulturen wurden zwischen befreundeten Horden gleichzeitig zwei junge heiratsfähige Frauen in Gegenrichtung über die Hordengrenze hinweg getauscht und verheiratet – zwangsweise[1].

---

[1] Jäger und Sammler unterschiedlicher Kulturen – Australier, Tasmanier, Buschmänner in Südafrika, Aëtas der Philippinen, Minkopies des Adamanen-Archipels – lebten in Horden von 15 bis 100 Mitgliedern. In der Regel gab es zwischen den Horden nur gelegentlich einen Gütertausch, aber die jungen Frauen wurden über die Hordengrenze hinweg in einer Art Frauentausch verheiratet. Wenn dagegen ein Mann die Grenze eines Hordendistrikts (bei der Jagd) überschreitet, bringt er sich in Lebensgefahr (Eildermann, 1950, S. 275ff.). (Bei den !Ko in Südafrika gibt es zwischen den Horden eines »Nexus« (Stamm) keine solche Grenzen, wohl aber zum benachbarten Nexus (Heinz, 1966, zitiert nach Schmidbauer, 1974b, S. 315).) Die Eltern der Braut und des Bräutigams, oder die Ältesten der Horde oder des Stammes, bestimmten die Heirat. In den Horden herrschte nicht Promiskuität, sondern war die monogame Paarbindung die Regel. »Der Handel wird vorher von den heiratslustigen Burschen, die noch unverlobte Schwestern haben, unter sich abgemacht und dann den respektiven Vätern unterbreitet; geben diese ihre Zustimmung, so steht der Heirat nichts mehr im Wege; die Zustimmung der jungen Mädchen ist nicht erforderlich.« (Cunow, 1894, zitiert nach Eildermann, 1950, S. 86) Über die Kurnai in Australien wird berichtet: »Am leichtesten geht die Eheschließung vor sich, wenn der Heiratslustige eine erwachsene unverheiratete Schwester und seine Auserwählte einen erwachsenen Bruder hat. In solchem Falle wird kurzweg ein Austausch arrangiert: der eine nimmt die Schwester des anderen und gibt diesem dafür die seinige. Die beiden jungen Mädchen werden selten gefragt; haben sie keine Abneigung gegen ihren Zukünftigen, so geben sie nach einigem durch die Etikette vorgeschriebenen Sträuben ihren Widerstand auf und folgen willig ihrem jetzigen Gebieter in sein Lager, andernfalls werden sie mit Gewalt zum Gehorsam gezwungen.« (Howitt, 1904, zitiert nach Eildermann, 1950, S. 86) Auch in diesem Fall müssen die Väter ihre Zustimmung geben. Von den Buschmännern der Kalahari wird ebenfalls

Entschieden wurde das Arrangement von Männern, den jeweiligen Vätern bzw. den Stammesältesten. Frauentausch war der normale Weg, auf dem Heiraten zustande kamen. Als Erklärung bietet sich an, dass dieses Verhalten eine win-win-Situation für die Männer ist: Bei einem 1:1 Tausch müssen die Männer keiner der beteiligten Horden auf eine Frau »verzichten«, und gleichzeitig verhindert der Tausch einen potentiellen Tabubruch, nämlich Geschwisterinzest und Vater-Tochter-Inzest. Die außerordentlich komplizierten Heiratsregeln dieser Stämme erhalten auf diese Weise die Heterozygotie auf einem

---

berichtet, dass die Eltern, insbesondere die Väter, die Eheschließung ihrer Kinder, vornehmlich ihrer Töchter, entscheiden (Passarge, 1907, zitiert nach Eildermann, 1950, S. 88). Von den Pygmäen wird berichtet: »Diese [Gruppen] geben ein Mädchen nur heraus, wenn sie eines aus der anderen Gruppe erhalten. Auf diese Weise gibt es nahezu immer eine Doppelhochzeit – der Bruder bringt seine Schwester mit, um selbst eine Braut zu bekommen.« (Schmidbauer, 1972, S. 45). Margaret Mead (1935) berichtet, dass bei der Berg-Arapesh (Neu-Guinea) Heiraten am liebsten in Form eines Frauentauschs organisiert wurden. Ungern wurde dabei eine Heirat mit einem Partner aus einer weit entfernten Region gesehen. Das soll Unglück bringen (Mead, 1935). Das ungute Gefühl, das sich bei der Wahl eines Fremden als Partner einstellt, wird für Zauberei gehalten. Auf diese Weise kommen vornehmlich Heiraten zwischen Mitgliedern benachbarter Gruppen und damit zwischen entfernten Verwandten zustande. Von den Mundugumor (Neu-Guinea) berichtet sie: »Wer einem Mann eine Schwester anzubieten hat, bekommt dessen Schwester zur Frau. Rechtmäßig ist das die einzige Möglichkeit für den Mann, eine Frau zu bekommen.« (Mead, 1959, S. 84) »Der Sohn kann seine Schwester gegen eine Frau eintauschen, aber auch der Vater kann seine Tochter gegen eine junge Frau eintauschen [bei den Mundugumor herrscht Polygamie – S. B.] und seinem Sohn das Recht auf die Schwester verweigern. Der Vater hält die Tochter ohnehin für sein Eigentum, das er nach Belieben veräußern kann. Sie arbeitet mit ihm im Garten und im Busch. Sie ist ganz von ihm abhängig. Er kann mit ihr in dem gleichen Schlafkorb schlafen, bis sie heiratet, und wenn sie nachts aufsteht, dann begleitet er sie.« (Mead, 1959, S. 84) Trotz der großen Unterschiede, die Kulturen aufweisen, sieht Claude Lévi-Strauss (1958) Gemeinsamkeiten bei der Partnerwahl: »Dies bedeutet, daß in der menschlichen Gesellschaft ein Mann eine Frau nur von einem anderen Mann erhalten kann, der sie ihm als Tochter oder Schwester abtritt.« (Lévi-Strauss, 1969, S. 61) Männer bestimmen, Frauen werden abgetreten. »In der menschlichen Gesellschaft tauschen die Männer die Frauen aus, und nicht umgekehrt.« (ebd., S. 62) Untersuchungen über Heiratsregeln ergaben für den indo-europäischen Raum: »Das beste Kennzeichen eines solchen Systems ist die Regel, vorzugsweise die Tochter des Bruders der Mutter zu heiraten, wobei einfach eine Gruppe A ihre Frauen von der Gruppe B, B von C und C von A bekommen. Die Partner sind im Kreis angeordnet und das System funktioniert unabhängig von der Anzahl der Gruppen.« (ebd., S. 91) Die »Gruppe« sind in diesem Text ganz selbstverständlich die Männer der Gruppe. Die Männer bleiben, die Frauen wechseln die Gruppe. Eine Gruppe »bekommt« eine Frau. »Prüfen wir nunmehr den sino-tibetanischen Raum. Dort trifft man nebeneinander zwei Typen von Heiratsregeln. Der eine entspricht dem, der oben für das indo-europäische Gebiet beschrieben wurde. Der andere kann in seiner einfachsten Form als Heirat durch Tausch definiert werden und ist ein Sonderfall des ersten Typs.« (ebd., S. 92) Ähnliches beschreibt Lévi-Strauss für Stämme in Zentral- und Ostbrasilien.

hohen Stand. So makaber das klingen mag: Kein Züchter könnte das heute besser planen.

Eine ähnliche Art von Frauentausch fand nach Untersuchungen von Klaus Theweleit unter »Freikorpskameraden« statt. Theweleit untersuchte den Lebensweg von deutschen Soldaten und Offizieren in der ersten Hälfte des zwanzigsten Jahrhunderts, die aus halbfeudalen, kleinbäuerlichen und kleinbürgerlichen Verhältnissen stammten und zu Freikorpssoldaten wurden: »Die Heiraten, die möglich sind, geschehen fast immer nach dem Muster: die eigene Schwester für den Kameraden/guten Freund/bewunderten Mann und dessen Schwester zur eigenen Frau.«[1] Anscheinend wurden die Schwestern überhaupt nicht gefragt.

»Die vor- als auch frühislamische Praxis sah wahrscheinlich – so der deutsche Islamwissenschaftler Harald Motzki – vor, dass Väter ihre jungfräulichen, als unmündig angesehenen Töchter ungeachtet ihrer Zustimmung verheirateten, während erwachsene Frauen keinen solchen Vormund benötigten, d.h. dahingehend selbstständig agierten«[2].

Eine mögliche Erklärung wäre: Der Zustand Jungfrau demonstriert, dass der männlichen Teil der Familie einer Inzestversuchung nicht erlegen war. Eine Zwangsverheiratung beendet die Versuchung. »Erwachsene« Frauen, von denen vermutlich die meisten geschieden waren oder Witwen waren, konnten selbständig agieren, weil in ihrem Fall ein einfacher Nachweis, dass Inzest nicht stattgefunden hat, nicht möglich war.

Das Alter, in dem ein Mädchen zwangsverheiratet wird bzw. wurde, ist in den verschiedenen Kulturen sehr unterschiedlich. In bestimmten Regionen von China wurden die Mädchen schon im dritten Lebensjahr in die Familie des zukünftigen Bräutigams abgegeben (s.o.), in anderen Gegenden der Welt fand die Zwangsverheiratung zehn oder sogar fünfzehn Jahre später statt. Eine große Furcht vor Übertretung des Inzestverbots dürfte den Zeitpunkt der Übersiedlung des Mädchens hin zu einem Alter, in dem es noch sehr jung ist,

---

1 Theweleit, 1987, Bd. 1, S. 129. Nach Theweleit sind die Gründe für dieses Verhalten Inzest und Inzestscheu: »Diese Konstellation [die Verheiratung der Schwestern überkreuz] hat einen inzestuösen und einen homoerotischen Aspekt. Der inzestuöse: durch den Kameraden, mit dem man sich identifiziert, entsteht eine legale sexuelle Verbindung mit der eigenen Schwester; der homoerotische: in der Schwester wird der Bruder geliebt; die beiden Männer (Bruder + Ehemann) vereinigen sich in ihr. In diesem Fall figuriert die Schwester als dem Bruder identisch: als gleicher Name, gleiches Fleisch, gleiches bekanntes Territorium. Entscheidend scheint mir aber ihr dritter Aspekt, und das ist der der Vermeidung. [...] Der Mann weicht aus: der erotischen Frau [...].« (Theweleit, 1987, Bd. 1, S. 130)
2 Wikipedia, 2012: Zwangsheirat

verschieben. Ist die Furcht dagegen groß, dass das Mädchen bei einer zu frühen Übersiedlung zu starken körperlichen und seelischen Schaden erleidet, dann dürfte das den Zeitpunkt der Abgabe verzögern. Sicher hat die Liebe von Eltern zu ihrer Tochter auch einen Einfluss auf den Zeitpunkt der Trennung. Ich fürchte aber, dass die anderen Beweggründe einen größeren Einfluss hatten und in vielen Fällen noch haben.

Auch heute noch werden in vielen Ländern Ehen durch die jeweiligen Väter der Kinder angebahnt. Üblicherweise kennen sich die Väter, sie sind Verwandte. Fremde haben nur eine geringe Chance.

Nach Darwin wird durch Zwangsverheiratung die Wirkung der sexuellen Selektion ausgehebelt. In Bezug auf »frühe Verlobungen und Sklaverei der Frauen« schreibt er:

»Wir sehen somit, daß bei den Wilden verschiedene Gebräuche herrschen, welche die Wirksamkeit der geschlechtlichen Zuchtwahl entweder hemmen oder gänzlich verhindern müssen.«[1]

Ich denke, das ist nicht der Fall. Die Eltern, oder die Stammesältesten, wählen in der Regel keinen ungeeigneten als Partner.

In Ländern mit arabisch-muslimischen Familienstrukturen, aber auch in vielen anderen Ländern, so im Iran, in Pakistan, in Afghanistan, Usbekistan, Tadschikistan, Kirgisistan, Aserbaidschan sowie in Teilen der Türkei, gibt es eine »starke Präferenz von Eheschließungen unter Geschwisterkindern. Die Heirat zwischen Cousins und Cousinen ersten Grades, besonders zwischen den Kindern zweier Brüder [...]« ist häufig. »In der arabischen Welt [liegt die Quote in der ersten Hälfte der neunziger Jahre des zwanzigsten Jahrhunderts bei] 25 bis 35 Prozent, in Pakistan jedoch bei 50 Prozent.«[2]

Krawczak und Barnes (2010) untersuchten mit Hilfe von Simulationsrechnungen die Folgen von Heiraten von Cousin und Cousine für eine Population. Sie fanden, dass diese Heiraten einerseits zu einer hohen genetische Diversität einer Population führen (es bleiben viele unterschiedliche Allele erhalten) und andererseits die Homozygotie der einzelnen Individuen dieser Population erhöhen. Nun ist in einer schnell sich ändernden Umwelt der Erhalt der genetischen Diversität von großem Vorteil. Sie ermöglicht einer Population, sich an neue Bedingungen anzupassen. Solche Heiraten hätten demnach einen Vorteil. Der Verlust an Fitness einzelner Personen, der durch ihre hohe Homozygotie gegeben ist, könne, nach Auffassung der Autoren, unter solchen Bedingungen von der Population verkraftet werden. Für die Evolution des Menschen seien solche Heiratsregeln

---

1 Darwin, 1902, Bd. II, S. 376
2 Todd, 2003, S. 70f.

daher günstig gewesen. Allerdings sehen die Autoren keinen Weg, auf dem es durch Selektionsdruck zur Erfindung und Durchsetzung dieser Heiratsregeln gekommen sein könnte. Kenntnisse der Genetik gab es sicher nicht, ebenso könnten Versuch-und-Irrtum-Experimente ausgeschlossen werden. Nach Auffassung der Autoren wurden daher die Heiratsregeln nicht eingeführt, um die genetische Diversität zu erhöhen, sie seien eher als Nebenprodukt einer kulturellen Entwicklung anzusehen.

Diese Heiratsregeln sind meiner Ansicht nach ein Kompromiss aus der Strebung: Suche einen Partner, der deinen nächsten Angehörigen gleicht und der Strebung, Inzest zu vermeiden. Die Väter und Stammesältesten kontrollieren oder erzwingen gegebenenfalls die Einhaltung der Regel. Die (selbständige) Wahl eines Partners, der einem Familienmitglied nur ähnlich sieht, aber kein Verwandter ist, hält ebenfalls die genetische Diversität auf einem hohen Niveau. In diesem Fall steigt die Homozygotie der Nachkommen aber kaum. Für eine Population sind (Zwangs-)Heiraten von Cousin und Cousine also nicht die beste aller möglichen Strategien, um eine Anpassung an neue, unbekannte Lebensbedingungen zu erreichen.

Bemerkenswert ist, dass die Ehe unter Geschwister*kindern* (Cousin und Cousine) von Gesellschaften gefördert wird, die Inzest unter Geschwistern zu einer ihrer höchsten Tabus erhoben haben. Ein Beispiel sind die Trobriander (vgl. S. 60). Vielleicht erleichtert ein (unbewusster) unerfüllter Inzestwunsch durch Verschiebung dieses Wunsches auf die nächste Generation die Einführung und Aufrechterhaltung dieser Heiratsregel.

Interessant ist eine Beobachtung bei den Kamilaroi und Kurnai in Australien[1]. Dort gab es gelegentlich illegale sexuelle Beziehungen unter Jugendlichen. Solange die Heiratsregeln dabei beachtet wurden, wurden diese Beziehungen vom Stamm bzw. von der Horde mehr oder weniger toleriert oder ignoriert. Aber die Kinder, die eventuell aus solchen Beziehungen entstanden, wurden ausnahmslos getötet. Damit bestimmen allein die Heiratsregeln und der Wille der Eltern und Stammesältesten die Zusammensetzung der Nachkommenschaft. Offenbar ist die Kontrolle über die Nachkommenschaft strikter als die Kontrolle über die Sexualbeziehungen.

Bei den Trobriandern haben die Jugendlichen große sexuelle Freiheiten, sie müssen dabei allerdings die Heiratsregeln beachten, insbesondere Inzest müssen sie vermeiden. Nach Malinowski[2] gehen aus diesen Beziehungen keine Kinder hervor, weil die Mädchen zu dieser

---

1 Cunow, 1894; Fison und Howitt, 1880; zitiert nach Eildermann, 1950
2 Malinowski, 1930, S. 140

Zeit noch unfruchtbar sind. Erwachsene Trobriander leben in einer Paarbeziehung (bis auf die Häuptlinge, die in Polygamie leben). Ehebruch wird hart bestraft. Bevorzugt wird eine Heirat zwischen Vetter und Base (wobei nur eine bestimmte Kombination erwünscht und gesetzmäßig ist). Die Ehe wird von den Eltern, vornehmlich den Vätern der Brautleute, arrangiert. Die sexuellen Freiheiten der Jugendlichen wirken sich also nicht auf die Zusammensetzung der nächsten Generation aus. Auch bei den Trobriandern ist offensichtlich die Kontrolle über die Nachkommenschaft strikter als die Kontrolle über die Sexualbeziehungen. Das postulierte Prinzip der Partnerwahl bestimmt die Zusammensetzung der nächste Generation.

In Europa war es lange Zeit üblich, junge Mädchen im noch nicht heiratsfähigen Alter in Bürgerfamilien als Hausmädchen oder in Bauernfamilien als Magd zu verdingen. Das, was sie dort lernen konnten, hätten sie weitgehend auch im elterlichen Haushalt lernen können. Arbeitskräfte wurden auch im eigenen Haushalt gebraucht. Von den Mädchen wurden in der Regel auch andere Dienstleistungen erwartet als Kochen, Saubermachen und Hilfe beim Heuen. Viele wurden schwanger; dieses Risiko war sicher den Eltern des Mädchens vor dem Auszug bekannt. Aber – sie wurden nicht durch Mitglieder der eigenen Familie schwanger. Das dürfte die wichtigste Kraft gewesen sein, die den Auszug aus dem elterlichen Haus bewirkte. (Schneewittchen wurde von ihrer (Stief-)Mutter vertrieben, weil die herangereifte Tochter eine Gefahr für den Hausfrieden darstellte. Sie landete schließlich als Hausmädchen in einer Männerkommune.) Dieser Brauch, die jungen Mädchen zu verdingen, hat mit einer Zwangsheirat Ähnlichkeiten, zumindest mit dem einen Teil davon, nämlich dem, die Mädchen rechtzeitig aus der Familie zu entfernen, bevor es zum Inzest kommen kann. Der gesellschaftliche Status der jungen Frau war allerdings geringer als bei einer Zwangsheirat. Man kann diesen Brauch daher wohl kaum als kulturellen Fortschritt im Vergleich mit Frauentausch und anschließender Doppelhochzeit bezeichnen.

Bei der Wahl eines Partners sind die Beteiligten und deren Eltern häufig nicht einer Meinung. Dass die Eltern überhaupt Einfluss nehmen, wird als vorteilhaft angesehen: Nach Menelaos Apostolou (2010, 2011) gibt es den Einfluss der Familie auf die Partnerwahl ihrer Kindern nur deshalb, weil dieser Einfluss, seiner Ansicht nach, von der natürlichen Selektion gefördert wird. Die freie Entscheidung der Kinder bei der Partnerwahl führe zu einem Verlust an Fitness. Zur Unterstützung seiner These verweist Apostolou auf empirische Untersuchungen an Einwohnern von Zypern, England, Irak, den Niederlanden, den Vereinigten Staaten von Amerika und mehreren südostasiatischen Staaten. Probanden aus diesen Ländern wurde die Frage vorgelegt, welche Kriterien sie bei der Wahl eines Ehepartners bzw. bei der Wahl eines Ehepartners für das eigene Kind in den Vordergrund stellen. Übereinstimmend ergab sich, dass für die eigene Partnerwahl »Schönheit«, »interessante Persönlichkeit« und »hohe genetische Qualität[1]« im Vordergrund stehen, während für die Wahl des Partners des eigenen Kindes, »gute Herkunft«, gleiche Sprache, gleiche Religionszugehörigkeit und Zusammenleben mit der Verwandtschaft im weiteren Sinne wichtiger sind[2]. In dem Kriterium »gute Herkunft« ist nicht nur die Wertschätzung von Besitz an Immobilien und Aktien enthalten, sondern auch die Beurteilung des »Namens« der Familie. Eine »gute Herkunft« weist auf einen unbezweifelbaren langen Stammbaum hin. Zusammenfassend kann man sagen: Die Familie sorgt dafür, dass der zukünftige Partner zur eigenen Ethnie gehört, er/sie soll möglichst nahe, aber nicht zu nahe mit dem eigenen Kind verwandt sein und möglichst wohlhabend sein[3]. Im Film »Rat mal, wer zum Essen kommt« (Guess Who's Coming to Dinner, 1967) sind diese unterschiedlichen Tendenzen der Beteiligten und deren Eltern hervorragend herausgearbeitet. Katharine Houghton (Euroamerikanerin) stellt Sidney Poitier (Afroamerikaner) ihren Eltern als zukünftigen Partner vor und löst damit bei ihren Eltern und ihren zukünftigen Schwiegereltern, insbesondere bei den Vätern, heftige Abwehr aus.

Zusammengefasst: Zwangsheiraten dürften sich deshalb bei Menschen herausgebildet haben, weil, erstens, die Kinder lange in der Familie leben und dabei unselbständig sind – das schafft die Voraussetzung für die Bevormundung. Zweitens: unser Schönheitsideal legt

---

1 Bei den Untersuchungen von Dubbs und Buunk (2010) wurde hohe genetische Qualität durch die Abwahl von negativen Merkmalen charakterisiert. Indikatoren für Mangel an genetischer Qualität sind: physisch unattraktiv, übergewichtig, Mangel an Kreativität, schlechter Körpergeruch, humorlos. In wieweit diese Eigenschaften tatsächlich als (überwiegend) genetisch bedingt betrachtet werden können, sei hier dahingestellt.
2 Eine aktuelle Zusammenstellung der umfangreichen Literatur ist in Dubbs und Buunk (2010) und in Apostolou (2011) zu finden.
3 Mir ist unerfindlich, wie dieses Ergebnis der Untersuchung die These stützen kann, dass dank der Kriterien der Eltern der zukünftigen Eheleute die Fitness der zukünftiger Kinder dieser Eheleute erhöht wird. Ist es nicht vielmehr so, dass die Kriterien der zukünftigen Ehepartner, besonders das Kriterium »hohe genetische Qualität«, die Fitness der Nachkommen erhöhen wird, während, »verwandtschaftliche Nähe« und »hoher Sozialstatus«, die wichtigsten Kriterien der Eltern der zukünftigen Ehepartner, eher anderen Zielen dienen?

Inzest nahe. Deshalb wurden nicht direkt an der Heirat beteiligte Personen an der Kontrolle des Inzestverbots und damit an der Kontrolle der Partnerwahl beteiligt. Ursprünglich war das wohl die Horde als Ganze oder die Stammesältesten. Dem Vater einer Tochter konnte die Entscheidung, wann die Tochter geht und ob sie überhaupt die Familie verlässt, nicht allein überlassen werden. Eine soziale Kontrolle war erforderlich. Diese Kontrolle reduzierte die Versuchung zum Inzest. Drittens, die Familie hat die Funktion, darüber zu wachen, dass der zukünftige Partner aus dem sozialen Umfeld stammt, womit familientypische Merkmale mit einer größeren Wahrscheinlichkeit bei den zukünftigen Kindern erhalten bleiben, als es bei einer freien, unbeeinflussten Wahl der Beteiligten im engeren Sinne der Fall wäre. Die Eltern und die Gesellschaft wachen seit dem Ende der »Frühblüte der Sexualität« darüber, dass ein Kind den zweiten Schritt in der Entwicklung seines Schönheitsideals erfolgreich absolviert: den Schritt von der direkten sexuellen Strebung für den gegengeschlechtlichen Elternteil hin zu einer Person, die dem Elternteil nur noch ähnlich sieht und nicht mit dem Kind (eng) verwandt ist. Die Kontrolle endet erst mit dem Versprechen ewiger Treue vor dem Altar.

Ein interessanter Aspekt der Heirat ist die Mitgift, die einer Braut bei der Heirat von ihren Eltern mitgegeben wird. Dieser Brauch war und ist sehr weit verbreitet, besonders in Europa, Afrika und Indien. Die Mitgift, so heißt es, wäre eine Art Vorerbe, insbesondere dort, wo die Töchter vom Erbe ausgeschlossen sind. Sie habe auch die Funktion einer Versicherung: Wenn der Mann der Frau stirbt, dann müssen die Frau und ihre Kinder nicht Not leiden[1].

Das klingt einleuchtend. Erklären kann man damit aber nicht, dass die Mitgift nicht selten so groß ist, dass eine Familie dadurch ruiniert wird, zumal wenn sie mehrere Töchter hat. Wenn die Mitgift tatsächlich nur ein Vorerbe wäre, dann könnte ja der Besitz der Eltern angemessen zwischen den Töchtern und Söhnen verteilt werden. Keiner müsste dann auf Kosten der anderen verarmen. Das aber ist nicht der Fall. Das gleiche Argument gilt für die Versicherung gegen Unfälle. Die Angst vor Verarmung durch die zukünftig zu leistende Mitgift ist mitunter so hoch, dass Töchter nach der Geburt getötet werden. Zu viele Mädchen können eine Familie ruinieren. Zu fragen ist daher: Was ist die Ursache dafür, dass ein Mord am eigenen Kind so gering wiegt?

Warum muss es überhaupt eine Mitgift geben? Wenn es zu wenige Frauen in einer Familie bzw. Horde gibt, dann stirbt sie aus. Weni-

---
1 Quelle: Wikipedia: Mitgift, 2012

ger Männer kann sie eher verkraften. Hinzu kommt, dass oft die Frauen – gezwungenermaßen – die wichtigsten Arbeitskräfte der Familie sind. Müssten nicht regelmäßig die Gaben bei einer Hochzeit zu den Brauteltern fließen? Man hat den Eindruck, dass in einigen Gesellschaften die Braut dem Bräutigam geradezu aufgedrängt wird. Ohne Mitgift keine Heirat[1].

Eine naheliegende Erklärung für die Mitgift ist, dass die Existenz einer heiratsfähigen Tochter im Haus eine Gefahr für das Familienleben darstellt, und zwar deshalb, weil sie eine Inzestgefahr darstellt.

Schon bei der Geburt eines Mädchens muss die Furcht vor späterem Inzest größer sein als die Belastung durch einen Mord am eigenen Kind. Die herangereifte Tochter muss aus dem Haus, selbst wenn man etwas drauflegen muss, selbst wenn man sich dabei vollständig ruiniert. Eine Familie, die für ihren Sohn die Tochter einer anderen Familie übernimmt, befreit daher diese Familie von einer Last.

In Südasien (Bangladesch, Pakistan, Indien und Nepal) sind Mitgiftmorde verbreitet. Jährlich werden etwa 7000 Fälle bekannt, die Dunkelziffer gilt als sehr hoch.

»Zunächst werden die Frauen psychisch und physisch durch ihren Ehemann und seine Familie misshandelt. Da ihnen die Rückkehr in ihr Elternhaus aufgrund der ›Schande‹ verwehrt ist, begehen viele von ihnen Selbstmord. Die übrigen Frauen werden üblicherweise mit Kerosin übergossen und angezündet. Der Hauptgrund für Mitgiftmorde sind finanzielle Interessen, z.B. wenn die Brauteltern nicht in der Lage sind, den Brautpreis zu zahlen, wenn sie zusätzliche Zahlungsforderungen nicht begleichen können oder wenn der Ehemann durch eine neue Heirat erneut an eine Mitgift gelangen möchte.«[2]

Eltern von Töchtern wissen das, vielleicht helfen sie sogar ihrem Sohn in gleicher Weise, und dennoch geschieht das alles. In diesen Gesellschaften haben die Männer das Sagen. Es liegt weitgehend in

---
1 »Die Vereinigung der Frauenanwälte Bangladeschs verweisen darauf, daß fast alle Mädchen ab 10 Jahren irgendwann Opfer sexueller Belästigungen auf verbaler oder gar handgreiflicher Ebene werden, wie IRIN, das Informationsnetzwerk der Vereinten Nationen, Anfang Juli [2012 – S. B.] berichtete. Aus Angst vor Übergriffen werden sie von den Eltern früh verheiratet.« (Berger, 2012, S. 15) In dem Artikel wird das Schicksal eines neunjährigen Mädchens geschildert, dessen Verheiratung nur deshalb scheiterte, weil »ihr Vater dem ausgewählten Ehemann nicht genügend zahlen konnte.« (Berger, 2012, S. 15) Offenbar sind sich alle einig, dass das Leben im Haus des Ehemanns für ein kleines Mädchen sicherer ist als das Leben im Haus ihrer Eltern. Ich sehe nur einen Grund dafür, warum das so sein könnte: Nach der Übersiedlung ist Inzest ausgeschlossen.
2 dadalos, 2012

ihrer Entscheidung, ob eine Mädchengeburt durch Abtreibung verhindert wird, ein Mädchen nach der Geburt getötet wird und ein Mädchen auch dann zwangsverheiratet wird – obwohl Zwangsverheiratungen verboten sind –, wenn die Gefahr sich abzeichnet, dass es die Verheiratung nicht überleben wird.

»Die Brauteltern stehen unter religiösem und gesellschaftlichem Zwang, ihre Töchter zu verheiraten, koste es, was es wolle. Nichts ist schlimmer als eine unverheiratete Tochter.«[1]

Warum ist nichts schlimmer? Warum kann eine Tochter bei dieser sehr konkreten Gefahr für Leib und Leben nicht unverheiratet zu Hause bleiben? Diese Väter lieben doch ihre Töchter so wie Väter in anderen Gesellschaften das auch tun. Ich denke, das alles spricht dafür, dass die Inzestwünsche der Männer und das strikte Inzestverbot in diesen Gesellschaften der Grund sind, warum die herangewachsenen Töchter aus dem Haus müssen, »koste es, was es wolle«.

»Es ist uns [...] nicht unwichtig,« schreibt Freud, »an den wilden Völkern zeigen zu können, daß sie die zur späteren Unbewußtheit bestimmten Inzestwünsche des Menschen noch als bedrohlich empfinden und der schärfsten Abwehrmaßregeln für würdig halten.«[2] Von den Aborigines wurde bekannt, dass ein unwissentlich begangener Verstoß gegen das Tabu, keinen Geschlechtsverkehr mit Totemgenossen zu haben, in der Regel so drückend ist, dass der Täter, wenn ihm der Sachverhalt bekannt wird, daran sterben kann (vgl. S. 64f.).

Gestützt wird die Hypothese, dass die Mitgift hilft, Inzest zu vermeiden, durch Untersuchungsergebnisse von Jack Goody. Goody (1973) fand, dass Mitgift dort üblich ist, wo Monogamie, aber nicht dort, wo Polygamie herrscht. Passend dazu sind Beobachtungen an den Mundugumor in Neu-Guinea, bei denen Polygamie herrscht. Margaret Mead fand: Wenn keine Schwester im Haus vorhanden ist, die ein Sohn zum Tausch gegen eine Frau anbieten kann, muss er eine Frau aus einem anderen Clan entführen und dann auch noch dafür bezahlen. Ein Mangel an Mädchen in einer Familie ist daher ein Problem.

»Schon bei der Geburt eines Kindes wird viel gestritten, ob es am Leben bleiben soll oder nicht; dabei ist der Vater dafür, ein Mädchen zu behalten, während die Frau natürlich den Knaben bevorzugt.«[3]

Auch bei den Tchambuli, die ebenfalls in Neu-Guinea leben, muss

---

[1] Indian-Newsletter.de, 2002
[2] Freud, 1912-13, S. 25
[3] Mead, 1959, S. 89. Worauf sich das Wort »natürlich« bezieht, bleibt unklar.

für die Frau bezahlt werden[1]. Bei den Tchambuli trachtet der Vater eines Mädchens danach, seine Tochter später gegen eine weitere Ehefrau einzutauschen. Bei ihnen wie bei den Mundugumor herrscht Polygamie. Auch bei afrikanischen Stämmen ist Polygamie mit dem Brauch, für eine Frau einen Preis an die Eltern der Braut zu zahlen, korreliert[2]. Bei Polygamie ist eine Tochter für ihre Familie ein Wertobjekt, bei Monogamie kann sie zu einem Problem werden. Zwangsehe und Mitgift haben offenbar die gleiche Ursache: Wenn die Tochter zu lange in der Familie bleibt, gefährdet der Inzestwunsch das Sozialsystem. Dieser Wunsch ist sicher weitgehend unbewusst, aber trotzdem offenbar groß, und zwar vermutlich deshalb, weil unser Schönheitsideal Inzest nahelegt.

Warum Männer jüngere Frauen älteren vorziehen

Viele Autoren haben sich darüber Gedanken gemacht, warum bei uns Menschen die Männer jüngere Frauen älteren als Partnerinnen vorziehen[3], während bei Gorillas, Schimpansen und Bonobos genau das Gegenteil der Fall ist. Die Männchen der Schimpansen und Bonobos ignorieren junge Frauen, selbst wenn diese schon empfängnisbereit sind. Junge Weibchen der Schimpansen und Bonobos betteln geradezu um Sexualkontakte[4]. Warum das bei Menschen so anders ist, begründet de Waal folgendermaßen: Paarbindungen sind auf lange Zeit angelegt, und daher fühlen sich vermutlich Männer eher zu jugendlichen Partnerinnen hingezogen. Wenn Promiskuität herrscht, bevorzugen die Männer erfahrene Partnerinnen, »die schon ein paarmal gesunde Nachkommen geboren haben. In ihrer Gesellschaft [Bonobo und Schimpansen] wäre eine solche Strategie logisch.«[5]

Für Schimpansen kann die Aussage bezweifelt werden: Goodall (1990) berichtet von einem Schimpansenweibchen, das nicht schwanger werden konnte und daher zeitlebens in kurzen Abständen Genitalschwellungen entwickelte. Sie hatte noch nie »gesunde Nachkommen geboren«, trotzdem war sie in den Augen der Männchen außerordentlich attraktiv.

Die These von de Waal ließe sich vielleicht empirisch prüfen: Bei

1 ebd., S. 107 ff.
2 Goody, 1973, zitiert nach Lukas et al., 1997
3 David Buss (1989) hat diese Präferenz an über 10 000 Personen in 37 verschiedenen Kulturen bestätigt.
4 de Waal, 2009, S. 169
5 ebd., S. 169

Barí-Indianern in Venezuela,»deren System ziemlich an das der Bonobo erinnert«, herrscht Promiskuität[1]. Es wäre zu prüfen, ob bei ihnen ältere Frauen den jüngeren vorgezogen werden. Ich möchte das bezweifeln. Ich verstehe nämlich nicht, worin die Logik der Strategie bestehen sollte, dass bei Promiskuität junge Frauen sexuell unbeachtet bleiben. Die Männchen der Bonobos und Schimpansen verzichteten damit auf ein Vergnügen, und obendrein verzichteten sie darauf, ihre genetischen Anlagen in der Population zu verbreiten. Letzteres liegt doch aber in ihrem objektiven Interesse – so der weitgehende Konsens unter Wissenschaftlern. Hinzu kommt, dass die Männchen sich nicht um die Kinder kümmern, sie sind also keine Belastung für sie. Es fällt mir auch schwer, nachzuvollziehen, wie Männchen der Bonobos und Schimpansen zu der Erkenntnis kommen könnten, dass ein Weibchen »gesunde Nachkommen« geboren hat. Unmittelbar nach der Geburt eines Kindes halten sich die jungen Mütter von erwachsenen Männchen fern. Und die Männchen kümmern sich auch später sehr wenig um den Nachwuchs. Ihren eigenen Nachwuchs können sie vermutlich nicht erkennen. Wenn ein Säugling stirbt, weil er erkrankte, dann wird ein Weibchen bald darauf einen Eisprung haben. Damit wird sie für Männchen attraktiv. Sie wird keineswegs gemieden. Dass sie keine gesunden Nachkommen hatte, macht sie nicht weniger attraktiv.

Ich denke, die Bevorzugung von älteren Frauen hat etwas mit der sexuellen Prägung zu tun. Die Söhne der Schimpansen und Bonobos haben etwa ab dem achten Monat spielerische sexuelle Kontakte zu erwachsenen Weibchen mit Genitalschwellung. »Geschwollene Bonobofrauen geben sich oft den Gelüsten dieser kleinen Don Juans hin, die sie mit Blätterzweigen und winkenden Penissen verführen.«[2] Männliche Bonobo- und Schimpansenkinder werden auf diese Weise sexuell auf Weibchen mit großen, voll ausgebildeten Genitalschwellungen geprägt. Weibchen, die so aussehen, sind für sie – von Kindheit an – sexuell attraktiv, während die jungen Weibchen aus dem Grund, dass sie keine oder nur eine schwach ausgebildete Genitalschwellung aufweisen, wesentlich weniger bzw. nicht attraktiv sind. Wenn die jungen Weibchen schließlich zum ersten Mal eine voll ausgebildete Genitalschwellung entwickeln, sind sie längst nicht mehr in ihrer Geburtsgruppe. Auf diese Weise stellt die Prägung auf Weibchen mit voll ausgebildeter Genitalschwellung einen Schutz vor Inzest dar. Das erklärt, denke ich, die Bevorzugung älterer Weibchen

---

1 ebd., S. 156
2 ebd., S. 170

und die Meidung von jungen Weibchen. Die Strategie, auf diese Weise Inzest zu vermeiden, kann auch erklären, warum die Genitalschwellung bei Schimpansen und Bonobos so ungeheuer groß ausfällt. Die Weibchen haben beträchtliche Schwierigkeiten, normal zu sitzen, wenn sie im Östrus sind. Je ausgeprägter die Genitalschwellung entwickelt ist und je wählerischer sich in dieser Hinsicht die Männer verhalten, desto stärker ist der Schutz vor Inzest. Das dürfte die Schwellung von Generation zu Generation vergrößert haben. Bemerkenswert an diesem Verhalten ist auch, dass die Vermeidung von (eventuellem) Inzest für die Evolution offenbar wichtiger ist als eine Erhöhung des Reproduktionserfolgs durch eine frühe Schwangerschaft. Die Heterozygotie ist offensichtlich ein hohes Gut.

Bei den Gorillas bestimmt der Zeitpunkt der Ankunft eines Weibchens im Harem ihren Rang unter den Weibchen. Die alteingesessenen – und damit auch alten – Weibchen werden sexuell stärker beachtet[1], und sie und ihre Kinder werden vom Silberrücken auch stärker geschützt. Gerade geschlechtsreif gewordene Weibchen sind für den Silberrücken unattraktiv. Das gilt insbesondere für junge Weibchen der eigenen Gruppe. Auf diese Weise wird Inzest verhindert. Weil ein solches Weibchen sexuell unbeachtet bleibt – so Dian Fossey –, nimmt es die nächste Gelegenheit wahr, sich einer anderen Gruppe oder einem Einzelgänger anzuschließen. Dian Fossey berichtet von einer interessanten Ausnahme: Ein gerade geschlechtsreif gewordenes Weibchen wird vom Silberrücken wie üblich ignoriert. Dieser recht alte Silberrücken hat einen gerade geschlechtsreif werdenden Sohn, der ihm bei Revierkämpfen sehr geholfen hat und keine Anstalten macht, den Vater zu entmachten. Als der Sohn sich diesem noch sehr jungen Weibchen (einer Halbschwester) zuwendet, schreitet der Vater nicht ein. Bei anderen Weibchen wäre der Sohn sicher auf Widerstand gestoßen. Bei Gorillas sind frühe sexuelle Interessen und sexuelle Kontakte zwischen Kindern und Jugendlichen üblich. Wenn die Söhne aber geschlechtsreif werden, schreitet der Vater ein. Vielleicht hat sich bei den Weibchen der Gorillas deshalb keine Genitalschwellung ausgebildet, weil die jungen Männchen, wenn sie geschlechtsreif werden, die Familie verlassen. Für den jungen Einzel-

---

1 Dian Fossey schreibt: »Nach Cleo wurde in Gruppe 4 drei Jahre lang kein Kind mehr geboren. Ende 1973 kamen alle drei erwachsenen Weibchen wieder regelmäßig in Östrus und forderten Onkel Bert [Anführer und Silberrücken der Gruppe – S. B.] zur Kopulation auf. Der junge Silberrücken [Onkel Bert] war an Old Goat [dem ältesten Weibchen, deutlich älter als Onkel Bert] interessiert, kümmerte sich ›pflichtschuldigst‹ um Flossie, und praktisch überhaupt nicht um Petula [das jüngste Weibchen]. [...] Petula strengte sich bei ihren Bemühungen um Onkel Bert mehr an als Flossie, aber meist pflegte er ihr nur das Fell und bestieg sie nicht.« (Fossey, 1989, S. 252)

gänger kann jedes Weibchen, das seine Geburtsgruppe verlässt und also geschlechtsreif ist, attraktiv sein, ohne dass es Probleme mit Inzucht gibt.

Alle diese Beobachtungen lassen vermuten, dass die Männchen des gemeinsamen Vorläufers von Gorillas, Bonobos, Schimpansen und Menschen eine Vorliebe für ältere Weibchen hatten und dass erst in der Linie, die zu den Menschen führt, sich die Präferenz änderte.

Bei Menschen könnte die Bevorzugung junger Frauen als Partner mit der Entwicklung des menschlichen Schönheitsideals zusammenhängen. Bei Menschen gibt es keine Genitalschwellung. Gäbe es sie, würde das bei den Söhnen in deren Latenzzeit die ohnehin schon vorhandenen Probleme mit den Eltern vergrößern. Eine Genitalschwellung bei der Mutter würde sicherlich die Verwandlung des direkten sexuellen Begehrens in eine Vorliebe für eine Person, die nur noch so ähnlich aussieht wie die Mutter, erschweren. Generell sind Schönheitskriterien, die reifen älteren Frauen den Vorzug vor jüngeren geben, offenbar ungeeignet, weil sie dem Sohn die Ablösung von der Mutter und die Ausbildung der »richtigen« Vorliebe erschweren. Wenn dagegen junge Frauen – per Selektionsdruck – an Attraktivität gewinnen, erleichtert das die Ablösung. Allerdings steigt auf diese Weise die Gefahr von Vater-Tochter-Inzest und auch die Gefahr von Geschwisterinzest, solange die Tochter im Haus bleibt[1].

Ein Argument dafür, dass die Vermeidung von Mutter-Sohn-Inzest eine wichtige Rolle bei der Verschiebung der sexuellen Präferenz der Männer hin zu jüngeren Frauen gespielt haben könnte, liefern die Mythen der Völker. Häufig geht es um Verführungen. Dabei wird der Mann sehr häufig als Verführter dargestellt. Er kann nicht widerstehen, wenn eine Frau jung und schön ist. Ältere Frauen werden nicht als verführerisch dargestellt. Blättert man ein Buch über Mythen durch, dann fällt auf, dass sehr häufig von Geschwisterinzest und von Vater-Tochter-Inzest und nahezu nie von Mutter-Sohn-Inzest die Rede ist. Heute ist Mutter-Sohn-Inzest die seltenste Form von Inzest (vgl. S. 49). Wie lange das schon so ist, wird sich kaum ermitteln lassen. Das Ödipusdrama erscheint als Ausnahme. Eine weitere Ausnahme findet sich in den Mythen der Maori, wo es fast zu Mutter-Sohn-Inzest kommt (vgl. S. 49). Der Selektionsdruck auf die Entwicklung von Verhaltensweisen, die eine Vermeidung von Mutter-Sohn-Inzest bewirken, dürfte dazu beigetragen haben, dass Männer junge Frauen älteren Frauen vorziehen.

---

1 Auf diese Problematik werde ich im Folgenden noch eingehen.

Hohe Geburtenrate und Kindstötungen

Kindstötungen und das Aussetzen von Kindern nach der Geburt (Moses, Ödipus) gab es in allen Kulturen in hohem Maß. Darwin widmet dem Thema in *Die Abstammung des Menschen und die geschlechtliche Zuchtwahl* ein ganzes Kapitel. Bei den gehobenen Schichten der Griechen und Römer waren Kindstötungen bzw. das Aussetzen von Kindern lange Zeit gängige Praxis. Margaret Mead (1935) berichtet, dass bei den von ihr als sehr friedlich charakterisierten Berg-Arapesh in Neu-Guinea der Ehemann unmittelbar nach der Geburt entscheidet, ob ein neugeborenes Kind aufgezogen wird oder nicht.

»Gelegentlich erfolgt auch der zweite Befehl [das Neugeborene soll nicht gewaschen werden und damit sterben – S. B.], vor allem, wenn es sich um ein Mädchen handelt und die Mädchen bei der betreffenden Familie ohnehin schon in der Überzahl sind. [...] Die Arapesh bevorzugen Söhne [...].«[1]

Auch bei den Mundugumor, von denen Mead ebenfalls berichtet, kommt Kindertötung unmittelbar nach der Geburt vor (vgl. S. 131). Die Narrinyeri in Australien töteten ein Drittel der Neugeborenen einfach deshalb, weil es für sie zu viele waren:

»Bei den australischen Eingeborenen steht die Zahl der Geburten in keinem Verhältnis zu der der Überlebenden. 1860 wurde der dritte Teil der Neugeborenen der Narrinyeri getötet: jedes Kind, das geboren wurde, ehe das nächstältere fähig war, zu gehen, alle mißgebildeten Kinder, von Zwillingen einer oder beide, Kinder von Mädchen und aus widerwillig eingegangener Ehe und mindestens die Hälfte der Kinder von weißen Vätern aus Eifersucht. Die Verhältnisse der Jagd und des Wanderlebens sind hier die meistbestimmenden. Schon vor der Geburt des zweiten Kindes sagt oft der Vater zu seinem Weibe: ›es ist besser, wir lassen dies, wenn es geboren ist, im Kamp [Camp, Lager – S. B.] zurück.‹ Zwei kleine Kinder sind für die australische Mutter eine zu große Bürde.«[2]

Warum ist der Abstand zwischen den Geburten so klein, dass viele – ursprünglich alle? – Gesellschaften sich nicht anders zu helfen wussten, als einen gewissen Anteil der Kinder nach der Geburt zu töten? Ich wüsste nicht, bei welchen Tieren so etwas vorkommt. Kindstötungen in diesem Umfang und aus diesen Gründen sind wohl ein typisch menschliches Verhalten.

Menschenaffen bekommen Kinder im Abstand von vier bis sechs Jahren. Bei Menschen kann der Abstand kleiner als ein Jahr sein.

---

1 Mead, 1959, S. 25
2 Fison und Howitt, 1880, zitiert nach Eildermann, 1950, S. 99

»Sie bekommen damit doppelt so häufig Nachwuchs wie die Menschenaffen. Ich würde wetten, dass diese schnelle Reproduktion einer der Gründe ist, warum wir heute die Welt besiedeln und nicht sie.«[1]

Einer der wichtigsten Ursachen für den Unterschied ist, dass weibliche Menschenaffen erst nach dem Ende der Stillperiode von drei bis fünf Jahren wieder schwanger werden können. Bei Menschen ist die Stillperiode in vielen Gesellschaften deutlich kürzer, aber nicht in allen[2]. Hinzu kommt, dass es bei Menschen auch während der Stillperiode zu einer erneuten Schwangerschaft kommen kann.

Die Weibchen der Gorillas, Schimpansen und Bonobos suchen mit ihren Kindern die Nahrungsquellen im von den Männchen geschützten Revier auf. Dabei tragen sie die jüngsten Kinder. Wenn sie Zwillinge haben, was so selten vorkommt wie bei Menschen, kann man erkennen, dass sie der Transport von mehreren Kleinkindern, ob sie nun auf dem Boden wandern oder Bäume besteigen, überfordert. Ein Geburtenabstand von mehr als drei Jahren erscheint für sie nötig, und er ist auch klein genug, dass die Art nicht wegen Nachwuchsmangel ausstirbt.

Bei Menschen – vor der Erfindung des Kinderwagens – gab es bei der Nahrungssuche sicher ähnliche Probleme. Ein Schritt zu ihrer Bewältigung war, dass sich auch der männliche Teil der Bevölkerung am Nahrungserwerb für die Kinder beteiligte. Entweder beteiligten sich alle Männer gemeinsam an der Ernährung und dem Schutz der Kinder einer Gemeinschaft – wie das heute bei den Barí-Indianern in Venezuela stattfindet, bei denen Promiskuität herrscht[3], oder die Brüder einer Frau sorgen mit für die Kinder, aber keiner ihrer zahlreichen Liebhaber – wie das bei den Nayar in Südindien der Fall ist[4], oder der Vater beteiligt sich an der Aufzucht seiner Kinder –, was heute die Regel in menschlichen Gesellschaften ist, aber in einigen Gesellschaften zunehmend an Bedeutung verliert.

Aber auch unter diesen Bedingungen hat die erreichte Verkürzung der Geburtenfolge die Menschen anscheinend belastet, wie die Kindstötungen deutlich belegen. Man muss sich also fragen: Warum gab es diese Verkürzung überhaupt? Und warum wurden die Abstände zwi-

---

[1] de Waal, 2006
[2] »Das Dogonkind (wie auch die Kinder anderer westafrikanischer Völker) hat bis zum Alter von 3 oder 4 Jahren einen intensiven und meist ununterbrochenen Kontakt zu seiner Mutter. Es wird bis zu diesem Zeitpunkt gestillt. Erst dann kommt es zur Abstillung.« (Parin, 1983, S. 148). Die Mütter der Sioux stillen ihre Kinder etwa drei Jahre lang (Erikson, 1950).
[3] de Waal, 2009, S. 156
[4] Diamond, 1998, S. 115

schen den Geburten schließlich so gering, dass es regelmäßig zu Kindstötungen kam?

Einer der wichtigen Gründe dafür war, denke ich, unsere Vorliebe bei der Partnerwahl für eine Person, die Familienangehörigen ähnlich sieht. Zur Erinnerung: Mit einem konservativen artspezifischen Schönheitsideal, das für eine gleichbleibende Umwelt bestens geeignet ist, werden auch schwach im Aussehen von der Norm abweichende Individuen keinen Partner finden. Auf diese Weise wird das Erscheinungsbild stabilisiert. Unsere Vorliebe bei der Partnerwahl führt dagegen dazu, dass viele Gestaltvarianten entstehen. Wir können mit Sicherheit annehmen, dass nicht alle Gestaltvarianten geeignet waren, und zwar weder für die alte Lebensweise, wie sie vor der Auftrennung der Linien bestand, die einerseits zu den Menschen und andererseits zu den Bonobos und Schimpansen führte, noch für die neue Lebensweise, nach der Auftrennung der Linien, wie immer diese Lebensweise im Detail beschaffen gewesen sein mag (vgl. S. 12ff.). Also musste dafür »gesorgt« werden – d.h. es entstand ein Selektionsdruck –, dass die Abstände zwischen den Geburten sinken, sonst wäre eine Population mit dieser Vorliebe ausgestorben.

Hinzu kommt, dass die mutierten Gene, die eine solche Verkürzung der Geburtenabstände bewirken, anfänglich nur einige Mitglieder der Population hatten. Daher profitierten nur einige Gestaltvarianten davon. Das blieb auch – tendenziell – so, weil wir die Vorliebe entwickelt haben, einen Partner zu wählen, der den engsten Angehörigen ähnlich sieht, und der ist dann mit hoher Wahrscheinlichkeit ein entfernter Verwandter. Einige Gestaltvarianten hatten daher kürzere, andere längere Geburtenabstände. Eine Gestaltvariante setzt sich nun nicht nur deshalb durch, weil ihre Mitglieder den Kampf ums Dasein bestehen, sondern auch deshalb, weil sie viele Nachkommen hervorbringt – wenn die Lebensbedingungen das erlauben. Damit beeinflusste auch die Vererbung der Anlage zu großen Familien den Gang der Evolution.[1] Das führte unausweichlich zu einem Wettrennen um die größten Familien. Es ist leicht erkennbar, dass dieses Wettrennen eine Eigendynamik entwickelt, die kaum zu bremsen ist. Schließlich boten irgendwann die kurzen Geburtenabstände keinen Vorteil mehr. Ja, sie wurden zu einer Bürde. Möglicherweise war diese Eigendynamik einer der wesentlichen Gründe dafür, dass Kindstötungen immer häufiger wurden, und zwar nicht nur bei Hungersnöten, sondern auch dann, wenn die

---

[1] Auf Grund von Untersuchungen an heutigen Familien kam der Populationsgenetiker Ronald Fisher (1958) zu der Überzeugung, dass die Größe einer Familie eine genetische Grundlage hat.

»Jäger- und Sammlernomaden darauf achten müssen, daß immer vier Jahre zwischen zwei Kindern liegen (sie bedienen sich als Mittel dazu unter anderem der Kindstötung), weil die Mutter das Kleinkind so lange mit sich herumtragen muß, bis es alt genug ist, um mit den Erwachsenen Schritt halten zu können.«[1]

Eine Kindstötung löste das Problem aber keineswegs nachhaltig. Eine Frau, die nicht stillte, wurde vermutlich kurz darauf wieder schwanger.

Heute ist der damals in Gang gesetzte Trend zu kurzen Geburtenabständen zu einem Problem für das Überleben der Menschheit geworden.

Unser Schönheitsideal fördert die Abgrenzung

Menschengruppen grenzen sich gegeneinander ab. Wir bringen Vertrauen eher denen entgegen, die uns ähnlich sehen, die damit vertraut aussehen, auch wenn wir sie nicht persönlich kennen. Fremd Aussehenden gegenüber sind wir vorsichtiger. Das Aussehen bezieht sich dabei nicht nur auf natürliche körperliche Merkmale, sondern wir setzen eine Vielfalt von Hilfsmitteln ein, um die eigene Herkunft beziehungsweise eine Gruppenzugehörigkeit deutlich herauszustellen. Dazu gehörten ursprünglich Körperbemalungen und Tätowierungen, das Färben und Anspitzen der Zähne oder auch das Ausschlagen bestimmter Zähne[2], das Einsetzen von Holzpflöcken und Kristallen in Lippen und Nase und das Auszupfen von Haaren im Gesicht, einschließlich der Wimpern und der Augenbrauen. Bis heute sind Tätowierungen, Ringe durch Nase, Ohren und andere Körperteile und der Schmiss im Gesicht als Mittel, um Zugehörigkeit zu bestimmten Gruppen und Lebensformen zu demonstrieren, erhalten geblieben. In einigen Regionen der Welt wurde die Körperbemalung durch Trachten ersetzt, die dem Kenner ermöglichen, die Herkunft des Trägers oft bis hin zur Familie zu erkennen. Unterstützt wird die Abgrenzung durch die Entwicklung regionaler Dialekte. Heute werden von Jugendlichen immer aufs Neue Modeausdrücke kreiert. Wer sie korrekt verwendet, gehört zur Gruppe; wer sie auch nur falsch betont, ist »out«. Wer der momentan herrschenden Mode nicht folgt, ist eben-

---

1 Diamond, 1998, S. 244
2 Das geschieht noch heute. Ton Koene (2012, S. 30f.) zeigt eine Abbildung eines dreizehnjährigen Mädchens der Himba in Namibia, der die unteren vier Schneidezähne von den Eltern ausgeschlagen wurden, weil sie die Zahnlücke, wie sie angeben, schön finden.

falls »out«. Die Mode-Industrie hat in unserem Drang, Gruppenzugehörigkeit erkennen zu lassen, einen mächtigen Verbündeten.

Dieser Drang nach Abgrenzung führt oft zu Rassismus und Fremdenfeindlichkeit.

»Rasse als Begriff der Wissenschaft und der Pseudowissenschaft existiert erst seit der Mitte des 18. Jahrhunderts. Als Gefühl aber einer instinktiven Abneigung gegen den Fremden, einer blutmäßigen (? – S. B.) Feindseligkeit gegen ihn, gehört das Rassenbewußtsein zur untersten Menschheitsstufe, die im selben Maße überwunden wird, als die einzelne Menschenhorde es lernte, in der Nachbarhorde nicht mehr ein andersgeartetes Tierrudel zu sehen.«[1]

Warum ist uns eine Abgrenzung so wichtig? Zweifellos kann der Fremde ein Feind oder ein Konkurrent sein. Daher kann es überlebenswichtig sein, ihn rechtzeitig zu erkennen. Das trifft, zum Beispiel, für Soldaten zu, die sinnvollerweise eine Uniform tragen. Allerdings kann auch jemand, der die äußeren Merkmale der eigenen Gruppe trägt, Feind oder Konkurrent sein. Da hilft nur ein gesundes Misstrauen. Rassismus und Fremdenfeindlichkeit erscheinen als pathologische Überreaktionen dieses »gesunden« Misstrauens.

Schon kleine Kinder sind Fremden gegenüber zurückhaltend, sie fremdeln, sagt man. Das erscheint sinnvoll. Aber merkwürdigerweise entwickelt sich auch fremdenfeindliches Verhalten und Rassismus in der frühen Kindheit. Die Vorurteile Fremden gegenüber nehmen in der frühen Kindheit stetig zu und erreichen zwischen dem fünften und siebten Jahr einen Höhepunkt[2]. Bemerkenswert daran ist, dass die Kinder Fremde zwar gesehen haben mögen, aber durch den Schutz in der Familie haben sie vermutlich nur selten negative Erfahrungen mit ihnen gemacht. Viel eher haben sie negative Erfahrungen mit den vertraut aussehenden Spielkameraden und mit Familienangehörigen gemacht. Die, die ihnen in erster Linie etwas verbieten, sind die Mutter, der Vater und die Geschwister. Von denen stammen aber auch die Wohltaten, mag man einwenden, das verhindere eine feindliche Einstellung. Bekanntlich ist das nicht der Fall: Wohltaten werden von einem Kind als selbstverständlich hingenommen, Einschränkungen nicht. Streit zwischen Familienangehörigen endet seit Kain und Abel nicht selten tödlich.

---

1 Klemperer, 2007, S. 234f.
2 »Die Wurzeln für fremdenfeindliche Einstellungen liegen nach Erkenntnissen des Jenaer Psychologen Andreas Beelmann oft schon in der Kindheit. Folglich müssten Präventionsprogramme in Vor- und Volksschule ansetzen, sagte er. Eine Auswertung von 113 Studien weltweit habe ergeben, dass Kinder vor allem im Alter von fünf bis sieben Jahren verstärkt ethnische oder nationale Vorurteile entwickeln – danach ebbe dies häufig wieder ab.« (Wiener Zeitung vom 30.1.2012)

Der Zeitpunkt der Vorurteilsbildung liefert einen Schlüssel dafür, warum wir fremdenfeindlich sind. *Ein* Grund ist leicht einsichtig: Mit etwa dem sechsten Jahr endet die frühe Kindheit. Nicht nur in unseren Gesellschaften endet damit das Vorschulalter, sondern auch in ursprünglicher gebliebenen Gesellschaften. Ein Kind entfernt sich von nun an selbständig weiter von der Familie als vorher. Es kommt allein in Kontakt mit Fremden. Misstrauen ist angebracht. Daher kann die Kenntnis familientypischer Merkmale lebensrettend sein.

Ein weiterer Grund hat mit unserem Schönheitsideal zu tun: Um das sechste Lebensjahr findet der erste Schritt in der Entwicklung des Schönheitsideals seinen Abschluss, und zu der Zeit wird auch das Vorurteil gegenüber Fremden gebildet. Ich denke, beides hängt zusammen. Bei der späteren Partnerwahl sollen anders Aussehende nicht nur als anderssaussehend erkannt werden, sondern sie sollen auch gemieden werden, und zwar ohne dass es in der Kindheit negative Erfahrungen mit Fremden gegeben haben muss. Ziel ist, dass später ein Partner unter den vertraut Aussehenden gesucht wird. Fremde sollen nicht in Frage kommen, auch wenn sie attraktive Merkmale aufweisen. Um die attraktiven Merkmale kompensieren zu können, muss die Abneigung gegenüber Fremden irrational groß sein. Im Zweifelsfall »hilft« die Gruppe bzw. Familie dabei, solch eine Partnerwahl zu verhindern. Eine künstlerische Bearbeitung der Problematik ist z.B. »Romeo und Julia«. In der »Westside Story« wird der Shakespeare-Text in die Gegenwart (der 1960er Jahre) transponiert. An die Stelle der Familienclans treten hier ethnische Gruppen. Im schon erwähnten Film »Rat mal, wer zum Essen kommt« (Guess Who's Coming to Dinner, 1967) wird die Problematik ebenfalls deutlich herausgearbeitet.

Zusammengefasst: Unsere Vorliebe, einen Partner zu wählen, der den engsten Angehörigen ähnelt, und der Weg, wie wir diese Vorliebe entwickeln, trägt, denke ich, erheblich dazu bei, dass wir Gruppenzugehörigkeiten betonen und »Familiensinn« entwickeln, dass wir uns von Außenstehenden durch Körperschmuck und Sprache abzugrenzen versuchen und dass wir Rassismus und Fremdenfeindlichkeit entwickeln. Entschuldigen können wir rassistische Taten und Reden[1] damit selbstverständlich nicht. Wesentliche Aufgabe von Erziehung und Kultur ist es, solche primitiven Regungen zu verhindern.

---

1 So schrieb z.B. der mit dem Wirtschaftsnobelpreis geehrte v. Hayek: » ›Für die Wissenschaft der Anthropologie mögen alle Kulturen (...) gleich gut sein, aber zur Aufrechterhaltung unserer Gesellschaftsordnung müssen wir die anderen als weniger gut ansehen‹ Und weiter: ›Gegen die Überbevölkerung gibt es nur die eine Bremse, nämlich dass sich nur die Völker erhalten und vermehren, die sich auch selbst ernähren können.‹ « (von Hayek, 1980, 1981, zitiert nach Schui, 2009, S. 112f.)

4 Vorstellungen über die ursprünglichen Sozialstrukturen

Bisher wurden gegenwärtige Sozialstrukturen von Menschen und von Menschenaffen diskutiert. Im Folgenden wird der Versuch unternommen, die Evolution dieser Sozialstrukturen zu rekonstruieren. Dazu werden zunächst einflussreiche Vorstellungen über den Beginn der Evolution des Menschen vorgestellt.

Darwins Urhorde

Darwin entwickelte eine Hypothese über den Beginn der Menschheitsentwicklung. Er schloss aus den Lebensgewohnheiten von Menschenaffen, dass auch der Mensch ursprünglich in kleinen Horden gelebt habe, innerhalb welcher das älteste und stärkste Männchen die sexuellen Betätigungen der anderen verhinderte.

»[...] die wahrscheinlichste Ansicht [ist] die, daß der Mensch ursprünglich in kleinen Gemeinschaften lebte, jeder mit einem einzigen Weibe oder, wenn er stark war, mit mehreren, die er eifersüchtig allen anderen Männern gegenüber bewachte. Oder er mag nicht gesellig gewesen sein und doch mit mehreren Weibern zusammen gelebt haben, wie der Gorilla; denn alle Eingeborenen stimmen darin überein, daß bei einer Herde nur ein erwachsenes Männchen zu sehen ist; wachsen die jungen Männchen heran, so entbrennt ein Kampf um die Herrschaft, und das stärkste macht sich zum Haupt der Gemeinschaft, nachdem es die anderen getötet oder vertrieben hat. Die jüngeren auf diese Weise vertriebenen Männchen wandern umher und werden, wenn es ihnen am Ende gelingt, eine Gefährtin zu finden, eine zu enge Inzucht innerhalb des Rahmens ein und derselben Familie verhindern.«[1]

Darwins Hypothese ist von vielen Autoren übernommen und abgewandelt worden. Wenn heute in den Medien der Beginn der Menschheit illustriert werden soll, dann sieht man Darwins »Urhorde« durch die Savanne ziehen. Seine Vorstellung zur Verhinderung von Inzucht ist recht vage. Darwin nimmt an, dass die herangewachsenen Söhne vertrieben werden, während die Töchter offenbar

---

1 Darwin, 1902, Bd. II, S. 372

in der Familie blieben. Das ermöglicht Inzucht zwischen Vater und Töchtern. Die Inzucht wird auch keineswegs beendet, wenn bei den heranwachsenden Söhnen »ein Kampf um die Herrschaft [entbrennt]« und das »stärkste [Männchen] [...] sich zum Haupt der Gemeinschaft [macht]«. Nur die schwächeren Söhne werden in so einer Situation an Inzucht gehindert, weil sie aus der Familie vertrieben werden. Deren Einfluss auf die zukünftige genetische Zusammensetzung der Population dürfte gering sein, da sie auf Grund ihrer Schwäche nur wenige oder gar keine Nachkommen haben werden.

Freuds Vorstellungen über den Beginn der Menschheitsentwicklung

Vaterhorde und Brüderbund

In *Totem und Tabu* (1912-13), und später zusammenfassend in *Das Unbehagen in der Kultur* (1930), hat Freud eine sehr einflussreich gewordene Rekonstruktion früher Schritte in der Evolution des Menschen formuliert. Er stützte sich dabei auf Darwins Idee von der »Urhorde«, auf Beobachtungen an sogenannten primitiven Kulturen, die Wissenschaftler weltweit gemacht hatten, und auf Erkenntnisse der Psychoanalyse über Krankheitsverläufe. Seine Schlussfolgerungen hat er als Hypothese formuliert:

»Noch vorher, in seiner affenähnlichen Vorzeit, hatte er [der Urmensch] die Gewohnheit angenommen, Familien zu bilden [...]. Vermutlich hing die Gründung der Familie damit zusammen, daß das Bedürfnis genitaler Befriedigung nicht mehr wie ein Gast auftrat, der plötzlich bei einem erscheint und nach seiner Abreise lange von sich nichts mehr hören läßt, sondern sich als Dauermieter beim Einzelnen niederließ. Damit bekam das Männchen ein Motiv, das Weib oder allgemeiner: die Sexualobjekte bei sich zu behalten.«[1]

In solchen Familien, einer »Vaterhorde«, wie Freud sie nennt, war die Willkür des Oberhaupts und Vaters unbeschränkt. Das habe wiederholt zur Auflehnung der Söhne geführt.

»Eines Tages [hier eine Fußnote von Freud[2], siehe unten] taten sich die

---

1 Freud, 1930, S. 458
2 Freuds Fußnote: »Zu dieser Darstellung, die sonst mißverständlich würde, bitte ich die Schlußsätze der nachfolgenden Anmerkung als Korrektiv hinzuzunehmen.« Diese Schluss-Sätze lauten: »Die Unbestimmtheit, die zeitliche Verkürzung und inhaltliche Zusammendrängung der Angaben in meinen obenstehenden Ausführungen darf ich als

ausgetriebenen Brüder zusammen, erschlugen und verzehrten den Vater und machten so der Vaterhorde ein Ende. Vereint wagten sie und brachten zustande, was dem einzelnen unmöglich geblieben wäre. (Vielleicht hatte ein Kulturfortschritt, die Handhabung einer neuen Waffe, ihnen das Gefühl der Überlegenheit gegeben.) Daß sie den Getöteten auch verzehrten, ist für den kannibalen Wilden selbstverständlich. Der gewalttätige Urvater war gewiss das beneidete und gefürchtete Vorbild eines jeden aus der Brüderschar gewesen. Nun setzten sie im Akt des Verzehrens die Identifizierung mit ihm durch, eigneten sich ein jeder ein Stück seiner Stärke an. Die Totemmahlzeit[1], vielleicht das erste Fest der Menschheit, wäre die Wiederholung und die Gedenkfeier dieser denkwürdigen, verbrecherischen Tat, mit welcher so vieles seinen Anfang nahm, die soziale Organisation, die sittlichen Einschränkungen und die Religion.«[2] »Was er [der Urvater] früher durch seine Existenz verhindert hatte, das verboten sie [die Söhne] sich jetzt selbst in der psychischen Situation des uns aus der Psychoanalyse so wohl bekannten ›nachträglichen Gehorsams‹. Sie widerriefen ihre Tat, indem sie die Tötung des Vaterersatzes, des Totem, für unerlaubt erklärten,

eine durch die Natur des Gegenstandes geforderte Enthaltung hinstellen. Es wäre ebenso unsinnig, in dieser Materie Exaktheit anzustreben, wie es unbillig wäre, Sicherheiten zu fordern.« Freud sah sich zu dieser Fußnote vermutlich durch eine Kritik von Alfred Kroeber genötigt. Kroeber hatte 1920 und dann noch einmal 1939 folgendes bemängelt: »Ein historischer Befund [der Sturz des Urvaters durch seine Söhne] muss eingeordnet werden und räumlich und zeitlich genau spezifiziert werden; Freud hingegen präsentiert einen Fund, dessen singulärer Grundsätzlichkeit die Geschichtswissenschaft nicht beizukommen weiß.« (Kroeber, 2012, S. 26) Es erstaunt nicht, dass jemand diesen Einwand formuliert; erstaunlich ist, dass dieser Einwand – und einige andere, die aber nicht in den Vordergrund gestellt wurden – von vielen Anthropologen als so wesentlich erachtet wurde, dass damit die Diskussion über *Totem und Tabu* unter Anthropologen nahezu beendet war. Trotz dieser Kritik haben sich in den folgenden Jahren zunehmend mehr Psychoanalytiker mit Fragen der Ethnologie beschäftigt, nicht immer zur Freude von Ethnologen. George Devereux (1956) hat diesen Ansatz wie folgt verteidigt: »Der Ethnologe kann nur dann einen wesentlichen Beitrag zur Psychiatrie leisten, wenn er sich nicht damit zufrieden gibt, lediglich deren Terminologie zu übernehmen und sich im übrigen an seinem kleinen Museum kultureller Kuriosa zu ergötzen. Er muß ein Kulturforscher bleiben, wobei Kultur als ein vorgezeichneter Weg verstanden wird, der es erlaubt, sowohl soziale als auch außersoziale Realitäten zu erfahren. Damit wird auch Kroebers (*The Nature of Culture*, 1952) voreingenommene Behauptung entkräftet, daß der Ethnopsychiater kein bona fide-Ethnologe sei, da er Kultur nicht erforscht. Ich bin der Ansicht, daß er nichts anderes tut, als ausschließlich Kultur zu erforschen und die Art und Weise, in der ein Individuum sie erfährt. Er ist damit ein viel profunderer Erforscher der Kultur als die sogenannten ›Kulturologen‹, die die Kultur betrachten, als ob der Mensch überhaupt nicht existierte.« (Devereux, 1974, S. 89)
1   Von den Australiern wird übereinstimmend berichtet, dass das Totemtier bei Strafe nicht getötet werden darf, außer für die gemeinsame rituelle Totemmahlzeit. In Übereinstimmung mit Freuds Hypothese ist in diesen Gesellschaften die Totemmahlzeit eine Männerangelegenheit, eine Angelegenheit der »Brüder«: »Mit Ausnahme sehr seltener Fälle dürfen an der Zeremonie [Totemmahlzeit] nur Männer des Totems [...] teilnehmen.« (Eildermann, 1950, S. 192)
2   Freud, 1912-13, S. 171f.

und verzichteten auf deren Früchte, indem sie sich die freigewordenen Frauen versagten. So schufen sie aus dem Schuldbewußtsein des Sohnes die beiden fundamentalen Tabus des Totemismus, die eben darum mit den beiden verdrängten Wünschen des Ödipus-Komplexes übereinstimmen mussten.«[1] »Es war kein Überstarker mehr da, der die Rolle des Vaters mit Erfolg hätte aufnehmen können. Somit blieb den Brüdern, wenn sie miteinander leben wollten, nichts übrig, als – vielleicht nach Überwindung schwerer Zwischenfälle – das Inzestverbot aufzurichten, mit welchem sie alle zugleich auf die von ihnen begehrten Frauen verzichteten, um deren wegen sie doch in erster Linie den Vater beseitigt hatten[2].«

Damit entstand ein »Brüderbund«.

Anlass für diese Folgerungen war unter anderem die von Ethnologen gemachte Beobachtung, dass die »gesamte soziale Organisation«[3] von ursprünglichen Kulturen der Absicht zu dienen scheint, inzestuöse Geschlechtsbeziehungen zu verhindern.

»Die ältesten und wichtigsten Tabuverbote sind die beiden Grundgesetze des Totemismus: Das Totemtier nicht zu töten und den sexuellen Verkehr mit den Totemgenossen des anderen Geschlechts zu vermeiden«.[4]

Freud folgerte daraus:

»Das müssten also die ältesten und stärksten Gelüste der Menschheit sein.«[5] »Denn, was niemand zu tun begehrt, das braucht man doch nicht zu verbieten.«[6]

Die Sozialstruktur vieler Säugetiere ist ein Harem; das Haremsoberhaupt wird in der Regel gewaltsam von seinem Nachfolger gestürzt. Bei unseren Vorfahren könnte das ähnlich gewesen sein, und

---

1 ebd., S. 173
2 Freud, 1912-13, S. 174. Diese Vorstellung findet sich in vielen Mythen. Eine in Papua-Neuguinea sehr weit verbreitete Mythe mag als Beispiel dienen: »Bei den Orokaiva (Nordprovinz, Papua Neuguinea) gibt es die Erzählung von einem urzeitlichen Ungeheuer Totoima, das, halb Mensch und halb Wildschwein, seine Kinder so lange tötete und auffraß, bis seine Frau Zwillinge zur Welt brachte und diese vor ihm in einer Taropflanzung versteckte. Totoima, mißtrauisch geworden, durchsuchte die Pflanzung und tötete den dabei gefundenen Sohn, während der Tochter die Flucht gelang. Sie kehrte mit einem mächtigen Zauberer zurück, der ihren Bruder wieder zum Leben erweckte und ihn befähigte, seinen Vater zu töten, während er selbst die Tochter heiratete. Totoimas Körper wurde wie der eines Schweines zerstückelt und an alle Stammesgruppen der Orokaiva verteilt. So zogen sie Nutzen aus seiner Stärke – und außerdem waren sie fortan durch ein gemeinsames Kultmahl auf mystische Weise verbunden, sosehr sie auch durch denselben Ungeist tödlichen Streitens, den Totoima verursacht hatte, entzweit blieben.« (Strathern, 1985, S. 278)
3 Freud, 1912-13, S. 6
4 ebd., S. 42
5 ebd., S. 42
6 ebd., S. 86

es könnte die gemeinsame, gewaltsame Absetzung des Urvaters durch die Söhne zu einem Brüderbund geführt haben. Nachvollziehbar ist auch, dass nach dieser Tat Schuldgefühle entstehen können, die im »nachträglichen Gehorsam« zum Verbot der Wiederholung der Tat – und damit zum Verbot der Tötung des Totemtiers – führen. Vorausgesetzt ist dabei, dass die Täter in der Lage sind, solche Gefühle überhaupt zu entwickeln, was ja eine bestimmte psychische Konstitution und eine bestimmte Gefühlsbindung zur Grundlage haben muss[1].

Nun hat es vor der gemeinsamen Tötung des Vaters durch die Söhne die gleiche Tat sicher schon mehrfach durch einen der Söhne oder ein anderes Männchen gegeben, wenn dieses stark genug dazu war – vermutlich ohne dass dies zu starken, langanhaltenden Schuldgefühlen geführt hat[2].

Vielleicht kann der Unterschied der Täter den Unterschied in der Reaktion erklären: Wenn ein Männchen ein anderes aus der Position des Urvaters verjagt, muss es sehr stark sein. Ein Sohn ist dazu, kurz vor oder nach der Verdrängung aus der Horde, in der Regel nicht in der Lage. Er braucht Jahre, um die entsprechende Größe zu erreichen. Wenn es dann zu einem Kampf kommt, ist die Gefühlsbindung – falls tatsächlich der Sohn gegen seinen Vater antritt – klein geworden oder sogar verschwunden. Ganz anders bei der gemeinsamen Tat: Hier agieren die Söhne kurz vor oder nach dem Versuch der Vertreibung aus der Horde. Gemeinsam sind sie stark. Zu der Zeit ist die Gefühlsbindung aneinander groß genug für gemeinsames Handeln. Und die Gefühlsbindung an den Vater dürfte dann auch noch groß genug sein,

---

1 Gewaltausübung muss nicht notwendigerweise zu Schuldgefühlen führen. In einer Massenbewegung kann der Einzelne sein Gewissen »abgeben« und dann ohne Schuldgefühle und Reue töten und foltern (Freud in *Massenpsychologie und Ich-Analyse,* 1921). Eine aktuelle Diskussion darüber findet sich bei Herbert Will (2012).
2 Von Schimpansen wurde berichtet, dass sie gemeinsam einen Patriarchen entmachten und dabei so zurichten, dass er nicht überleben kann: »Besonders häufig sind Koalitionen bei männlichen Freunden zu beobachten, die einzeln gegen den Anführer nichts ausrichten können, zusammen aber ihre Ansprüche so manches Mal durchsetzen. Solche Zusammenschlüsse geschehen auch in geradezu verblüffender und geschickter Weise, wenn es beispielsweise einen Mann gelüstet, die Führung zu übernehmen, er dies aber alleine nicht schaffen kann. So sucht er sich einen oder mehrere Verbündete, um den Herrscher bei günstiger Gelegenheit ›vom Thron zu stoßen‹. Solche Koalitionen wachsen oft über längere Zeiträume. Der Initiator widmet sich dem Partner fürsorglich, pflegt sein Fell und fordert zu gemeinsamen Abenteuern auf. So wird die Freundschaft Schritt für Schritt gestärkt und der Machthungrige kann sich ziemlich sicher sein, dass ein Angriff auf den Patriarchen zum günstigen Zeitpunkt von Erfolg gekrönt sein wird. Einen auf diese Weise gestürzten Herrscher trifft in der Regel ein trauriges Schicksal. Oft stark verletzt und nicht mehr geduldet, verzieht er sich in entferntes Dickicht und hat auf längere Sicht kaum eine Überlebenschance.« (Jane Goodall Institut Deutschland, im Internet, 3/2011)

um nach der Tat Reue und Schuldgefühle zu entwickeln.

Freud weist auf eine Arbeit von J. J. Atkinson hin, die in vielen Punkten mit seiner Hypothese übereinstimmt. Atkinson nahm an, dass die vom tyrannischen Vater vertriebenen Söhne in einem Brüderbund, »a youthful band of brothers«, lebten, entweder ganz ohne Frauen oder mit einigen wenigen Frauen zusammen. Wenn die Brüder weit genug herangewachsen waren, haben sie, seiner Ansicht nach, den Vater gestürzt. Daraufhin habe es einen erbitterten Machtkampf der Söhne gegeben. Dieser Kampf habe entweder zum Zerfall der Horde geführt, oder einer der Söhne habe die Macht an sich gerissen. Nach Atkinson ist der Zustand Brüderbund instabil, er würde immer wieder zur Alleinherrschaft eines Oberhauptes führen. Der Übergang zu einer Sozialstruktur, in welcher die Männer in friedlicher Gemeinschaft miteinander lebten, sei das Resultat der Mutterliebe gewesen. Die Mutter hätte erreicht, dass zunächst die jüngsten der Söhne in der Familie bzw. dem Harem verblieben, allerdings mussten die Söhne sich sexuell zurückhalten[1]. Zu fragen ist also, unter welchen Bedingungen ein Brüderbund stabil sein kann und was dafür spricht, dass die Mütter die Gemeinschaft der Männer, den Brüderbund, ermöglichten.

Schwer nachvollziehbar ist bei Freud (wie bei Darwin) die Einführung des Inzestverbots. Ist die Annahme plausibel, dass die Söhne »auf die von ihnen begehrten Frauen verzichtet« haben? Wenn die Söhne tatsächlich »auf die von ihnen begehrten Frauen verzichteten«, wie konnte dann ein Brüderbund entstehen, der Dauer hat? Es musste Nachkommen geben, der Brüderbund musste in der Evolution erfolgreich sein. Haben die Söhne die Frauen des von ihnen gewaltsam übernommenen Harems in die »Wüste geschickt« und sind dann auf Frauenraub in Nachbargruppen gegangen?

Freuds Hypothese über den Beginn der Entwicklung des Menschen hat heftige Debatten ausgelöst. Dass es Inzestwünsche gab und gibt, wurde nicht bestritten; aber die These, dass der Urvater ermordet wurde, ging vielen zu weit. Alfred Kroeber (1920 und 1939) plädiert dafür, dass es nur den Wunsch gegeben habe, den Vater zu beseitigen. Viele Anthropologen sind seiner Kritik gefolgt, aber nicht alle. René Girard schrieb:

»Das Opfer [ein rituelles Tieropfer als Reaktion auf den Mord – S. B.] ent-

---

[1] Zitiert nach Freud, 1912-13, S. 172

hält zu viele konkrete Elemente[1], als daß es einfach die Simulation eines Verbrechens sein könnte, das nie begangen worden ist.«[2]

»Nach Girard wurzelt die menschliche Kultur in der Ableitung interner Aggression einer Gruppe auf einen Sündenbock, der nach der Vertreibung oder Tötung zum Gott der Gruppe erhoben wurde [...].«[3]

»Am Beginn der Kultur, darin kommen Sigmund Freuds und René Girards Kulturtheorien überein, steht die Gewalt. Genauer: ein gemeinschaftsstiftender Gründungsmord.«[4]

Das müsse aber nicht der Mord am Vater gewesen sein. Wenn sich innerhalb einer Gruppe Aggression aufschaukelte, wurde, nach Girard, eines der Gruppenmitglieder dafür verantwortlich gemacht und geopfert; dabei war unerheblich, ob das Urteil zutreffend war oder nicht[5].

---

1 Girard führt in *Das Heilige und die Gewalt* (1972, deutsch: 2006) viele Beobachtungen an, die ihn schließlich zu der Ansicht bringen, es sei nicht angemessen, »das Opfer auf irgendein Phantasma [zu] reduzieren [. Es gäbe] Beobachtungen, die uns buchstäblich anflehen, sie nicht auf die leichte Schulter zu nehmen und ihnen jenes Gewicht beizumessen, das ihnen auch tatsächlich zukommt.« (Girard, 2012, S. 86)

2 Girard, 2012, S. 86

3 Palaver, 2012, S. 134

4 Steiner, 2012, S. 187

5 Malinowski war der Ansicht, dass ein Führungswechsel in der Horde bei unseren Vorfahren ursprünglich ohne Gewaltanwendung ablief: »Auch bei den meisten höheren Säugetieren verläßt das alte Männchen die Herde, sobald es den Höhepunkt seiner Kraft überschritten hat, und macht so den Platz frei für einen jüngeren Beschützer. Es ist der Art dienlich, denn wie der Mensch wird auch das Tier mit fortschreitendem Alter nicht gutartiger; zudem ist ein alter Führer weniger brauchbar und neigt eher dazu, Konflikte zu schaffen. Aus alle dem ersehen wir, daß das Wirken der Instinkte im Naturzustand keinen Raum für besondere Komplikationen, innere Konflikte, unterdrückte Emotionen oder tragische Vorfälle läßt.« (Malinowski, 1962, S. 154) Malinowski übersieht hier offenbar, dass es bei Säugetieren mit Harem regelmäßig Kämpfe um die Nachfolge gibt.
 Nach Robin Fox (1973) wurde der Urvater von seinen Söhnen nur in ihrer Fantasie als Autorität und sexueller Rivale ausgeschaltet. Der Urvater habe zwar bei seinen Söhnen alle sexuellen Aktivitäten verhindert, es sei aber dennoch nicht zum Aufstand der Söhne gekommen. Schließlich sei der Vater im Alter eines natürlichen Todes gestorben. Ursache der nicht erfolgten Auflehnung sei gewesen: »Die Söhne [waren] der Sexualität mit den Frauen nicht gewachsen.« (Fox, 2012, S. 44) Fox erwähnt eine Alternative zu seiner Hypothese, die von ihrem Autor, J. M. Whiting (zitiert nach Fox, 2012), ebenfalls als eine Kritik an Freuds *Totem und Tabu* formuliert wurde: Der Urvater hat sexuelle Kontakte nur zu den Frauen seines Harems, die gerade kein Kind aufziehen. Zieht eine Frau einen Sohn auf, dann bekommt der nicht nur Nahrung, sondern auch Zuwendung von seiner Mutter, bis er entwöhnt wird. Wird er entwöhnt, dann schiebt der Sohn den Entzug von Zuwendung auf beide, den Vater und die Mutter. Der Vater wird verantwortlich gemacht, weil der sich seiner Mutter mit sexuellen Interessen zuwendet. Die Mutter wird verantwortlich gemacht, weil sie, »wegen der Beendigung der Stillzeit, sexuelle Interessen für den Vater entwickelt. »Die Frustration seiner [des

Nach der Veröffentlichung von *Totem und Tabu* (Freud, 1912-13) gab es Diskussionen darüber, wie die Erinnerung an die »verbrecherische Tat« über Hunderte von Generationen erhalten geblieben sein könnte. Als mögliche Lösung des Problems wurde die Existenz eines kollektiven Unbewussten vorgeschlagen. Zur Zeit der Veröffentlichung war noch unklar, ob es eine Vererbung erworbener Eigenschaften gibt, wie sie von Lamarck und auch von Darwin angenommen wurde (vgl. Fußnote S. 22). Experimentell geklärt war lediglich, dass bei Bohnen[1] und bei *Drosophila*[2] die Vererbung erworbener Eigenschaften nicht stattfindet. Die Allgemeingültigkeit dieser Resultate wurde aber von einigen Genetikern bestritten. Géza Róheim schlug als Alternative zur Annahme der Existenz eines kollektiven Unbewussten vor, »daß sich [bei Kindern] die spezifischen menschlichen Charakterzüge und Verhaltensformen immer wieder von neuem auf dieselbe Weise bild[..]en«[3].

War die Aufrichtung des Menschen die Ursache für den Beginn des Kulturentwicklung?

In *Das Unbehagen in der Kultur* skizzierte Freud in einer Fußnote eine weitere Hypothese über den Beginn der Evolution des Menschen:

»Das Zurücktreten der Geruchsreize [durch welche der Menstruationsvorgang auf die männliche Psyche einwirkt – S. 458] scheint aber selbst Fol-

---

Sohnes] oralen Triebe wird zu kannibalistisch-aggressiven Wünschen führen, die sich natürlich gegen seine Mutter richten. Dieser Logik folgend, gelangt Whiting zu der bestrickenden, Freud auf den Kopf stellenden Annahme, daß das Totem-Tier, das rituell erschlagen und gegessen wird, überhaupt nicht der Vater ist, sondern die Mutter!« (Fox, 2012, S. 46)

1 Johannsen, 1909, zitiert nach Haldane, 1966
2 Payne, 1911, ebd.
3 Róheim, 1974, S. 32. Géza Róheim schlug zur Lösung des Problems vor: »Die Annahme eines kollektiven Unbewußten ist [...] keineswegs die einzige Möglichkeit, um Ursprung und Tradition menschlicher Kultur zu erklären. Meiner Ansicht nach kann die Psychoanalyse eine sehr viel bessere und leichter überprüfbare Lösung dieses Problems anbieten. Diese besteht darin, daß sich die spezifischen menschlichen Charakterzüge und Verhaltensformen immer wieder von neuem auf dieselbe Weise bildeten, wie es sich heute bei einem Kind beobachten läßt. Das heißt, daß kulturelle Phänomene in jedem Fall als Sublimierungen beziehungsweise Reaktionsbildungen infantiler Konflikte zu betrachten sind. Diesen Erklärungsversuch nannte ich ontogenetische Kultur-Theorie.[...] Wenn wir uns an die entsprechenden Passagen in Freuds Schriften erinnern, dann zeigt sich sofort, daß auch er dieser Kultur-Theorie den Vorzug gab.« (Róheim, 1974, S. 32f.)

ge der Abwendung des Menschen von der Erde, des Entschlusses zum aufrechten Gang, der nun die bisher gedeckten Genitalien sichtbar und schutzbedürftig macht und daher das Schämen hervorruft. Am Beginne des verhängnisvollen Kulturprozesses stünde also die Aufrichtung des Menschen. Die Verkettung läuft von hier aus über die Entwertung der Geruchsreize und die Isolierung der Periode [Menstruationsperiode] zum Übergewicht der Gesichtsreize, Sichtbarwerden der Genitalien, weiter zur Kontinuität der Sexualerregung, Gründung der Familie und damit zur Schwelle der Kultur. Dies ist nur eine theoretische Spekulation, aber wichtig genug, um eine exakte Nachprüfung an den Lebensverhältnissen der dem Menschen nahestehenden Tieren zu verdienen.«[1]

Abwandlungen dieser Freudschen »Spekulation« sind heute recht populär[2]. Allerdings haben die Erkenntnisse über die Lebensverhältnisse der Bonobos und Schimpansen diese Vorstellungen nicht gestützt: Bei beiden Arten sind es optische Kriterien[3], die ein Weibchen attraktiv machen, wie auch bei Menschen – aber Schimpansen und Bonobos haben sich nicht aufgerichtet. Folglich ist die Aufrichtung des Körpers nicht die Voraussetzung dafür, dass der Gesichtssinn bei der Wahrnehmung von sexueller Attraktivität die Führung übernimmt und der Geruchssinn entwertet wird. Schimpansen und Bonobos zeigen ihre Geschlechtsorgane ohne Scham, die Weibchen durch eine Genitalschwellung, die Männchen »winken« mit ihrem erigierten Penis. Dazu richten sich die Männchen extra auf. Die Genitalschwellung der Weibchen ist so groß, dass sie in jeder Stellung, auch im Stehen, leicht erkennbar ist. Das zeigt: Die Aufrichtung erzwingt nicht

---

1 Freud, 1930, S. 459
2 Als Beispiel sei hier ein Zitat aus dem einleitenden Artikel eines Sammelbandes von fünfzig Wissenschaftlern angeführt, das den Stand der Forschung zum Ursprung der Menschheit zusammenfasst: »Als wir anfingen, uns zum Laufen auf die Beine zu erheben (mit anderen Worten biped wurden), kam es zu folgenschweren physischen Veränderungen. Unsere neue Haltung verlagerte die Position der Geschlechtsorgane und machte die Vorderfläche [gemeint ist die ursprüngliche Unterseite – S. B.] des Körpers auffällig sichtbar. Dadurch musste auch die sexuelle Signalgebung verändert werden. Bei Primaten, die auf dem Boden leben, äußert sich der Beginn des Östrus durch auffällige Veränderungen der äußeren Genitalien. Als die Menschen sich jedoch auf zwei Beine erhoben, waren die weiblichen Genitalien zwischen den Beinen verborgen, und es folgte vermutlich eine ganze Reihe verschiedener Anpassungen. Der Östrus verschwand, es entwickelte sich eine unverwechselbare weibliche Körperform, und die weiblichen Individuen konnten zu jeder Zeit sexuell aktiv werden. Da der Mensch schon sehr früh in seiner Entwicklungsgeschichte biped wurde, dürfte sich auch unsere besondere menschliche Sexualität in einem sehr frühen Stadium entwickelt haben.« (Fletcher, 2004, S. 18)
3 Die Genitalschwellung wäre nicht so groß und so leuchtend gefärbt, wenn der optische Reiz eine untergeordnete Rolle beim Auslösen der sexuellen Erregung spielen würde. Möglicherweise spielt aber beim ersten Auftreten der geschlechtsspezifischen sexuellen Erregung der Geruch eine wichtige Rolle (vgl. Fußnote S. 37).

eine Änderung der sexuellen Signalgebung – weg von den Genitalien und hin zu einer »typisch weiblichen Körperform«. Das Gleiche gilt für die Entwicklung von Scham. Sie stellt sich offenbar auch nicht notwendigerweise ein, wenn die Genitalien sichtbar werden. Besonders Bonobos beider Geschlechter zeigen eine »Kontinuität der Sexualerregung«. Auch in diesem Fall gilt: Die Aufrichtung des Körpers ist nicht die Voraussetzung für die »Kontinuität der Sexualerregung«.

Selbstverständlich hat die Aufrichtung entscheidend zur Veränderung des Verhaltens unserer Vorfahren beigetragen. Aber die Aufrichtung selbst war wohl nicht die Ursache dafür, dass der – so Freud – »verhängnisvolle Kulturprozess« begann.

Vorstellungen über den Ursprung und die Transformation unserer Gesellschaftsstrukturen

Johann Jakob Bachofen[1] stellte in *Das Mutterrecht: eine Untersuchung über Gynaikokratie der alten Welt nach ihrer religiösen und rechtlichen Natur* die These auf, dass im Lauf der Entwicklung des Menschen eine Abfolge von Familienstrukturen stattfand. Am Anfang habe Promiskuität geherrscht. Die Abstammung der Kinder war daher nur in der weiblichen Linie (matrilinear) sicher, und das habe ein Mutterrecht bewirkt. In dieser Phase soll den Frauen ein hohes Maß an Achtung entgegengebracht worden sein. Daran anschließend sollen sich Übergangsstrukturen entwickelt haben, und schließlich soll die patriarchalische Familie in der Form entstanden sein, wie wir sie heute kennen.

In der Folge gab es zum Thema Familien- und Gesellschaftsstrukturen viele Untersuchungen an indigenen Kulturen. Lewis Henry Morgan[2] hat, hauptsächlich auf Grund von Untersuchungen an Irokesen in Nordamerika, ein System der Evolution von Familienstrukturen aufgestellt, das dann von August Bebel in *Die Frau und der Sozialismus* (1878) und von Friedrich Engels in *Der Ursprung der Familie, des Privateigentums und des Staats* (1884) aufgegriffen, erweitert und einem breiten Publikum zugänglich gemacht wurde. Auch diese Autoren gehen davon aus, dass ursprünglich Promiskuität geherrscht hat. Bis heute ist diese These aber umstritten[3].

---

1 Bachofen, 1881, zitiert nach Engels, 1884.
2 Morgan, 1851, ebd.
3 Christopher Ryan und Cacilda Jethá (2010) stellen in *Sex at Dawn: How We Mate, Why We Stray, and What It Means for Modern Relationships* die These auf, dass unsere

Der erste Fortschritt im Zusammenleben bestand nach Morgan darin, dass es keinen Geschlechtsverkehr mehr zwischen Kindern und Eltern gab (Blutsverwandtschaftsfamilie). Im zweiten Schritt wurde Geschlechtsverkehr zwischen Geschwistern ausgeschlossen. Das geschah in der »Punalulafamilie«. Der Name geht auf eine Familienform in Hawaii zurück, in der mehrere Männer und Frauen zusammenlebten (Gruppenehe), wobei die Männer und Frauen nicht miteinander verwandt waren[1].

In der nächsten Stufe, der Paarungsfamilie, sei dann, nach Morgan, die Bindung eines Mannes mit einer (ihm nicht-verwandten) Frau erfolgt. Der Bund sei von jeder Seite leicht lösbar gewesen; die Kinder blieben bei der Mutter (im gleichen Familienverband, Gens). Ehebruch der Frau wurde grausam bestraft, der von Männern nicht oder kaum, solange dabei keine Exogamieregeln (gleiche Heiratsklas-

---

Vorfahren bis zum Beginn der Landwirtschaft vergleichsweise friedlich miteinander umgegangen sind und dass in ihren Sozialsystemen Promiskuität herrschte. Ryan Ellsworth (2011) bestreitet das entschieden. Seiner Ansicht nach liefert keine der heutigen Gesellschaften einen ernst zu nehmenden Hinweis darauf, dass es Promiskuität, so wie sie von Bonobos bekannt ist, in der Evolution der Menschheit gegeben hat. Für das promiskuös erscheinende Verhalten der heutigen Männer gibt es seiner Ansicht nach eine alternative Erklärung: In einem monogamen Sozialsystem seien Seitensprünge der Männer von der Selektion begünstigt, weil Männer sich auf diese Weise mit geringem Aufwand reproduzieren können (Ellsworth, 2011, S. 332). Ellsworth und die von ihm zitierten Autoren Trivers (1972) und Symons (1979) legen die Definition von Monogamie recht weit aus. Mit welchen Handlungen die Grenze zur Promiskuität überschritten wird, bleibt unklar. Aber auch wenn man sich der von Ellsworth vertretenen Vorstellung über Monogamie anschließt, dann kann der angeführte Grund für Seitensprünge – Seitensprünge hätten einen großen reproduktiven Vorteil für Männer und wären deshalb von der Selektion begünstigt – bestenfalls die große Häufigkeit von Ehebrüchen erklären. Die Begründung kann nicht erklären, warum so viele Männer Prostituierte aufsuchen (in Deutschland sind das 1,2 Millionen Männer pro Nacht, vgl. S. 83). Ihr Motiv ist sicher nicht, ein Kind zu zeugen; sie machen dementsprechend auch keine Anstalten, andere Männer vom Geschlechtsverkehr mit der Frau abzuhalten, die sie gerade besucht haben, und sie halten auch keinen Kontakt zu der Prostituierten mit dem Ziel, ein eventuell gezeugtes Kind, das ja die Gene des Mannes trägt, von nun an zu schützen und zu fördern.

1 Von den Kuraweli in Australien wird berichtet, dass in der Regel die Männer einer solchen Gruppenehe Brüder (oder Cousins) und alle Frauen Schwestern sind (oder Cousinen). Die Abstammung der Kinder ist nur in der mütterlichen Linie sicher nachweisbar, und daher gehören die Kinder zum Clan oder Totem der Mutter. Die gut untersuchten Dieri und andere verwandte Stämme in Australien führen eine Gruppenehe, kombiniert mit Paarbindung. Ein Mann ist in der Regel mit nur einer Frau verheiratet, bei den Häuptlingen können es aber auch mehrere sein. Gelegentlich kommt es zu Geschlechtsverkehr mit anderen Stammesmitgliedern. Die in Frage kommenden Personen werden meist bei der Heirat schon von den Stammesältesten ausgesucht. Auch hier spielen Heiratsregeln und Tabus eine entscheidende Rolle. Das zentrale Element bei der Auswahl ist, Inzest zu vermeiden (Howitt, 1890, zitiert nach Eildermann, S. 245).

se, gleiches Totem) verletzt wurden.

Erst mit der letzten Stufe soll die Familie eine patriarchalische Organisation angenommen haben. Dieser Schritt sei erst in historischer Zeit erfolgt. In einer solchen Familie bestimmt allein der Ehemann über alle wichtigen Angelegenheiten. Er allein entscheidet auch über eine eventuelle Auflösung der Ehe. Auch hier wird ein Ehebruch der Frau bestraft, der des Mannes aber nicht oder kaum. Diese patriarchalische Struktur habe sich – nach Engels und Bebel – durchgesetzt, weil es nunmehr etwas zu vererben gab und ein Vater damit in die Lage kam, seine Kinder dadurch zu fördern, dass er ihnen sein Hab und Gut hinterließ[1].

In den auf diese Publikationen folgenden Jahren hat es weitere Untersuchungen zur Frage des Ursprungs der Familie gegeben. Besonders Untersuchungen in Australien haben einige der Verallgemeinerungen aus den bis dahin bekannten Untersuchungen erschüttert. Beispielsweise wurde in etwa der Hälfte der Stämme eine matrilineare Vererbung des Totemnamens gefunden und in der anderen Hälfte eine patrilineare[2]. Die Autoren legten Wert darauf, dass die untersuchten Stämme erheblich primitiver waren als die Irokesen und die Polynesier, auf die sich Morgan und Engels im Wesentlichen bezogen. Die untersuchten Australier trieben keinen Ackerbau und keine Viehzucht, und sie kannten nicht die Kunst des Töpferns. Ein Matriarchat in dem Sinne, dass die Frauen mehr Rechte hatten als die Männer, wurde nicht entdeckt.

Bronislaw Malinowski hat die Gesellschaft der Trobriander (in Melanesien) als matriarchale Gesellschaft bezeichnet. In dieser Gesellschaft hat der Mann tatsächlich wenig Macht über seine Frau und seine Kinder; der Bruder der Mutter hat die Macht:

»Das Kind sieht wie seine Mutter Befehle von ihrem Bruder erhält, [...], ihn mit der höchsten Ehrfurcht behandelt und sich vor ihm beugt wie ein Gemeiner vor einem Häuptling.«[3] »Macht und Amtswürden einer Familie liegen bei den Männern jeder Generation, obgleich sie durch die Frauen vererbt werden. [...] Die Frau ist [...] ausgeschlossen von der Ausübung der Macht, vom Landbesitz und vielen anderen öffentlichen Vorrechten; daraus folgt, daß sie keinen Platz bei der Stammesversammlung und keine Stimme bei den öffentlichen Beratungen hat, die in Verbindung mit Gartenbestellung, Fischfang, Jagd, überseeischen Expeditionen, Krieg, ritu-

---

1 »Der Mann als Privateigentümer hatte das Interesse nach Kindern, die er als *legitim* ansehen und zu Erben seines Eigentums machen konnte, *er zwang daher der Frau das Verbot des Umgangs mit anderen Männern auf.*« (Bebel, 1980, S. 63, kursiv im Original)
2 zusammengefasst bei Thomas, 1905, zitiert nach Eildermann, 1950
3 Malinowski, 1962, S. 53

ellem Handeln, Festlichkeiten und Tänzen abgehalten werden.«[1]

Nach Malinowski soll das für alle von ihm als Matriarchat bezeichneten Gesellschaften gelten: »In den Gesellschaften des Mutterrechts ist es nicht die Mutter, die die Befehlsgewalt innehat, sondern deren Bruder.«[2] Malinowski bezeichnet den Bruder der Mutter als »Matriarchen«[3]. Offensichtlich führen die Begriffe Matriarchat, Mutterherrschaft oder Mutterrecht hier in die Irre. Bezogen auf die Kinder wäre »Onkelrecht« angemessen, bezogen auf eine erwachsene Frau wäre »Bruderrecht« treffend. Für die Heirat gilt:

> »Es ist bemerkenswert, daß von allen Angehörigen des Mädchens ihr Vater am meisten bei ihrer Heirat mitzureden hat, obgleich er rechtlich nicht als ihr Verwandter (veyola) gilt.«[4]

Bis heute wird die Hypothese vertreten, es habe echte Matriarchate gegeben, in denen Frauen – Mütter – das Sagen hatten. Solche Matriarchate seien nach katastrophalen Ernährungslagen durch Patriarchate abgelöst worden. Der Hunger habe unter anderem zu Kriegszügen geführt, und dabei hätten dann die Männer die Führung übernommen. Anschließend hätten sie die Macht nicht mehr abgegeben[5].

Falls es ein Matriarchat gab, dann habe sich nach Meinung von Volker Sommer (2008) männliche Dominanz mit Beginn der Landwirtschaft durchgesetzt. So sah das auch Engels. Viele Jäger-und-Sammler-Kulturen passen jedoch schlecht zu dieser These: In diesen Kulturen dominieren die Männer, obwohl eine Landwirtschaft nicht entwickelt ist. Zu vererben gibt es nahezu nichts, und das wenige geht nicht automatisch an die eigenen Nachkommen über[6]. Die Vorherrschaft der Männer bei uns Menschen muss wohl einen anderen Grund haben als vererbbares Eigentum.

Simone de Beauvoir sieht einen Grund für die Vorherrschaft der Männer darin, dass »frühe Emanzipationsbestrebungen [scheiterten], weil Frauen ›verteilt unter den Männern leben‹ [Simone de Beauvoir], anstatt sich miteinander zu verbünden.« (zitiert nach Sommer, 2008) Zweifellos kann die Paarbindung zu Vereinzelung führen. In einer Gesellschaft, in der Promiskuität herrscht und die Frauen immer alleinerziehend sind – wie bei Schimpansen und Bonobos –, ist gegenseitige Hilfe unter Frauen zur Durchsetzung gemeinsamer Interessen naheliegend. Bei Paarbindungen ist das anders: Die Familie

1 Malinowski, 1930, S. 21ff.
2 Malinowski, 1962, S. 250
3 ebd., S. 102
4 Malinowski, 1930, S. 62
5 Eine Übersicht und Angaben zu weiterführender Literatur sind zu finden unter: Wikipedia, 2011: Matriarchat
6 Eildermann, 1950

geht vor. Die Paarbindung beruht auf der »Vereinbarung«, dass, nachdem sie demonstrativ öffentlich bekannt gegeben wurde, fast alles, was in den nun eigenen vier Wänden passiert, die anderen nichts angeht: »my home is my castle«. Gäbe es diese Vereinbarung nicht, dass ein Mann – in erster Linie betrifft das den Mann – die Paarbindung seines Nachbarn respektiert und damit alles, was in dessen vier Wänden passiert, dann gäbe es vielleicht die Paarbindung überhaupt nicht. Für Gesellschaften mit Harems gilt das Entsprechende: Den Harem darf kein Fremder betreten, und was da vor sich geht, bleibt der Außenwelt verborgen.

Vielleicht liegt einer der Gründe, warum ein Patriarch selbstherrlich entscheiden und herrschen kann, darin, dass Frauen im Mittel kleiner und damit schwächer sind als Männer. In Ehen, in denen die Frauen physisch dominieren, kommt es immer mal wieder vor – so liest man in der Zeitung –, dass Männer übel misshandelt werden. Könnte es nicht sein, dass die Gesellschaft auch heute noch weitgehend deshalb patriarchalisch strukturiert ist, weil in (fast) jeder Paarbindung die Männer physisch überlegen sind? Was wäre, wenn eine Frau – in Gesellschaften, wo Frauen Einfluss bei der Partnerwahl haben – sich einen Mann als Partner aussuchte, der kleiner ist als sie selbst? Unklar ist erstens, warum Frauen sich in der Regel heute noch einen Mann suchen, der größer ist als sie. Unklar ist zweitens, warum Mütter, die im Allgemeinen einen größeren erzieherischen Einfluss auf die frühen Phasen der Entwicklung eines Kindes haben als die Väter, ihre männlichen Kinder häufig zu Machos erziehen.

Bedeutung der Kindheit für Veränderungen im Sozialverhalten

Das Studium von unterschiedlichen Ethnien kann dabei behilflich sein, zu verstehen, wie verschiedenartige soziale Strukturen entstehen und wie es zu einer »typischen Mentalität«, zu einem »Volkscharakter«, kommt. Beispielsweise hat Erik Erikson (1950) zwei Indianerstämme untersucht, die sich in ihren Lebensbedingungen und ihrem Verhalten deutlich voneinander unterscheiden: die Sioux, die vornehmlich von der Büffeljagd lebten (und zur Zeit der Untersuchung in Reservaten leben), und die Yurok, die vornehmlich vom Fischfang lebten und leben. Die Yurok hatten und haben einen festen Wohnsitz, die Sioux hatten ihn nicht. Die Sioux sind selbstbewusst, kämpferisch und freigebig bis fast zur Selbstaufgabe (wer Geld besitzt, wird verachtet), die Yurok haben kein Interesse an Kriegen, haben fast keine hierarchische Organisation, sind misstrauisch, hängen am Besitz und interessieren sich stark für Geld. Das jeweilige Verhalten passt zum Nahrungserwerb: In der Steppe ist die Jagd nicht regelmäßig erfolgreich, es kann unvorhergesehen lange Phasen ohne Beute geben und dann wieder reichlich Nahrung. Vorratshaltung behindert die Beweglichkeit der Jäger und ihrer Familien. Folglich ist das Teilen von Nahrung mit Anderen die beste Überlebensstrategie (vgl. zur Freigebigkeit in Jäger-und-Sammler-Kulturen S. 76f.). Die Yuroks leben im Winter von den Lachsen, die sie im Herbst beim großen Lachszug erbeutet haben. Für sie ist die richtige Vorratshaltung die Garantie für das Überleben im Winter.

Erikson fand, dass die Grundlage für das unterschiedliche Verhalten der Erwachsenen in der frühen Kindheit gelegt wird. Er fand, dass unter Anderem von Bedeutung ist, wie und wann Kinder abgestillt werden, wie die Reinlichkeitserziehung erfolgt und wie Konflikte mit den Eltern und Geschwistern gelöst werden. Beispielsweise zielt bei den Sioux die Erziehung der Kinder schon früh auf Freigebigkeit ab:

»Die Hauptmittel der Erziehung sind Warnung und Beschämung. [...] Als schlechtes Benehmen in der Familie gilt noch immer in erster Linie Selbstsucht und Konkurrenzverhalten, das Streben nach Vorteilen, die auf dem Nachteil anderer beruhen.«[1].

Tatsächlich wachsen die Kinder der Sioux und der Yurok recht unterschiedlich auf. Zum Beispiel werden die Kinder der Sioux etwa drei Jahre lang gestillt und die Kinder der Yurok nur ein halbes Jahr. Eine junge Mutter orientiert sich bei der Kindererziehung an ihrer Mutter und an ihrer Schwiegermutter. Damit entsteht in einer Gemeinschaft ein weitgehend gleichartiges und auch über Generationen hinweg stabiles Verhalten bei der Kindererziehung, und damit entsteht – nach Erikson – auch die Grundlage für eine gruppentypische Mentalität.

---

1 Erikson, 1968, S. 154f.. Das »noch« bezieht sich darauf, dass die Untersuchungen Sioux betreffen, die seit Jahren in Reservaten leben.
Prinzipiell neu waren die von Erikson erhaltenen Erkenntnisse nicht. Viele Psychoanalytiker, angefangen mit Freud, haben durch Analysen und Therapien erwachsener psychisch kranker Menschen, die vornehmlich aus der Mittelschicht in Mitteleuropa stammen, genau dies gefolgert, aber eben nur gefolgert, nicht direkt beobachtet. Die Bedeutung der Kindheitsentwicklung für das spätere Verhalten der Erwachsenen ist mehrfach von Ethnopsychoanalytikern hervorgehoben worden. Zu den detailliertesten und frühesten Untersuchungen gehören die von Werner Muensterberger (1951) an Südchinesen, von Anne Parsons (1964) an Süditalienern und die von Paul Parin, Fritz Morgenthaler und Goldy Parin-Matthèy an Westafrikanern (Übersicht in Parin, 1983). Eine Zusammenstellung der unterschiedlichen Erziehungsmaßnahmen und der beteiligten erziehenden Personen in verschiedenen Kulturen findet sich bei Robert Alt (1956).

Was bewirkt eine Änderung der gruppentypischen Mentalität? Nach Siegfried Bernfeld (1925) ist es nicht die Erziehung der Kinder, die dabei die führende Rolle übernimmt.

»Erziehung [nach Bernfeld: die Reaktion der Gesellschaft auf die Entwicklungstatsache] ist nicht allein Konservierung im Sinne der Reproduktion des Erreichten, sondern Konservierung im Sinne der Verhinderung des Neuen.«[1] »Die Erziehung ist konservativ. Ihre Organisation ist es insbesondere. Niemals ist sie Vorbereitung für eine Strukturänderung der Gesellschaft gewesen. Immer – ganz ausnahmslos – war sie erst die Folge der vollzogenen.«[2].

Demnach traten zuerst Änderungen in den Lebensbedingungen auf, und dann folgte eine Anpassung der Mentalität an die veränderten Bedingungen.

Wenn sich nun die Lebensbedingungen ändern, wenn beispielsweise die Menschen vom Fischfang zur Büffeljagd als Ernährungsgrundlage übergehen, dann ist es sinnvoll, dass sich auch die Mentalität entsprechend ändert. Das geht nicht schnell, weil das Verhalten einer Tradition unterliegt – und das ist normalerweise auch sinnvoll. Bei stabilen äußeren Bedingungen wird auf diese Weise der Einfluss von Modeströmungen behindert. Wenn sich aber die Lebensbedingungen deutlich und schnell ändern, dann kann die zeitliche Stabilität der Verhaltensweisen nachteilige Folgen haben. Erikson hat das an den Sioux, die in Reservaten leben, zeigen können: Ihr Sozialverhalten passt zum Leben in der Steppe, aber nicht zum Leben in der US-amerikanischen Realität, obwohl den Kindern in der Schule und den Erwachsenen in Berufsausbildungen die Lebensart der US-Amerikaner beizubringen versucht wurde.

Im Lauf von Generationen wird sich das Sozialverhalten eines Fischers in das eines Büffeljägers verändern, wenn die äußeren Bedingungen – keine Fische mehr, dafür Büffel – eine Änderung der Ernährung erzwingen. Ändert sich das Verhalten nicht, dann geht die Gruppe unter. Wenn tatsächlich Freigebigkeit ein notwendiges Element des Sozialverhaltens werden muss, dann ist – frei nach Erikson – die Ausrottung der Knauserigkeit bei den erwachsenen Büffeljägern nur möglich, wenn sich ihre gesamte Sozialisation ändert. Eine bloße Ächtung der Knauserigkeit bei den Erwachsenen und auch bei den Jugendlichen hätte keinen nachhaltigen Effekt.

Die frühkindliche Erziehung ist faktisch weitgehend Sache der Frauen. Daher müssen besonders sie ihr Erziehungsverhalten ändern, wenn es zu freigebigem Sozialverhalten kommen soll, und zwar in ei-

---

1 Bernfeld, 1967, S. 110
2 ebd., S. 119

ner Weise, die mit dem zu erreichenden Ziel – in dem Beispiel ist die Freigebigkeit besonders bei den Männern zu bewirken, da die Gesellschaft patriarchalisch organisiert ist – direkt wenig zu tun zu haben scheint. In der Umbruchssituation werden einige der überkommenen Verhaltensweisen nicht beizubehalten sein, neue werden nötig und möglich und daher ausprobiert werden. Die Selektion wird unter den erprobten neuen Verhaltensweisen die geeigneten fördern, in dem sie die Familien, die die »richtige« Wahl getroffen haben, fördert. Die Veränderungen im Verhalten – besonders im Verhalten der Frauen – setzen sich dann entweder deshalb in den Gruppen durch, weil die unter den neuen Bedingungen erfolgreichen Familien Vorbildcharakter haben oder weil die Verhaltensänderungen als Familientradition von den Nachkommen der (besser) überlebenden Familien übernommen werden. Sicher spielt bei Verhaltensänderungen auch Einsicht in Notwendigkeiten eine Rolle. Aber um einen freigebigen Sozialcharakter durchzusetzen – der in Jäger-und-Sammler-Kulturen weltweit die Regel ist (vgl. S. 76) –, werden Argumente zugunsten der Freigebigkeit kaum ein wirksamer Hebel sein – besonders dann nicht, wenn Hunger herrscht. Man kann daher vermuten, dass es eher dem Selektionsdruck gelingt, Freigebigkeit in den Gruppen einzuführen.

Wie bei anatomischen und physiologischen Veränderungen haben wir es auch bei Verhaltensänderungen in der Kindererziehung, vermutlich mit einem Zusammenspiel von »Zufall und Notwendigkeit« (J. Monod) zu tun: Am Anfang von Veränderungen von Lebensbedingungen, die schließlich bestehen bleiben, stehen zufällige Mutationen bzw. zufällige Verhaltensänderungen während der Sozialisation von Kindern. Notwendigerweise folgt dann im zweiten Schritt eine Selektion der geeigneten Mutationen bzw. der geeigneten Verhaltensänderungen. Der mir hier wichtige Punkt ist, dass die Eltern und auch Außenstehende möglicherweise weder in der aktuellen Situation noch im Nachhinein erkennen können, welche Teile ihres Verhaltens welche Wirkungen haben. Der Reproduktionserfolg entscheidet über die Weitergabe des Verhaltens. Eine Einsicht in die Zusammenhänge von Ursache und Wirkung sind offenbar für manche Verhaltensänderungen in Populationen nicht nötig.

5 Evolution unserer psychischen Struktur und unserer sozialen Organisation

Von der Vaterhorde zum Brüderbund: die Trennung des Vorläufers der Gorillas von dem gemeinsamen Vorläufer der Bonobos, Schimpansen und Menschen

Die Sozialstruktur der gemeinsamen Vorfahren von Gorillas, Bonobos, Schimpansen und Menschen dürfte der der heutigen Gorillas, und damit auch der von Darwins »Urhorde« oder von Freuds »Vaterhorde«, ähnlich gewesen sein. Eine Horde bestand aus einem Männchen und einem oder mehreren Weibchen und ihren Kindern. Vielleicht hat ein gestiegenes »Bedürfnis genitaler Befriedigung« (Freud) bei den Männchen dazu geführt, dass Männchen und Weibchen sich auf Dauer zusammenschlossen und damit eine Familie gründeten (vgl. S. 143). Mit der Geschlechtsreife verließen die Söhne und die Töchter ihre Familie, so wie das heute bei Gorillas der Fall ist. Damit blieb die Heterozygotie auf einem hohen Niveau.

Was spricht für diese These? Eine solche Sozialstruktur ist bei Säugetieren sehr üblich. Man kann sie als Grundtypus ansehen. Die wesentlich komplexeren Sozialsysteme vieler Primaten, einschließlich der Sozialsysteme der Schimpansen und Bonobos, sind vermutlich aus diesem Grundtypus entstanden.

Was könnte die Aufspaltung dieser Art in die Linie, die zu den Gorillas, und in die, die zu den Menschen, Bonobos und Schimpansen führte, bewirkt haben? Eine Art kann sich aufspalten, wenn Populationen dieser Art lange Zeit räumlich getrennt leben. Eine räumliche Trennung der Vorfahren der Gorillas von denen der Bonobos, Schimpansen und Menschen kann man als Grund der Artenbildung nicht ausschließen, aber wenn man sich die heutige Verbreitung der Gorillas, Bonobos und Schimpansen ansieht, dann sind die Indizien dafür schwach. Ein Angebot von zwei unterschiedlichen Ernährungsweisen als Ursache der Aufspaltung ist ebenfalls nicht auszuschließen, aber die Argumente dafür sind, wenn man die heutige Ernährung ansieht, ebenfalls schwach. Die größten Unterschiede gibt es in den Sozialstrukturen. Zu fragen ist daher, ob eine Änderung im (Sozial-)Verhalten zur Aufspaltung der Art geführt haben kann.

Die Evolution hin zu den Sozialstrukturen von Bonobos, Schimpansen und Menschen beinhaltet im Vergleich zu der Sozialstruktur von Gorillas eine Reihe gleichartiger Veränderungen. Dazu gehören: Die Gemeinschaften wurden größer, die herangewachsenen Söhne wurden nicht mehr aus der Gemeinschaft vertrieben, die Söhne wurden im Erwachsenenalter von Sexualkontakten mit den weiblichen Mitgliedern der Gemeinschaft nicht mehr ausgeschlossen, die sexuellen Betätigungen aller Gruppenmitglieder nahmen erheblich zu.

Die Sozialstrukturen der Bonobos und der Schimpansen sind das, was Freud einen »Brüderbund« nannte. (Freud hat das für die Urmenschen angenommen, die Sozialstrukturen der Bonobos und Schimpansen kannte er nicht.) Alle männlichen Mitglieder einer Horde sind zumindest soziale Brüder, weil sie zusammen aufgewachsen sind. Anders als bei Gorillas bleiben die Söhne der Schimpansen und Bonobos in ihrer Geburtsgruppe. Die Gruppe bildet keinen Schwesternbund, weil die erwachsenen weiblichen Tiere aus verschiedenen Nachbargruppen zugewandert sind und die herangewachsenen Töchter die Gruppe verlassen. Menschen leben ebenfalls in einem Brüderbund – wie noch zu diskutieren ist –, nur ist ihre Sozialstruktur komplizierter.

Heute herrscht bei Menschen die Paarbindung vor. Die Frage ist: Hat sich die Paarbindung direkt aus einer Haremsstruktur heraus entwickelt oder aus einem »Brüderbund«? Vergleichende Untersuchungen der Sozialstrukturen von 217 heute lebenden Primatenarten führten Shultz und Mitarbeiter (2011) zu dem Schluss, dass bei Primaten Sozialstrukturen mit Paarbindungen sich aus großen Verbänden mit jeweils mehreren Vertretern beiderlei Geschlechts entwickelt haben und nicht umgekehrt. Die Autoren halten es daher für unwahrscheinlich, dass sich die Paarbindung bei Menschen direkt aus einer Haremsstruktur heraus entwickelt hat. Da Schimpansen und Bonobos in festen Verbänden mit vielen Erwachsenen beiderlei Geschlechts leben, lebte vermutlich auch der gemeinsame Vorläufer von Schimpansen, Bonobos und Menschen in großen Verbänden aus Erwachsenen beiderlei Geschlechts.

Der Übergang von der Haremsstruktur zu einer Sozialstruktur, bei der Erwachsene beiderlei Geschlechts in großen Verbänden lebten, geschah entweder friedlich oder gewaltsam. Gewaltsam könnte heißen: Die Söhne haben gemeinsam den »Urvater« gestürzt und einen »Brüderbund« gegründet. Bei den Bonobos und Schimpansen blieb dann der Bund bis heute erhalten, bei Menschen entwickelte sich daraus eine Paarbindung.

In der ursprünglichen Sozialstruktur, einem Harem mit einem

Oberhaupt, wurde der hohe Grad der Heterozygotie der Population durch das Auswandern sowohl der Söhne als auch der Töchter aus ihrer Geburtsgruppe garantiert. Im Brüderbund blieben die Söhne in ihrer Geburtsgruppe. Damit hat nur noch das Auswandern der Töchter diesen hohen Heterozygotiegrad erhalten. Hinzu kamen weniger effiziente Maßnahmen zur Verhinderung von Inzest, wie die Vorliebe der Männchen für ältere Weibchen. Das erleichterte den heranwachsenden Weibchen, unbehelligt ihre Geburtsgruppe zu verlassen. Anders als Darwin und Freud annahmen[1], waren es also vermutlich im Wesentlichen die weiblichen Mitglieder der Art, die bei unseren Vorfahren Inzest verhindert haben.

Für einen friedlichen Übergang von der Haremsstruktur zum Brüderbund sehe ich keine überzeugenden Argumente. Für einen unfriedlichen Übergang lässt sich dagegen ein plausibles Szenario entwerfen: Die treibende Kraft, die zum Brüderbund führte, mag die gleiche Kraft gewesen sein, die Freud für die Gründung der Vaterhorde angenommen hat, nämlich ein gestiegenes »Bedürfnis genitaler Befriedigung«. Entscheidend war wohl das Bedürfnis der männlichen Tiere. Die Männchen der gemeinsamen Vorfahren der Gorillas, Schimpansen, Bonobos und Menschen waren vermutlich jederzeit zu Kopulationen bereit, so wie das heute bei Menschenaffen der Fall ist; sie warteten aber darauf, dass ein Weibchen einen Eisprung hat. Erst dann ist das Weibchen für sie attraktiv. Das dürfte nur alle drei bis fünf Jahre der Fall gewesen sein, so wie es das heute bei Gorillas und Schimpansen ist. Männchen fühlen sich in dieser Situation daher eher sexuell unterversorgt als Weibchen, auch dann, wenn die während des Eisprungs ebenfalls ein gestiegenes Bedürfnis genitaler Befriedigung verspürt haben sollten. Wenn unter diesen Bedingungen bei den Männchen das »Bedürfnis genitaler Befriedigung« steigt, dann bietet sich bei einem Haremsoberhaupt als Problemlösung die Vergrößerung seines Harems an.

Wenn ein Harem aber größer wird, gehen viele Männchen »leer« aus. Einige mögen in der Nachbarschaft des Harems bleiben. Hinzu kommt, dass immer häufiger gleichzeitig mehrere Söhne in die Pubertät kommen, die obendrein ebenfalls einen gesteigerten Drang

---

1 »Die jüngeren auf diese Weise vertriebenen Männchen wandern umher und werden, wenn es ihnen am Ende gelingt, eine Gefährtin zu finden, eine zu enge Inzucht innerhalb des Rahmens ein und derselben Familie verhindern.« (Darwin, 1902, Bd. II, S. 372) »Somit blieb den Brüdern, wenn sie miteinander leben wollten, nichts übrig, als – vielleicht nach Überwindung schwerer Zwischenfälle – das Inzestverbot aufzurichten, mit welchem sie alle zugleich auf die von ihnen begehrten Frauen verzichteten, um deren wegen sie doch in erster Linie den Vater beseitigt hatten.« (Freud, 1912-13, S. 174)

nach Sexualkontakten verspüren. Damit muss es unweigerlich zum Konflikt gekommen sein und gleichzeitig zu der Möglichkeit, dass die Söhne gemeinsam den Vater vertreiben. Jeder einzelne der Söhne wäre zu der Tat allein nicht in der Lage gewesen.

Hatten die Männchen dagegen nur ein geringes Bedürfnis, dann blieb der Harem klein und damit stabil[1]. Eine mittlere Haremsgröße dürfte zu keinem stabilen Zustand geführt haben, weder zu einer erfolgreichen Revolution noch zu einer friedlichen Familie. Aus Horden mit kleinem Harem gingen die heutigen Gorillas hervor. Die Horden mit großem Harem haben wiederholt das Oberhaupt des Harems gestürzt, bis schließlich ein stabiler Brüderbund entstand, aus dem der gemeinsame Vorfahre der Schimpansen, Bonobos und Menschen hervorging. Ein großer Harem als Resultat eines gestiegenen »Bedürfnisses genitaler Befriedigung« erlaubt einem Haremsoberhaupt nur in einer kurzen Phase, in der er auf dem Höhepunkt seiner Kraft ist, diese Position zu halten. Ersetzt ein Sohn von mehreren Söhnen, die sich um die Position bewerben, seinen Vater, dann ist sein Verbleib in der Position als neues Oberhaupt vermutlich besonders kurz, da die leer ausgegangenen Brüder ähnlich stark sind wie er. Da es bei Menschen, Bonobos und Schimpansen keine Brunftperioden gibt, kann man vermuten, dass es auch bei dem gemeinsamen Vorfahren von Menschen, Bonobos und Schimpansen keine Brunftperiode gab. Damit war in einem großen Harem ständig Anlass zur Unruhe gegeben. Ein Umsturz konnte jederzeit stattfinden. Wenn dazu noch der bei vielen Säugetieren, einschließlich der Gorillas, übliche Mord an Kleinkindern durch das neue Oberhaupt kommt, dann droht eine Population mit einem starken »Bedürfnis genitaler Befriedigung« auszusterben – es sei denn, sie findet einen Ausweg. Ein »Brüderbund« ist so ein Ausweg. Zunächst bestand der Ausweg vermutlich nur darin, dass ein neues Oberhaupt Kopulationen von Rangniederen in begrenztem Ausmaß zuließ.

Der (wiederholte) gemeinsame Aufstand gegen den »Urvater« fand vermutlich während oder nach der Abtrennung der Linie, die zu den Gorillas führt, statt (vor etwa 8 Millionen Jahren) und vor der Abtrennung der Linie, die zu den Menschen führt (vor etwa 6 Millionen Jahren).

---

1 Fossey berichtet von einer Gruppe von Berggorillas: »Da Effie und Marchessa [zwei Weibchen des Harems] beide Säuglinge unter zwei Jahren hatten, war Liza das einzige Mitglied von Beethovens Harem [>Beethoven< ist der Silberrücken], das regelmäßig in Hitze kam, obwohl er ebenso regelmäßig ihre Empfängnisbereitschaft fast ein Jahr lang ignorierte. Ihr wachsendes Bedürfnis nach Aufmerksamkeit verursachte häufig Streitereien, wenn sie wild durch die Gruppe rannte und auf alle einschlug, die ihr nicht schnell genug aus dem Weg gingen.« (Fossey, 1989, S. 140)

Zusammengefasst: Eine kontinuierlich variierende Größe (in diesem Fall die Stärke des Bedürfnisses genitaler Befriedigung) führt bei einem hohen und bei einem niederen Wert jeweils zu einem stabilen Zustand (in diesem Fall zu zwei verschiedenen stabilen Sozialstrukturen). Der mittlere Wert führt zu keinem stabilen Zustand. Auf diese Weise kann eine Art sich in zwei schließlich eigenständige Arten aufspalten.

Wie gelang es, dass der Brüderbund zu einer stabilen Sozialstruktur wurde? Notwendig waren mehrere Verhaltensänderungen, unter anderem sind das: Aggressionshemmung der Männchen untereinander, Verhinderung der Aufnahme vereinzelt umherstreifender Männchen in eine schon etablierte Gruppe von Brüdern, Abkehr vom vermutlich bisher praktiziertem Töten derjenigen Kinder, die nicht die eigenen sind (so wie das bei Gorillas beobachtet wird), Tolerieren von Sexualkontakten von Nebenbuhlern.

Da heute einander fremde Schimpansen- und Bonobomännchen sich heftig bekämpfen, kann man vermuten, dass die Sozialstruktur dadurch entscheidend stabilisiert wurde (und wird), dass die erwachsenen männlichen Tiere im Brüderbund soziale Brüder waren und noch die Erinnerung daran haben konnten, wie sie zusammen spielerisch herumgetollt waren. Nach Beobachtungen von Jane Goodall bremst der ständige Kontakt und das gegenseitige Pflegen des Fells bei Schimpansen Aggressionen zwischen Artgenossen. Sie beobachtete, dass drei Jahre nach der Aufspaltung einer Schimpansengruppe in zwei Untergruppen die Tiere einander so fremd geworden waren, dass ehemals befreundete Männchen sich tödlich bekämpften[1]. Bei dem gemeinsamen Vorfahren von Menschen, Bonobos und Schimpansen könnte daher durch das gemeinsame Aufwachsen die Aggression gegeneinander so weit gedämpft gewesen sein, dass Kämpfe nur selten tödlich endeten. Die Mütter konnten, wie in der Kindheit, dabei helfen, Streit zu schlichten. Eine Gruppe von einander fremden erwachsenen Männchen hat vermutlich eine deutlich geringere Chance, sich zu vereinigen und dann friedlich miteinander auszukommen. Man kann daher vermuten, dass in dieser Phase der Evolution eine Selektion auf die Fähigkeit zur Identifikation mit Mitgliedern der eigenen Gruppe entstand. Die Horde wurde als Erweiterung der Familie verstanden.

Tatsächlich konnte bei Schimpansen beobachtet werden, dass ältere Weibchen Streit unter Männchen schlichten, wohingegen Streit unter Weibchen weder von den Männchen noch von älteren Weib-

---
1 Goodall, 1991, S. 124ff.

chen geschlichtet wird. Der Grund ist vermutlich, dass viele der nunmehr erwachsenen Männchen einmal die Kinder oder sozialen Kinder der älteren Weibchen waren, wohingegen die jungen Weibchen zugewandert sind. Fremde Männchen wurden von den Männchen einer Horde als Konkurrenten aufgefasst und vertrieben. Fremdenfeindlichkeit hat auf diese Weise zur Stabilisierung der Gruppe beigetragen. Dieses Verhalten hat darüber hinaus in der Anfangsphase die Abgrenzung zu den Vorläufern der Gorillas erleichtert und damit zur Aufrichtung der Artgrenze beigetragen.

Interessanterweise gibt es unter Schimpansen einen Kampf, der für einen der Beteiligten häufig tödlich endet: Das Alphatier wird üblicherweise auf sehr brutale Weise gestürzt. Es wird meist stark verletzt und dann oft auch nicht mehr in der Gruppe geduldet. Einmal ausgestoßen, haben ehemalige Alphatiere nur eine geringe Überlebenschance. Rangstreitigkeiten unterhalb der Alphaposition verlaufen dagegen eher harmlos. Der Sturz des Alphatiers im Brüderbund der Schimpansen ähnelt damit dem Sturz eines Haremoberhaupts des gemeinsamen Vorfahren der Schimpansen, Bonobos und Menschen – oder, wenn man so will, dem Sturz des Urvaters. So ein Verhalten passt zu der Hypothese, dass der Übergang von der Haremsstruktur zum Brüderbund tatsächlich unfriedlich verlaufen ist.

Für das Zusammenleben war es erforderlich, Strategien zur Dämpfung der Aggressionen zu entwickeln. Heute lösen Bonobos viele soziale Konflikte durch sexuelle Handlungen. Bei aufkommenden Aggressionen oder Möglichkeiten zu Streit, beispielsweise wenn eine unerwartete Futterquelle in Sicht kommt, stimulieren sie sich gegenseitig homo- bzw. heterosexuell und vermeiden damit Kämpfe. Konflikte werden auch häufig auf diese Weise beendet, womit verhindert wird, dass einer der Beteiligten nachtragenden Groll hegt. Schimpansen sind wesentlich aggressiver. Bei ihnen wird die Aggression innerhalb der Gruppe dadurch reduziert, dass sie Artgenossen anderer Gemeinschaften angreifen, zumindest Drohungen ausstoßen[1], oder die Aggression an Gegenständen auslassen, wenn sie er-

---

1 De Waal hat dazu Beobachtungen gemacht: »Nach einem massiven Konflikt in der Arnheim-Schimpansen-Kolonie, als die Teilnehmer noch nach Luft japsten, begann einer von ihnen, aggressive Schreie in Richtung auf das Gepardengehege auszustoßen. Andere schlossen sich an; das Ergebnis war ein lärmender, für die Nachbarn sehr empört klingender Chor von Drohungen. Normalerweise schenken die Menschenaffen den Geparden keine Aufmerksamkeit, und dieses Mal waren die Katzen nicht einmal zu sehen, da sie in die entlegene Ecke ihres weitläufigen Parks gezogen waren. Nach dieser Spannungsentladung kam es zu mehreren Versöhnungen unter den Schimpansen.[...] Nach Hans Kummer beginnen Kämpfe zwischen verschiedenen Banden freilebender

kennen müssen, dass sie zu schwach sind, einen Streit innerhalb der Gruppe unbeschadet zu überstehen[1]. Menschen verhalten sich in dieser Hinsicht eher wie Schimpansen statt wie Bonobos. Das Aggressionsverhalten des gemeinsamen Vorfahren von Menschen, Bonobos und Schimpansen war daher wohl dem der heutigen Schimpansen ähnlicher als dem der Bonobos.

Von Gorillas und auch von vielen anderen Säugetieren ist bekannt, dass ein Männchen nach Übernahme des Harems alle Kinder, die noch gesäugt werden, tötet. Die Weibchen haben bald danach einen Eisprung und werden von dem neuen Oberhaupt schwanger. Dieses Verhalten soll folgenden Grund haben: Auf diese Weise kann ein Männchen seine Gene in der Population verbreiten. Durch die Tötung kommen seine Bemühungen um den Schutz des Harems nicht den Genen seines Vorgängers zugute.

Bei dem gemeinsamen Vorläufer von Menschen, Bonobos und Schimpansen gab es mit dieser Verhaltensweise ein Problem: In der Horde der Bonobos und Schimpansen gibt es ebenfalls ein Alphamännchen, aber das tötet die jungen Kinder nicht, wenn es diese Position von seinem Vorgänger übernimmt. Es ist nicht so, dass Schimpansen keine Artgenossen töten. Es kommt vor, dass sie kleine Schimpansenkinder töten und sogar verzehren, auch Kinder der eigenen Gruppe, aber das kommt selten vor und ist nicht Folge der Einnahme der Alphaposition. Offenbar haben die gemeinsamen Vorfahren der Menschen, Schimpansen und Bonobos diese Verhaltensweise der Kindstötung bei Übernahme der Alphaposition abgelegt, womit sie eine bisher von der Selektion geförderte Verhaltensweise aufgege-

---

Mantelpaviane oftmals dann, wenn Angehörige einer Bande einen Streit unter sich ›schlichten‹, indem sie gemeinsam den Mitgliedern einer anderen Bande drohen.« (de Waal, 1993, S. 266f.)

1 Goodall berichtet: »[...] es scheint, daß ausgewachsene Schimpansen sich leicht durch den Lärm und die Unruhe, die ein heranwachsender Artgenosse verursacht, gestört fühlen und aus diesem Grund den Störenfried verjagen oder gar angreifen. [...] Zweimal innerhalb einer Woche beobachteten wir, wie Mike [das Alphamännchen – S. B.] ihn [Figan, ein heranwachsendes Männchen – S. B.] nach solchen Veranstaltungen angriff. In der folgenden Woche stand Figan, nachdem er Mike beim Fressen zugeschaut hatte, ohne selber eine Banane zu erwischen, plötzlich auf und entfernte sich halb gehend, halb laufend von der Gruppe und stieß dabei wie ein Kind laute, klagende Laute aus, bis er nach etwa hundert Metern an einen riesigen knorrigen Baum kam. Sein Wimmern steigerte sich zu schrillen *pant-hoots* [laute, tutende Rufe – S. B.], und er sprang wieder und wieder an dem Baum hoch und trommelte mit den Füßen gegen den Stamm. Dann kam er in dem übermütigen Gang, der so typisch für ihn war, zurückgelaufen und setzte sich, jetzt ganz gelöst und ruhig wirkend, wieder hin; von diesem Tag an sehen wir ihn häufig allein davonlaufen, um das beschriebene Schauspiel an dem Baum zu wiederholen, wenn ihm die Gegenwart der älteren Artgenossen unerträglich wurde.« (van Lawick-Goodall, 1975, S. 148)

ben haben. Das war zweifellos notwendig, denn bei Promiskuität in einem Brüderbund hätte ein neues Oberhaupt womöglich, ohne es zu wissen, ein eigenes Kind getötet.

Es ist unklar, wie dieses Verhalten entstanden ist. Möglicherweise war dabei hilfreich, dass sich die Männchen im Brüderbund allgemein wenig um die Kinder gekümmert haben. Heute jedenfalls kümmern sich die Männchen der Schimpansen und Bonobos wenig um die Kinder der Horde. Bei Gorillas scheint das anders zu sein. Der Gorillavater spielt sehr liebevoll auch mit sehr kleinen Kindern[1].

Eines der größten Probleme der neuen Art bestand vermutlich darin, dass die Männchen lernen mussten, Sexualkontakte anderer Männchen im Brüderbund zu tolerieren. Das Oberhaupt eines Harems, beispielsweise bei den Gorillas, toleriert keinen Nebenbuhler (manchmal kann ein Sohn eine Weile geduldet werden[2]). In einem Brüderbund muss das anders sein[3]. In der Zeit des Umbruchs vom Harem – der »Vaterhorde« – zum »Brüderbund« dürfte es den (dominierenden) männlichen Vorläufern von Schimpansen, Bonobos und Menschen schwer gefallen sein, Sexualkontakte von anderen zu tolerieren. Gewonnen haben sie mit dem Verzicht auf Alleinanspruch, dass sie wesentlich häufiger (ungestört) kopulieren konnten.

Alle diese Verhaltensänderungen, wie die Entwicklung einer Aggressionshemmung der Männchen untereinander, Abkehr vom vermutlich bisher praktiziertem Töten derjenigen Kinder, die nicht die eigenen sind, und Tolerieren von Sexualkontakten bei Nebenbuhlern, sind im Grunde Triebbeschränkungen, die jeder Einzelne sich auferlegen muss, damit eine Gemeinschaft entstehen kann.

Einschränkungen zugunsten einer Gemeinschaft werden von manchen Autoren als Kulturleistungen bezeichnet[4]. Demnach hätte die

---

1 Fossey, 1983
2 ebd.
3 Die Männchen der Schimpansen und Bonobos tolerieren Sexualkontakte von anderen Männchen: »Unter solchen Bedingungen [wenn ein Weibchen der Schimpansen mit Genitalschwellung sich im Zentrum der Gemeinschaft aufhält] kopuliert ein Weibchen manchmal innerhalb von zehn Minuten mit sechs oder mehr Männchen. [...] Flo wurde in ihren besten Tagen einmal fünfzigmal innerhalb von zwölf Stunden besprungen.« (Goodall, 1991, S. 110) Allerdings kommt es auch vor, dass ranghohe Männchen rangniedere vertreiben.
4 Freud z.B. schreibt: »Vielleicht beginnt man mit der Erklärung, das kulturelle Element sei mit dem ersten Versuch, diese sozialen Beziehungen [die den Menschen als Nachbarn, als Hilfskraft, als Sexualobjekt, als Mitglied einer Familie, eines Staates betreffen] zu regeln, gegeben. Unterbliebe ein solcher Versuch, so wären diese Beziehungen der Willkür des Einzelnen unterworfen, d.h. der physisch Stärkere würde sie im Sinne seiner Interessen und Triebregungen entscheiden. [...] Das menschliche Zusammenleben wird erst ermöglicht, wenn sich eine Mehrheit findet, die stärker ist als jeder Einzelne und gegen jeden Einzelnen zusammenhält. Die Macht dieser Gemeinschaft

Kulturentwicklung begonnen, als der Brüderbund eine stabile Sozialstruktur wurde, und das hieße: noch vor der Auftrennung der Linien, die einerseits zu den Menschen und andererseits zu den Schimpansen und Bonobos führten.

Nach dem Sturz des Urvaters hat sich sicher unter den Männchen eine Rangfolge herausgebildet, so wie das heute noch bei Schimpansen und Bonobos der Fall ist. Männchen, die höher in der Rangfolge standen, haben ihr Interesse an Kopulationen stärker durchsetzen können. Damit haben die von der natürlichen Selektion Begünstigten auch mehr Nachkommen. Aber hätten die Mächtigen die Schwachen von Sexualkontakten vollständig abgehalten oder gar vertrieben, dann hätte das zu einer Revolution geführt. Das dauerhaft unbefriedigte Bedürfnis nach genitaler Befriedigung bei den Unterlegenen hätte die Population nicht zur Ruhe kommen lassen. Und die Stärkeren hätten noch etwas verloren: Bei Bonobos und Schimpansen schützen alle Mitglieder der Gruppe gemeinsam ihr Territorium vor Feinden. Das kommt besonders den Weibchen und ihren Jungen bei der Futtersuche zugute. An Schutz und Verteidigung beteiligen sich auch die, die möglicherweise gar keine Nachkommen haben und auch keine haben werden. Das Tolerieren von Sexualkontakten der Schwächeren und Heranwachsenden hat also einen für die Nachkommen der Mächtigen und damit für die von der natürlichen Selektion Begünstigten vorteilhaften Effekt. Mit anderen Worten: Das Tolerieren von Sexualkontakten von Schwächeren – d.h.: der Übergang zur Promiskuität, eingeschränkt durch die Rangfolge – beinhaltet einen Selektionsvorteil für die Population. Es erlaubt, dass Populationen größer werden können, dass ein sozialer Zusammenhalt bei der Nahrungssuche und der Feindabwehr entsteht und dass die fittesten Männchen die meisten Nachkommen haben. Das sind vermutlich die wichtigsten Gründe, warum sich dieses Verhalten bei dem gemeinsamen Vorläufer der Bonobos, Schimpansen und Menschen durchgesetzt hat.

Bei Schimpansen gibt es noch ein weiteres Sexualverhalten: Weibchen mit Genitalschwellung können zu einem Paarungsausflug eingeladen beziehungsweise gezwungen werden. Zunächst versucht ein Männchen, mit Imponiergehabe und ruckartigem Schütteln von Zweigen ein Weibchen zu überzeugen, mit ihm zu gehen. Nutzt das nichts, versucht er es meist mit Gewalt. Wenn das Erfolg hat, dann wandern beide an den Rand des Territoriums, fern von lästigen Konkurrenten. Sie bleiben dort meist, bis die Genitalschwellung abge-

---

stellt sich nun als ›Recht‹ der Macht des Einzelnen, die als ›rohe Gewalt‹ verurteilt wird, entgegen. Diese Ersetzung der Macht des Einzelnen durch die der Gemeinschaft ist der entscheidende kulturelle Schritt.« (Freud, 1930, S. 454f.)

klungen ist. Manchmal bleiben sie sogar noch eine weitere Brunftperiode lang in der Abgeschiedenheit. Dabei kann es sogar zu Kopulationen in der Zeit kommen, in der das Weibchen keine Genitalschwellung zeigt. Goodall hält diese Situation für besonders interessant:

»All diese Verhaltensweisen – die verlängerten Zeiten ausschließlicher Beziehungen, die ruhige und entspannte Atmosphäre, die dabei herrscht, und die ungewöhnlichen sexuellen Interaktionen [gemeint sind Kopulationen, wenn die Weibchen »flach« sind – S. B.] – lassen vermuten, daß Schimpansen latent die Fähigkeiten zur Entwicklung einer dauerhaften heterosexuellen Zweierbeziehung haben: zu einer Bindung, die der Struktur der Monogamie – oder doch periodischer Monogamie – ähnelt, wie sie in großen Teilen der westlichen Welt Tradition ist.«[1]

Das ist zweifellos ein attraktiver Gedanke. Die Frage ist aber, ob dieses Verhalten – ein Männchen versucht, eines der Weibchen ganz für sich zu behalten – ein Schritt von der allgemeinen Promiskuität zur Paarbindung ist oder ob es ein Relikt aus der Zeit ist, in der die Ahnen der Schimpansen, Bonobos und Menschen noch in Harems lebten.

Bedeutung der Partnerwahl für die Evolution des Menschen

Heute bevorzugen wir bei der Partnerwahl eine Person mit familienspezifischen Merkmalen. Die Frage ist, welche Bedeutung hatte diese Vorliebe bei der Partnerwahl für die Evolution des Menschen? Ich vermute, die Bedeutung war groß; und diese Vorliebe hat den Verlauf der Evolution wesentlich beeinflusst. Für diese Vermutung sprechen zum Einen theoretische Überlegungen (vgl. S. 30ff.): Menschen unterscheiden sich in Anatomie und Physiologie von ihren tierischen Vorfahren. Solche Unterschiede entstehen durch Hervorbringen von Gestaltvarianten und anschließender Selektion derjenigen Gestaltvarianten, die für die neue Lebensweise geeignet sind. Ein einheitliches artspezifisches Schönheitsideal stabilisiert die überkommene Erscheinung, ein familienspezifisches hingegen erleichtert Veränderungen, es führt zu vielen neuen Gestaltvarianten, unter denen dann auch einige sind, die für die neue Lebensweise geeigneter sind als die überkommene Gestalt. Verglichen mit Schimpansen, Bonobos und Gorillas haben sich unsere Vorfahren in sehr kurzer Zeit relativ stark in ihren anatomischen und physiologischen Eigenschaften ver-

---

1 Goodall, 1991, S. 116

ändert. Für die Vermutung, dass diese Vorliebe eine große Bedeutung hat, spricht zum Anderen, dass wir mit ihr heutige, weitverbreitete Verhaltensweisen verstehen können, für die bisher oft nur recht unbefriedigende Erklärungen gefunden wurden, wie im Kapitel 4 diskutiert wurde.

Am Beginn der Menschheitsentwicklung war die Lebensweise unserer Vorfahren vermutlich ähnlich der der heutigen Gorillas, Schimpansen und Bonobos. Der Übergang zu unserer heutigen Lebensweise fand in vielen Schritten statt. Das Gehirn hat sich erst spät vergrößert. Früh erfolgte dagegen die Aufrichtung des Körpers. Unsere Vorfahren konnten sich zunächst nur langsam watschelnd fortbewegen, aber offenbar war die aufrechte Lebensweise für sie günstiger als die schnelle vierbeinige Fortbewegung. Ich denke, zu dieser Zeit haben sich unsere Vorfahren vorwiegend (zumindest in für das Überleben kritischen Zeiten) von Organismen ernährt, die von Steppen- und Buschbränden aufgescheucht oder getötet wurden, so wie das heute viele Tiere in den Steppen Ostafrikas tun (vgl. S. 12f.). Zu Beginn der Aufrichtung war unseren Vorfahren die Jagd unmöglich. Mit zunehmender Vervollkommnung der Fähigkeit, sich auf zwei Beinen fortzubewegen, wurde die Jagd möglich. Der mir hier wichtige Punkt ist, dass es nicht die Möglichkeit zur Jagd war, die die zweibeinige Fortbewegung bewirkt haben kann. Wäre die Möglichkeit zur Jagd entscheidend für unser Überleben gewesen, hätten wir nie die vierbeinige Fortbewegung aufgeben dürfen. Die Fähigkeit zur Jagd auf zwei Beinen ist das Resultat einer Abfolge von verschiedenartigen Lebensweisen und damit eine Abfolge von unterschiedlichen Selektionsprozessen auf den Körperbau (nicht nur auf die Beine) und auf das Verhalten unserer Vorfahren im Verlauf von vielen Millionen Jahren. Unsere Entwicklung hin zur heutigen Lebensweise ist nicht gradlinig verlaufen. Mit jeder Änderung im Körperbau und im Verhalten haben sich neuartige Möglichkeiten aufgetan, und diese neuen Möglichkeiten haben dann den weiteren Fortgang bestimmt. Die Fähigkeit unserer Art, in kurzer Zeit viele verschiedenen Varianten in Körperbau und Verhalten zu erzeugen, verdankt sie – denke ich – zu einem beträchtlichen Teil unserer Vorliebe für einen Partner mit familientypischem Aussehen. Zufällig entstandene Gestaltvarianten bleiben bei dieser Art der Partnerwahl in der Population erhalten, wenn sie im »Kampf ums Dasein« erfolgreich sind. Heute sind einige unserer Art, *Homo sapiens*, an heiße Klimabedingungen mit starker Sonneneinstrahlung angepasst, andere an kalte Bedingungen mit schwacher Sonneneinstrahlung. Einige Völker vertragen als Erwachsene Milch, andere nicht, und sie ernähren sich dementsprechend auch nicht davon. Dabei muss man im Auge behalten, dass die Zeit für die Herausbildung dieser Unterschiede – maximal 200 000 Jahre – außerordentlich kurz war. Mit einem einheitlichen Schönheitsideal, also einem, das das Bestehende zu bewahren strebt, wäre das nicht möglich gewesen.

Das heißt: Es muss im Laufe der Evolution der Menschen einen Selektionsdruck auf einen immer stärkeren Einfluss der Vorliebe bei der Partnerwahl für eine Person gegeben haben, die den engsten Angehörigen ähnelt. Diese Vorliebe ermöglichte einer Population, die jeweils gerade neu erreichten Lebens- und Ernährungsbedingungen durch geeignete Anpassung der Anatomie, Physiologie und des Verhaltens effizienter zu nutzen oder sogar vollständig anders als vorher zu nutzen und schließlich eigenständig zu verändern.

Anatomische und physiologische Eigenschaften – und ebenso deren Änderungen – haben eine genetische Grundlage, und die wird vererbt. Damit werden Änderungen dieser Eigenschaften nur an die eigenen Nachkommen weitergegeben. Verhalten und Verhaltensänderungen breitet sich dagegen durch Kommunikation aus. Unsere Art der Partnerwahl begünstigt, dass familienspezifisches Verhalten, auch dann, wenn es noch selten ist und den Anderen in einer Population »abartig« vorkommen mag, nicht verloren geht, sondern, ähnlich wie eine genetische Anlage innerhalb der Familie, weitergegeben wird. Der Grund dafür ist, dass das Erziehungsverhalten innerhalb einer Familie tradiert wird und dass das Erziehungsverhalten maßgeblichen Einfluss auf das zukünftige Verhalten der späteren Erwachsenen hat. Bringen die Verhaltensänderungen den Erwachsenen Vorteile im »Kampf ums Dasein«, dann kann das Erziehungsverhalten sich in den folgenden Generationen in der Population ausbreiten. Auf diese Weise hilft unsere Art der Partnerwahl nicht nur bei der Durchsetzung und Ausbreitung von neuen anatomischen und physiologischen Merkmalen in einer Population, sondern auch bei der Durchsetzung und Ausbreitung von neuen Verhaltensweisen.

Wenn im Folgenden davon die Rede ist, dass ein Selektionsdruck eine bestimmte Verhaltensänderung fördert, dann ist dieser komplexe Prozess der Verhaltensänderung und Kommunikation von Verhalten gemeint, auch wenn das nicht immer im Detail ausgeführt wird.

Am Anfang des dritten Kapitels stand die Frage: Welchen Einfluss hat die Vorliebe für einen Partner, der den engsten Angehörigen ähnelt, für die Entwicklung unserer psychische Organisation und für unser Sozialsystem?

Ist der Einfluss groß, dann ist zu erwarten, dass die psychische

Entwicklung eines Jeden und damit das Sozialsystem als Ganzes durch diese Vorliebe bei der Partnerwahl beeinflusst wird. Zudem muss das Sozialsystem so gestaltet sein, dass ein Kind/Jugendlicher diese Vorliebe verlässlich entwickeln kann. Für die Frage nach der Bedeutung der Vorliebe für den Ablauf der Evolution gilt das Gleiche. Hinzu kommt, dass, wenn die Bedeutung der Vorliebe ständig groß war, dann muss jede Wendung der sich ändernden psychischen Organisation und Sozialstruktur von dieser Vorliebe bei der Partnerwahl beeinflusst worden sein. Anders ausgedrückt: Wenn die Hypothese, dass die Bedeutung der Vorliebe für einen Partner, der den engsten Angehörigen ähnelt für den Ablauf der Evolution groß ist, zutrifft, dann hilft diese Hypothese, die Evolution unserer psychischen Organisation und unseres Sozialsystems besser zu verstehen. Sie kann damit zur Beantwortung der Frage beitragen: Wodurch sind wir so geworden, wie wir heute sind, und warum leben wir heute so, wie wir heute leben?[1]

Die Trennung des Vorläufers der Menschen von den Vorläufern der Bonobos und Schimpansen

Vor etwa sechs Millionen Jahren hat sich die Art des gemeinsamen Vorläufers von Menschen, Bonobos und Schimpansen in zwei Arten aufgespalten. Die Vorläufer der Menschen sind zu einer neuartigen Lebens- und Ernährungsweise übergegangen. Begonnen hat alles mit Zufällen: Durch Mutation und Rekombination entstanden Gestaltvarianten. Einige davon kamen besser, andere schlechter mit den neuen Lebens- und Ernährungsmöglichkeiten zurecht – wie auch immer diese neuen Möglichkeiten beschaffen waren (vgl. S. 12f.). In der Linie, die zu den Menschen führt, muss sich die sexuelle Selektion deutlich geändert haben. Das Schönheitsideal war vorher bei allen Individuen vermutlich weitgehend einheitlich, es hat das Erscheinungsbild stabilisiert. Das neue Schönheitsideal hat es ermöglicht, dass auch Individuen mit verändertem Aussehen Partner finden und

---

[1] Bis auf ganz wenige Ausnahmen ist es unmöglich, Zeiten anzugeben, zu denen bestimmte Änderungen im Verhalten eingetreten sind. Zu den Ausnahmen gehören Felsmalereien und Funde, die auf Begräbnisriten hinweisen. Die Zeit der Entstehung der Paarbindung könnte auch eine solche Ausnahme sein. Nach Lovejoy (zitiert nach Gavrilets, 2012) ist die Paarbindung bei Menschen schon vor deutlich mehr als 4 Millionen Jahren entstanden. Offen bleibt dagegen, wann, beispielsweise, das Inzesttabu aufgerichtet wurde. Notgedrungen muss daher im Folgenden fast vollständig auf Zeitangaben für Verhaltensänderungen verzichtet werden.

Nachkommen haben. Bei der Partnerwahl wurde einer Person der Vorzug gegeben, der den engsten Angehörigen ähnelt, womit viele neue Gestaltvarianten in der Population erhalten blieben, die den »Kampf ums Dasein« bestanden.

Wie kann sich dieses Schönheitsideal durchgesetzt haben? Die Söhne des Vorläufers von Menschen, Schimpansen und Bonobos haben gegen den »Urvater« rebelliert, weil sie ein starkes »Bedürfnis genitaler Befriedigung« verspürten und der Urvater ihnen diese Befriedigung nicht erlaubte. Nach dessen Sturz war diese Ursache der Einschränkung beseitigt, aber es gab vermutlich heftige Rivalenkämpfe um die Weibchen. Es ist schwer vorstellbar, dass die männlichen Vorläufer der Menschen ihre sexuellen Kontakte freiwillig auf Weibchen, die ihnen ähnlich sehen, beschränkt haben, während die männlichen Vorläufer der Bonobos und Schimpansen dabei blieben jedes Weibchen attraktiv zu finden.

Plausibler erscheint mir, dass die – freiwillig – in eine fremde Horde eingewanderten jungen Weibchen sich ihre Sexualpartner auszuwählen versuchten. Wenn ein eingewandertes Weibchen bereitwilliger sich mit einem Männchen paarte, das in Aussehen und Verhalten vertraut wirkt, weil es seinen Geschwistern und seiner Mutter ähnelt, dann kann damit der erste Schritt zu einer Partnerwahl nach dem Bild der engsten Angehörigen gemacht worden sein. Voraussetzung ist dabei, dass dieses Verhalten eine vererbbare Komponente hat, wie klein diese Komponente auch gewesen sein mag. Vorstellbar ist beispielsweise, dass eher ängstliche als mutige junge Weibchen sich vertraut aussehenden Männchen anzuschließen versuchen. Möglicherweise enthält die Disposition zu eher ängstlichem als mutigem Verhalten eine vererbbare Komponente. Es könnte aber auch sein, dass unsere weiblichen Vorfahren, besser als die der zukünftigen Bonobos und Schimpansen, ihre Wünsche gegen die Männchen durchsetzen konnten. Und möglicherweise enthält die Disposition zu selbstbewusstem, durchsetzungsfähigem Auftreten, verbunden mit körperlicher Stärke, eine vererbbare Komponente.

Weibchen, die keine solche selektive Vorliebe hatten oder denen die Durchsetzung dieser Vorliebe von den Männchen erfolgreich verwehrt wurde oder die diese Vorliebe schnell im Lauf ihrer neuen Hordenzugehörigkeit aufgaben, könnten zu den Begründern der Linie geworden sein, die zu den Bonobos und Schimpansen führte.

Selbstverständlich spielen auch andere Kriterien als diese Vorliebe bei der Partnerwahl eine wichtige Rolle, wie Stärke, Gesundheit, soziale Position, einnehmendes Wesen, usw.. Aber eine Auswahl unter potentiellen Partnern nach diesen Kriterien selektiert nicht auf familientypische Eigenschaften. Diese Kriterien sind in allen Populationen mit und ohne Promiskuität und zu jeder Zeit wichtig, auch für Schimpansen und Bonobos heute.

Wenn nun die Männchen lernen, dass sie Weibchen erfolgreicher zu einer Paarung »überreden« können, die ihnen selbst, ihrer Mutter und ihren Geschwistern ähnlich sehen, während bei anders Aussehenden die Aussichten auf Erfolg geringer sind, dann wirkt das in die gleiche Richtung. Von beiden Seiten wird auf diese Weise tendenziell ein Partner nach dem Bild der engsten Angehörigen gewählt.

So ein Verhalten gefährdet nicht die Heterozygotie der Population. Denn nach wie vor verlassen die Töchter mit Erreichen der Geschlechtsreife die Population. Mutter und Sohn dürften, wie heute bei Gorillas, Bonobos und Schimpansen, eine Inzestscheu entwickelt haben (vgl. S. 56f.).

Möglich ist auch, dass am Beginn der Menschheitsentwicklung eine Art Gruppenehe stand: Neu eingewanderte Weibchen haben sich nicht einem Männchen, sondern einer Untergruppe der Horde angeschlossen, in der die männlichen Mitglieder ihren Brüdern ähneln (vgl. »Punalulafamilie« S. 152). Solche Untergruppen bilden sich heute bei Bonobos und Schimpansen jeden Morgen, wenn sie zur täglichen Nahrungssuche aufbrechen. Häufig bleiben biologische Brüder beisammen. Diese Männchen könnten dann »ihre Weibchen« gegen sexuelle Übergriffe verteidigt haben.

Es könnte auch sein, dass Paarungsausflüge, so wie sie Goodall bei Schimpansen beschreibt, am Anfang der Menschheitsentwicklung standen (vgl. S. 167f.). Eine Übereinstimmung der beiden Partner, sich zeitweilig von der Gruppe zurückzuziehen, dürfte leichter zustande gekommen sein, wenn sie sich gegenseitig als vertraut aussehend einstufen.

Ich denke, der Wunsch der eingewanderten jungen Weibchen nach Vertrautheit und Geborgenheit, die durch Familienähnlichkeit suggeriert wird, ist nachvollziehbar. Zudem gab es einen historischen Grund für diese Wahl: In der Vaterhorde, vor dem Sturz des Urvaters, haben die Töchter ihren Vater und ihre (sozialen) Brüder zum Vorbild für ihre späterer Partnerwahl genommen – wen sonst? Sie haben sich vermutlich einem einzelgängerischen Männchen oder einer Nachbargruppe ihrer Wahl aufgrund eben dieses Bildes angeschlossen – so wie die Weibchen der Gorillas, Schimpansen und Bonobos das heute tun. Die Wahl eines Partners mit familientypischen Merkmalen sollte demnach für junge Weibchen der Normalfall gewesen sein, während das Interesse an unbegrenzter Promiskuität, ohne Auswahl des Partners, erklärungsbedürftig wäre. Man muss sich daher fragen, warum die Wahl eines Partners, der den engsten Familienangehörigen ähnlich sieht, sich nicht auch bei den Vorläufern der Schimpansen und Bonobos durchgesetzt hat.

Vielleicht war es tatsächlich so – wie im Vorhergehenden schon erwähnt –, dass in einigen Populationen der Vorläufer von Menschen, Bonobos und Schimpansen die Weibchen diese Vorliebe bei der Partnerwahl gegen die Männchen nicht durchsetzen konnten und schließlich nicht mehr durchsetzen wollten. Damit entwickelte sich in solchen Populationen eine nahezu unbegrenzte Promiskuität und ein weitgehend einheitliches Schönheitsideal.

Von größerer Bedeutung war aber vermutlich ein anderer Aspekt: Für eine Art, die schon lange in einer relativ stabilen Umwelt lebt, ist ein einheitliches Schönheitsideal günstig. Unter diesen Lebensbedingungen sind von großen Änderungen der Gestalt kaum Vorteile im Kampf ums Dasein zu erwarten, und daher sind große Änderungen der Gestalt kaum zu erwarten. Kleine Änderungen wird es dagegen geben, wenn sie zu einem besseren Überleben führen, da es ständig kleine Änderungen in den Lebensbedingungen gibt. Ein einheitliches Schönheitsideal hat unter diesen Bedingungen die Funktion einer vorgelagerten natürlichen Selektion. Es verhindert Paarungen und damit auch Nachkommen, die – nach Augenschein bei der Partnerwahl – im Kampf ums Dasein vermutlich nicht das Optimum darstellen, weil der potentielle Partner nicht art-typisch aussieht. Ein Irrtum ist selbstverständlich nicht ausgeschlossen, aber die Wahrscheinlichkeit, dass die Entscheidung für einen »abartig« aussehenden Partner letztlich richtig ist, ist klein. Unter diesen Bedingungen – stabile Umwelt – wäre eine Partnerwahl nach dem Bild der engsten Angehörigen kontraproduktiv. Eine solche Vorliebe bei der Partnerwahl würde die Population immer heterogener machen. Sie führte zu vielen neuen Gestaltvarianten, von denen sicher nur ganz wenige geeigneter als der überkommene Phänotyp sind. Ein weitgehend einheitliches artspezifisches Schönheitsideal ermöglichte demnach den Vorläufern der Schimpansen und Bonobos in einer relativ stabilen Umwelt mit relativ gleichbleibenden Ernährungs- und Lebensbedingungen optimal zu überleben und sich optimal zu behaupten, wobei, getragen von der natürlichen Selektion, ständig, in kleinen Schritten, eine Optimierung der Gestalt, der Physiologie und des Verhaltens stattfand. Bei den Populationen, die in der überkommenen Umwelt und bei der überkommenen Lebensweise blieben, hat es demnach eine Selektion auf ein einheitliches artspezifisches Schönheitsideal gegeben. Die (nahezu) unbegrenzte Promiskuität mit Rangfolge unter den Männchen hat das Erreichen dieses Ziels erleichtert.

Wenn es allerdings in der Nachbarschaft einer Population – mit Promiskuität seiner Mitglieder und einem einheitlichen Schönheitsideal bei der Partnerwahl – neue, gute Ernährungsmöglichkeiten gab, die durch eine oder einige von neuen, zufällig entstandenen Gestaltvarianten erheblich effizienter genutzt werden konnten als durch Individuen mit ursprünglicher Gestalt, dann sieht alles anders aus. Unter diesen Bedingungen ist die Wahl eines Partners, der den eigenen Angehörigen ähnlich sieht, dem einer Wahl nach einheitlichen artspezifischen Merkmalen deutlich überlegen. Mit dieser Vorliebe können neue, günstige Eigenschaften in einer Untergruppe der Population erhalten bleiben und dann durch Selektion für diese Umwelt vervollkommnet werden. Bei einem einheitlichen artspezifischen Schönheitsideal findet die erfolgreiche Gestaltvariante vielleicht keinen Partner, und wenn doch, dann einen, der sehr wahrscheinlich aussieht wie alle anderen, womit das günstige Merkmal sich wieder verliert. Es wird nicht selektiv durch die Vorliebe bei der Partnerwahl erhalten und gefördert, es wird durch die sexuelle Selektion benachteiligt.

Mit anderen Worten: Findet eine Partnerwahl nach familientypischen Merkmalen bei den Mitgliedern einer Population am »falschen« Ort und zur »falschen« Zeit statt, dann gibt es eine Selektion gegen ihre Etablierung in der Population. Sonst ginge die Population unter. Der Übergang zu einer Partnerwahl nach familientypischen Merkmalen wird dann, aber auch nur dann, von der Selektion gefördert, wenn es zur gleichen Zeit neue (sehr) günstige Lebensbedingungen in der Nachbarschaft gibt, die aber von den Mitgliedern einer Population nur ungenügend genutzt werden können, weil ihr Körperbau, ihre Physiologie oder ihr Verhalten dafür ungenügend geeignet sind. Ich vermute deshalb, dass sich diese Vorliebe bei der Partnerwahl bei dem gemeinsamen Vorfahren von Menschen, Bonobos und Schimpansen im Laufe von Jahrtausenden wiederholt entwickelt hat und wiederholt untergegangen ist, bis es schließlich zu dieser günstigen Konstellation gekommen ist.

Selbstverständlich kann es auch die Gegenbewegung zurück zu einem einheitlichen artspezifischen Schönheitsideal geben, und zwar dann, wenn die äußeren Bedingungen so sind, dass ein einheitliches Schönheitsideal einen höheren Reproduktionserfolg bewirkt als eine familienspezifische Modifikation des artspezifischen Ideals. Die Art der sexuellen Selektion wird durch die natürliche Selektion bestimmt. Offenbar gilt: Die Zweigeschlechtlichkeit von Organismen zusammen mit der Möglichkeit, den Partner auszuwählen, schafft die Voraussetzung für eine Modulation der Geschwindigkeit von evolutionären Veränderungen. Eröffnen sich für eine Art mit solchen Eigenschaften vielfältige neue, gute Lebensbedingungen, z.B. nach einer (weltweiten) Katastrophe, bei der viele Arten aussterben, oder in Folge der Besiedlung von Inseln wie den Galapagos, dann entsteht damit ein Selektionsdruck, das einheitliche artspezifische Schönheitsideal aufzugeben und an seine Stelle eine familienspezifische Modifikation des artspezifischen Schönheitsideals einzuführen. Eine Partnerwahl nach familientypischen Merkmalen ist ein sehr effizienter Weg, vielleicht der effizienteste Weg überhaupt, auf dem die natürliche Selektion die Bildung einer großen Zahl unterschiedlicher Gestaltvarianten fördern kann. Mit einem solchen Ideal wird sich die Art schnell verändern, sie kann sich auch in mehrere Arten aufspalten, und das alles läuft solange mit hoher Geschwindigkeit ab, bis die »ökologischen Nischen« erfolgreich besiedelt sind. Dann sind neue, und zwar einheitliche artspezifische, Schönheitsideale günstiger als die familienspezifische Modifikation des ursprünglichen Schönheitsideals. Damit werden Artgrenzen etabliert, und die Geschwindigkeit der evolutionären Veränderungen verlangsamt sich. Die neuen Ideale bewahren das Erreichte, erlauben aber kleine Veränderungen, die die neue Gestalt optimieren.

Vermutlich verlief die Entwicklung der Menschheit nach diesem Muster. Sie begann in Afrika. Von da aus haben unsere Ahnen die anderen Kontinente besiedelt. Diese Besiedlung war nicht nur das Resultat einer stetige Wanderung, sondern auch das einer stetigen Wandlung der Gestalt, der Physiologie und des Verhaltens. Mit einem einheitlichen artspezifischen Schönheitsideal, wie es Gorillas und Schimpansen haben, wäre die Besiedlung der unterschiedlichen Regionen der Welt vermutlich nicht möglich gewesen. Im Zuge der Wanderungen hat sich die Menschheit in Arten aufgespalten, die an unterschiedliche Lebensbedingungen angepasst waren. Beispielsweise wurden kalte Regionen durch den untersetzen, sehr muskulösen *Homo neanderthalensis* besiedelt und tropische Regionen durch den zierlichen *Homo floresiensis*. Man kann vermuten, dass sich mit dieser Aufspaltung eigenständige artspezifische Schönheitsideale herausgebildet haben. Dann hat unsere Art, *Homo sapiens*, bei ihrer Wanderung »out of africa« die anderen Arten der Gattung *Homo* verdrängt – friedlich oder unfriedlich. Heute sehen die Mitglieder der Art *Homo sapiens* in den verschiedenen Regionen dieser Welt recht unterschiedlich aus, aber eine Auftrennung in Unterarten wird es wegen der hohen Mobilität vermutlich nicht geben.

In der Phase der Auftrennung in die unterschiedlichen Linien, die einerseits zu den Menschen und andererseits zu den Schimpansen und Bonobos führte, hat es sicher ein breites Spektrum an anatomischen und physiologischen Unterschieden und an Verhaltensweisen gegeben. Die Auftrennung in unterschiedliche Linien stellt sich mit dem unterschiedlichen Erfolg dieser Veränderungen ein. Einige Individuen kamen mit den überkommenen Bedingungen gut zurecht und andere besser mit den neuen. Die Nachkommen aus gemischten Beziehungen kamen in keiner der beiden Umwelten gut zurecht. Das lässt sich an einem Beispiel erläutern: Die Entwicklung zum aufrechten Gang erleichterte die Nutzung der neuen Umwelt – sonst hätte sich der aufrechte Gang nicht durchgesetzt –, aber die dafür neu erworbenen anatomischen Errungenschaften erschwerten für lange Zeit eine rasche Bewegung auf dem Boden und erschwerten gleichzeitig das Besteigen von Bäumen. Die natürliche Selektion hat daher Paarungen zwischen aufrecht Gehenden und vierfüßig Laufenden nicht begünstigt.

Jede anatomische oder physiologische Veränderung oder Änderungen im Verhalten, die eine reproduktive Isolation erleichterten und damit dazu beitrugen, eine Artgrenze zu schaffen, wurde von der Selektion begünstigt. Hilfreich bei der Aufrichtung einer Artgrenze war sicher das unterschiedliche Aussehen und das unterschiedliche Schönheitsideal. Wechselseitig haben sich die jeweils Anderen als nicht attraktiv angesehen. Besonders hilfreich bei der Ausbildung einer Artgrenze sind durch Mutation entstandene anatomische Unterschiede, die eine erfolgreiche Paarung über die sich bildende Artgrenze hinweg erschweren und schließlich ganz verhindern. Möglicherweise haben die äußeren Geschlechtsorgane, die bei Menschen und Menschenaffen von sehr unterschiedlicher Größe sind, dabei eine Rolle gespielt[1].

---

1 Bei vielen Organismen, die nahe verwandt sind, haben sich im Verlauf der Evolution sehr zuverlässige und oft sehr direkte Barrieren für Paarungen über Artgrenzen hinweg entwickelt: Die Geschlechtsorgane haben sich so verändert, dass nur noch innerartliche Paarungen möglich sind. Die Geschlechtsorgane einer Art passen zueinander wie Schlüssel und Schloss (weitverbreitet bei Spinnen, Tausendfüßlern und Insekten). Bei unseren Vorfahren mag Ähnliches stattgefunden haben. Diamond schreibt: »[...] begeben wir uns nun zu einem krassen Mißerfolg: dem Unvermögen, im 20. Jahrhundert endlich eine angemessene Theorie der Penislänge zu formulieren. Die Durchschnittslänge des aufgerichteten Penis beträgt beim Gorilla drei, beim Orang-Utan vier, beim Schimpansen 7,5 und beim Menschen knapp 13 Zentimeter. [...] Warum ist der menschliche Penis im Vergleich zu dem aller übrigen Primaten nur so groß und auffällig? [...] Hier wartet noch ein breites Forschungsfeld darauf, beackert zu werden.« (Diamond, 1998, S. 96f.) Zweifellos hat auch die entsprechende Scheide eine artspezifische Größe. Einsehbar ist, dass ein deutlicher Unterschied in der Größe von Penis und Scheide eine erfolgreiche Paarung bzw. eine erfolgreiche Befruchtung verhindert. Ein

Viele Autoren gehen von der Vorstellung aus, am Anfang der Menschheitsentwicklung habe die Bildung von Klein- oder Kernfamilien gestanden, und aus denen hätten sich durch Zusammenschluss Großfamilien bzw. Horden gebildet. Theodosius Dobzhansky z.B. schreibt: »Zusammenarbeit zwischen den Familien machte die Großfamilie möglich. [...] Verschiedene Männer konnten jetzt in der Sorge für die Familien zusammenarbeiten, und dies erlaubte ausgedehntes Jagen, Umzingeln und Erlegen von Großwild, das der einzelne Jäger, solange er nicht mit wirksamen Waffen ausgerüstet war, nicht erbeuten konnte.«[1]

Problematisch erscheint mir bei dieser Jagd-Hypothese das den Frauen zugedachte Los: Im Anfangsstadium, in dem jede Kernfamilie auf sich gestellt war, blieb eine Frau mit ihren Kindern allein – d.h. nicht in Gemeinschaft anderer Frauen – in der Steppe oder im Galeriewald zurück, wenn der Mann loszog, um Nahrung zu beschaffen. Bei Gefahr war der Frau – schon wegen der Kinder – eine Flucht kaum möglich, da die Fortbewegung auf zwei Beinen langsam war und die Fähigkeit, Bäume zu besteigen – auch noch mit mehreren unselbständigen Kindern –, gering war. Wie sollten sie sich gegen große Raubkatzen und in Rudeln jagenden Hyänen verteidigen? Wie soll eine Familie es vermocht haben, in dieser Situation zu überleben?[2] Die Gefahren in der Savanne sprechen eher dafür, dass schon am Beginn der Menschheitsentwicklung Großfamilien existierten und dass sie nicht sekundär aus einem freiwilligen Zusammenschluss von Kernfamilien entstanden sind.

---

zu großer Penis verhindert die Penetration und führt, falls erzwungen, zu Verletzungen bei der Frau, ein zu kleiner verhindert, dass lebende Spermien den Eileiter erreichen. Wenn die Größe von Penis und Scheide sich früh in der Evolution verändert haben, dann könnte das wesentlich dazu beigetragen haben, dass in dieser Hinsicht unterschiedlich ausgestattete Populationen schließlich zu eigenständigen Arten wurden. (Das könnte auch für die anderen Menschenaffenarten gelten, die ebenfalls sehr unterschiedlich große äußere Geschlechtsorgane entwickelt haben, und es könnte auch für die Abfolge der Arten im Laufe der Evolution des Menschen bis hin zu *Homo sapiens* gelten.) Eine gleichgerichtete Größenveränderung von Penis und Scheide ist durchaus denkbar, da sich die inneren und äußeren weiblichen und männlichen Sexualorgane aus einer bei beiden Geschlechtern gleichartig gebauten Anlage im Verlauf der Embryonalentwicklung herausbilden.

1 Dobzhansky, 1965, S. 237
2 Dieser Einwand trifft auch auf die oben diskutierte These von Lovejoy zu.

Von der Promiskuität zur Paarbindung

Je zielgenauer das Schönheitsideal auf den gegengeschlechtlichen Elternteil ausgerichtet war, desto schneller und effizienter konnte sich die Population an die neue Umwelt anpassen und neue Lebensweisen entwickeln. Damit diese Vorliebe einen zunehmend größeren Einfluss auf die Partnerwahl gewinnen konnte, musste sich das Sozialverhalten in vielfältiger Hinsicht ändern.

Eine Notwendigkeit war die Einschränkung der Promiskuität. Bei der Partnerwahl durften nicht mehr alle gegengeschlechtlichen Mitglieder der Art in Frage kommen. Diese Einschränkung wurde zum Problem, weil das »Bedürfnisses genitaler Befriedigung« gestiegen war. Man kann also annehmen, dass es einen Selektionsdruck gab, Wege zu finden, die zur Befriedigung der Bedürfnisse führten, ohne dass dabei die Promiskuität erhalten blieb. Einen Beitrag zur Lösung des Problems waren, denke ich, Veränderungen im Verhalten, in der äußeren Erscheinung und in der Physiologie, besonders der Frauen. Bisher waren Frauen für Männer nur in einer Zeitspanne von wenigen Tagen um den Eisprung herum sexuell attraktiv, und auch nur in dieser Zeitspanne fanden die Frauen Männer sexuell attraktiv. Männer hingegen waren jederzeit sexuell zu interessieren und ihre Merkmale, die in den Augen der Frauen sexuelle Attraktion bewirken, waren permanent vorhanden. Die Frauen haben sich auf zweifache Weise geändert: sie entwickelten Merkmale, die sie in den Augen der Männer permanent attraktiv erscheinen lassen, und sie zeigten auch außerhalb der Phase des Eisprungs sexuelle Interessen – die noch heute schwachen, vom Zyklus abhängenden Schwankungen unterliegen sollen. Populationen, die solche Veränderungen in der Anatomie, in der Physiologie oder im Verhalten per Zufall hervorbrachten, hatten einen Selektionsvorteil, weil diese Veränderungen behilflich waren, die Promiskuität einzudämmen, womit in der Population die Wahrscheinlichkeit zunahm, neue Gestaltvarianten hervorzubringen, unter denen dann die natürliche Selektion die geeigneten fördern konnte.

In dieser frühen Phase der Evolution des Menschen mag sich bei Männern die heute vorhandene Vorliebe für junge Frauen herausgebildet haben. Diese Vorliebe hilft, die Heterozygotie auf einem hohen Niveau zu halten, weil dieses Verhalten Inzest zwischen Sohn und Mutter unwahrscheinlich macht. Wenn eine Frau, die kindliche Merkmale trägt, als schön gilt, dann gerät die Mutter aus dem Fokus des Interesses ihres Sohns. In dieser Phase der Evolution war der Mutter-Sohn-Inzest das größte Inzestproblem: Die jungen Mädchen verließen mit der Geschlechtsreife ihre Gruppe. Wenn sie früh genug gingen, wurde damit Vater-Tochter- und auch Geschwister-Inzest verhindert. Eine Selektion darauf, dass Männer junge Frauen älteren vorziehen, verminderte die letzte verbleibende Inzestversuchung. Diese Versuchung war bei unseren (männlichen) Vorfahren deutlich größer als bei Personen der Linie, die zu den Schimpansen und Bonobos führt, und zwar deshalb, weil unsere Vorfahren bei der Partnerwahl eine Person mit familienspezifischen Merkmalen bevorzugten. Mit der Zunahme der Bedeutung der Vorliebe für einen Partner mit familientypischem Aussehen wuchs bei unseren Vorfahren diese Inzestversuchung.

Die Kinder müssen in der Familie bleiben, bis sie soweit herangewachsen sind, dass sie außerhalb der Familie überleben können. Je länger ein Sohn kindlich aussieht und damit vom Vater nicht als Konkurrent aufgefasst und deshalb vertrieben wird, desto besser kann er nach dem Verlassen der Familie den Kampf ums Dasein bestehen. Je länger eine Tochter kindlich aussieht, desto länger kann sie in der Familie verbleiben, ohne dass Inzestversuchungen bei den Männern der Familie aufkommen. Vermutlich hat dieser Selektionsdruck dazu beigetragen, dass Menschen im erwachsenen Zustand Merkmale beibehalten, die bei Menschenaffen nur im Jugendstadium vorhanden sind. Louis Bolk[1] nannte das Fötalisation. Beispielsweise bilden Säugetiere, einschließlich Affen, erst sehr spät in ihrer individuellen Entwicklung eine Schnauze – ein Schritt, der bei Menschen ganz unterbleibt. Darum muten uns Affenkinder so menschlich an. Stephen Gould (1981) listet eine Fülle weiterer Merkmale auf[2]. Der Trend zur Beibehaltung embryonaler oder infantiler Eigenschaften scheint früh in der Evolution des Menschen begonnen zu haben, beendet ist er vielleicht immer noch nicht. Dies könnte erklären, warum »die Schädelform von Kindern des *Homo erectus* denen von Erwachsenen des Neandertalers [ähnelt]. Die Schädelform von Kindern des Neandertalers ähnelt ihrerseits jenen von Erwachsenen des Jetztmenschen.«[3]

Je stärker die Vorliebe auf Partner mit familientypischen Merkmalen fokussiert wurde, desto mehr Gestaltvarianten entstanden, und

---

1 Bolk, 1926, zitiert nach Portman, 1951
2 »Viele zentrale Merkmale unserer Anatomie sind verbunden mit dem fötalen und jugendlichen Stadium der Primaten: kleines Gesicht, gewölbter Schädel und großes Gehirn im Verhältnis zur Körpergröße, nicht drehbarer großer Zeh, Hinterhauptsloch unter dem Schädel zur richtigen Orientierung des Kopfes in aufrechter Haltung, Verteilung des Haares in erster Linie auf Kopf, Achselhöhlen und Schamregion.« (Gould, 1983, S. 370)
3 Steitz, 1993, S. 112

desto ausgeprägter entwickelten sie sich. Da viele der Varianten letztlich dann doch ungeeignet waren, war eine hohe Geburtenrate erforderlich, sonst hätte die junge Art nicht überlebt. In dieser frühen Phase der Evolution des Menschen dürften sich daher bei unseren Vorfahren die Abstände zwischen den Schwangerschaften reduziert haben. Voraussetzung für eine Verkürzung der Geburtenabstände war vermutlich, dass sich die Männer an der Nahrungsbeschaffung für die Frauen und Kinder beteiligten.

Bei Promiskuität oder bei einer nur kurzen Paarbindung ist der Vater der Tochter nicht bekannt. Sie hat keine Chance, sein Bild in ihr Schönheitsideal aufzunehmen. Sie muss sich am Rest der Familie orientieren. Am besten geeignet, die »richtige« Vorliebe zu entwickeln, ist offensichtlich eine Paarbindung, die von langer Dauer ist. Der Weg zur Paarbindung muss im Laufe der Evolution aber nicht direkt verlaufen sein. Falls es aber schon zu Beginn der eigenständigen Evolution zum Menschen flüchtige Paarbindungen gab, dann bewirkte der Selektionsdruck, dass sie dauerhafter wurden. Möglich ist auch, dass es zunächst kurze Paarbindungen hintereinander gab, mit Partnern, die jeweils ähnlich aussahen (serielle Monogamie). Einen Hinweis darauf könnte unser heutiges Verhalten liefern: Ehepartner, die sich trennen, finden häufig jeweils einen neuen Partner, der dem alten Partner stark ähnelt. Vielleicht gab es auch Gruppenehen in der Weise, dass eine eingewanderte junge Frau sich einer Untergruppe anschloss, die ihrer Familie ähnelte. Welches auch immer die (Um-)Wege waren, letztlich hat sich die monogame Paarbindung durchgesetzt. Nach der hier vertretenen These zu einem beträchtlichen Teil deshalb, weil sie für ein Kind, besonders für die Tochter, die optimale Lösung ist, das »richtige« Schönheitsideal auszubilden.

Die Söhne haben ein wesentlich geringeres Problem mit der Bildung des »richtigen« Schönheitsideals, weil sie immer ihre Mutter (und eventuelle Geschwister) vor Augen haben.

Heute gibt es in einigen Gesellschaften Polygamie. Wenn ein Mann mit mehreren Frauen in Polygamie lebt, dann können sowohl die Töchter als auch die Söhne das »richtige« Schönheitsideal ausbilden. Daher stellt sich die Frage, ob in unserer Evolution die Paarbindung direkt auf die Promiskuität folgte oder ob zunächst die Haremsbildung folgte und sich erst dann die Paarbindung entwickelte?

Ein Harem stellt nur dann eine geeignete Sozialstruktur für die Ausbildung des »richtigen« Schönheitsideals dar, wenn ein Mann solange Oberhaupt des Harems bleibt, bis seine Kinder ihr Schönheitsideal ausgebildet haben. Im Brüderbund war das Bedürfnis der Männer nach sexueller Befriedigung so groß geworden, dass ein Harem, falls er überhaupt entstand, vermutlich nur von kurzer Dauer war. Man kann daher vermuten, dass unser Schönheitsideal einen Selektionsdruck bewirkte, der die Entwicklung zur Paarbindung förderte und die Entwicklung zur Haremsbildung hinderte.

In einem Harem – ähnlich wie in dem der Gorillas – suchen weder die Frauen, noch das neue Oberhaupt, das das alte Oberhaupt gewaltsam ablöst, sich ihre jeweiligen Partner nach familienspezifischen Kriterien aus. Das spricht ebenfalls für einen Selektionsdruck auf den Übergang von der Promiskuität im »Brüderbund« zur Paarbindung und nicht zur Haremsbildung. Zudem ist in einer Horde, die aus nur einem Harem besteht, eine Zusammenarbeit erwachsener Männer bei der Nahrungsbeschaffung und der Feindabwehr nicht gegeben. Beides gab es vermutlich vorher, und zwar im »Brüderbund« des gemeinsamen Vorfahren von Menschen, Bonobos und Schimpansen. Der Schritt von der Promiskuität zu einem solchen Harem wäre also in dieser Hinsicht ein Rückschritt gewesen. Auch das spricht für einen Selektionsdruck auf den Übergang hin zur Paarbindung und nicht hin zur Haremsbildung. Allerdings ist nach diesen Kriterien eine polygame Familie ebenfalls von der Selektion begünstigt, wenn bei dessen Zustandekommen die Partner nach familienspezifischen Merkmalen sich vereinigen, wenn der Familienzusammenhalt von langer Dauer ist und wenn polygame und monogame Familien friedlich in einer Horde zusammenleben. Voraussetzung ist, dass die Männer, die leer ausgehen, diese Sozialstruktur nicht anfechten. Der Selektionsdruck auf die Ausbildung des »richtigen« Schönheitsideals bewirkt, dass sich entweder monogame Familien oder polygame Familien – mit den genannten Eigenschaften – mit einem Mann und mehreren Frauen, aber nicht mit einer Frau und mehreren Männern entwickeln. Für die heute und in der jüngeren Vergangenheit existierenden (partiell) polygamen Gesellschaften scheint das zuzutreffen.

Wie schon erwähnt, haben auch Shultz und Mitarbeiter (2011) mit Methoden der vergleichenden Populationsbiologie plausibel gemacht, dass sich die Paarbindung bei Menschen nicht direkt aus einer Haremsstruktur heraus entwickelt hat, sondern aus Sozialstrukturen mit vielen erwachsenen männlichen und weiblichen Mitgliedern (vgl. S. 160).

Eines der großen zu lösenden Probleme war, dass die Männchen die Paarbindung beim Nachbarn tolerieren mussten. Schimpansen und Bonobos tolerieren im Allgemeinen Kopulationen bei anderen, aber das Alphamännchen toleriert bei Rangniederen keine exklusiven

Paarbeziehungen. Daher versuchen rangniedere Schimpansen, sich mit einem Weibchen zu einem Paarungsausflug an den Rand des Territoriums zu entfernen. Ein Pavianmännchen toleriert die Haremszugehörigkeit eines Weibchens beim Nachbarn, und zwar auch dann, wenn er dem anderen körperlich überlegen ist (vgl. S. 89). Im Prinzip ist also die Tolerierung einer Paarbindung von der Selektion erzwingbar. Wie diese Tolerierung bei unseren Vorfahren entstand, ist unklar.

Ursachen für die Entwicklung von Zwangsheirat und Inzesttabu

Das Interesse der Männer an jungen Frauen, besonders an solchen mit familientypischem Aussehen, und die Fähigkeit der Frauen, unabhängig vom Eisprung sexuell attraktiv zu sein und auch selber sexuelle Interessen zu haben, brachten neue Probleme mit sich: Wenn schon heranwachsende Mädchen die Aufmerksamkeit von Männern, besonders von Männern der eigenen Familie, auf sich ziehen, dann muss ein junges Mädchen früh ihre Familie bzw. Horde verlassen, damit Inzest vermieden wird. Die jungen Weibchen in der Linie, die zu den Schimpansen und Bonobos führt, hätten nach diesen Überlegungen mehr Zeit für das Auswandern gehabt, weil sie als Heranwachsende für erwachsene Männchen sexuell nicht attraktiv waren und weil bei ihnen ihr Bruder eher Inzestscheu als sexuelles Interesse entwickelte (vgl. S. 57).

Heute sind Gorilla-, Bonobo- oder Schimpansenmädchen mit sechs Jahren nahezu ausgewachsen, sie können selbständig Nahrung suchen, sich gegen Feinde wehren und selbständig ihre Gruppe verlassen. Ein Menschenmädchen von sechs Jahren ist dagegen noch weit entfernt davon. Erst während der Pubertät nimmt bei Menschen die Körpergröße deutlich zu. Diese Entwicklungsverzögerung hat sich erst im Laufe der Evolution des Menschen herausgebildet. Die Ursache dafür ist vermutlich ein Selektionsdruck darauf, dass die Kinder während der Ausbildung ihres Schönheitsideals möglichst unselbständig sind. Nur so wird erreicht, dass sich das Schönheitsideal an den engsten Angehörigen orientiert. Hinzu kommt: Je jünger ein Kind bei der Ausbildung seines Schönheitsideals ist, desto kürzer kann die Paarbindung der Eltern sein. Es gab daher vermutlich einen Selektionsdruck sowohl auf eine Verlängerung der Paarbindung als auch auf einen frühen Abschluss der Ausbildung des Schönheitsideals bei den Kindern. Es ist einsehbar, dass irgendwann in diesem Prozess der Entwicklungsverzögerung der Punkt erreicht war, wo die Mädchen direkt nach der Ausbildung ihres Schönheitsideals ihre Familie wegen ihrer Unselbständigkeit nicht mehr aus eigenem Antrieb verlassen wollten und konnten.

Wären damals die Mädchen mit – vielleicht – sechs Jahren dennoch gegangen, sie hätten kaum überlebt; wären sie geblieben, wäre Inzest kaum vermeidbar gewesen, und das hätte die Heterozygotie der Population ernsthaft gefährdet. Es gab demnach nur die Alternative, dass ein Mädchens unmittelbar nach Abschluss der Entwicklung ihres Schönheitsideals gerade nur so unselbständig sein durfte, dass sie ihre Horde noch eigenständig verlassen konnte oder dass Wege gefunden wurden, auf andere Weise die Heterozygotie zu erhalten. Populationen, die den zweiten Weg beschritten, wurden offenbar zu unseren Ahnen.

Eine der Erfindungen zum Erhalt der Heterozygotie war, denke ich, die Zwangsheirat. Die Mädchen wurden aus der Familie herausgedrängt und ungefragt in eine andere Horde bzw. Familie abgegeben, so wie das in vielen Gesellschaften noch heute der Fall ist. Mit der Einführung von Zwangsheiraten sind es zwar auch weiterhin die jungen Frauen, die dafür sorgen, dass die Mitglieder einer Population heterozygot bleiben, nur sind sie jetzt zwangsweise in dieser Rolle. Durch die erzwungene Übersiedlung in eine andere Horde war ihre Ernährung und ihr Schutz gesichert, wie mangelhaft beides auch zu Beginn gewesen sein mag[1]. Auf diese Weise haben die Frauen vermutlich ihre sexuelle Selbstbestimmung und damit generell ihre Selbstbestimmung verloren und bis zum heutigen Tag nicht wieder (vollständig) zurückgewonnen. Angefangen haben dürfte diese Entwicklung damit, dass die Eltern den Antrieb des Mädchens, auszuwandern, unterstützt haben. Die darauf folgende direkte Abgabe an eine Nachbarhorde könnte dann in Form eines Frauentauschs stattgefunden haben, bei dem zwei Horden bzw. Familien gleichzeitig das ungute Gefühl der Inzestversuchung loswurden und gleichzeitig in keiner der Horden ein Mangel an Frauen auftrat[2].

1 Noch heute haben in vielen Kulturen jung verheiratete Frauen in der fremden Familie einen sehr schweren Stand. Sie werden zu den niedersten Arbeiten herangezogen und werden schlecht ernährt, zumindest solange, bis sie einen Stammhalter geboren haben. Jutta Berninghausen und Birgit Kerstan schreiben über zwangsverheiratete Mädchen in Mitteljava: »Das Haus, in dem sie wohnte, gehörte ihren Schwiegereltern, und sie wurde darin zwar akzeptiert, stand in der Familienhierarchie jedoch an unterster Stelle.« (Berninghausen und Kerstan, 1988, S. 184) Die hohe Zahl von Mitgiftmorden in manchen Gesellschaften zeigt, wie wenig eine junge zwangsverheiratete Frau in der fremden Familie gelten kann (vgl. S. 130).
2 Damit entstand ein Verhalten, das in der Evolution der Organismen wohl einzigartig ist. Zum Thema Frauentausch siehe S. 122f..

Zu diesem Zeitpunkt existierte bei unseren Vorfahren das Schönheitsideal für die spätere Partnerauswahl nur in seiner ersten Stufe: Wähle einen Partner mit familienspezifischen Merkmalen. Im Idealfall hat sich die Tochter ihren Vater zum Vorbild genommen und der Sohn ein verjüngtes Abbild seiner Mutter. Mit dem Übergang zur Zwangsverheiratung spielte das Schönheitsideal der jungen Mädchen bei ihrer Partnerwahl eine wesentlich geringere Rolle als vorher und schließlich wohl gar keine Rolle mehr. Auch die jungen Männer haben nicht mehr allein die Wahl ihrer Partnerin entschieden. Damit entstand ein Problem. Die Zwangsheirat wurde ja »erfunden«, damit dieses Prinzip der Wahl eines Partners, der familientypische Merkmale aufweist, stringenter als vorher Einfluss auf die Partnerwahl gewinnen konnte, ohne dabei die Heterozygotie der Population zu gefährden. Als Lösung des Problems blieb nur, dass unsere Vorfahren, da sie bei ihrer eigenen Partnerwahl das Prinzip nicht anwenden konnten, das Prinzip bei der Partnerwahl ihrer Kinder anwandten. Genau das tun heute Eltern weltweit. Ihr Einfluss auf die Partnerwahl ihrer Kinder reicht von der Zwangsverheiratung mit einem Verwandten bis zum sanften Hinweis, dass der ausgewählte Partner und seine bzw. ihre Familie wohl immer fremd bleiben werden. Erst in der jüngeren Vergangenheit haben – in einigen Gesellschaften – die zukünftigen Eheleute die Freiheit der Wahl bei der Partnersuche vollständig zurückgewonnen.

Die für die Übersiedlung des Mädchens vorgesehene Familie bzw. Horde hat nach Augenschein eine Auswahl unter den jungen Mädchen getroffen – möglicherweise lange vor dem Heiratstermin. Bei der Auswahl dürfte nicht nur die verwandtschaftliche Nähe und Familienähnlichkeit eine Rolle gespielt haben, sondern auch Gesundheit, Kraft, Klugheit, Geschicklichkeit und auch Merkmale, die ein Mädchen sexuell attraktiv erscheinen lassen. Damit entstand ein Selektionsdruck bzw. der bestehende wurde unterstützt, dass schon heranwachsende Mädchen Merkmale und Verhaltensweisen entwickeln, die sie für Männer attraktiv machen, und ein Selektionsdruck, dass Männer auf diese Merkmale entsprechend reagieren.

Der Selektionsdruck, der die Unselbständigkeit der Kinder verlängerte, hat schließlich dazu geführt, dass die Mädchen unmittelbar nach der Entwicklung ihrer Vorliebe nicht einmal mehr zwangsweise an eine andere Horde abgegeben werden konnten, weil sie zu der Zeit noch zu kindlich waren[1]. Wieder stand als Alternative offen: Entwe-

---

1 Von einer Ausnahme berichtet Wolf (1995, zitiert nach Wikipedia, 2012). In einer

der konnte die Unselbständigkeit der Mädchen nicht weiter zunehmen, oder es mussten neue Maßnahmen gefunden werden, die einen Schutz vor Inzest boten, weil die Mädchen noch eine Zeitlang in der Familie bleiben mussten.

In diesem Stadium der Evolution wurde eine bis dahin erfolgreiche Problemlösung selbst zum Problem: Bis dahin war es hilfreich, dass Frauen auch dann sexuell attraktiv sind, wenn sie (noch) keinen Eisprung haben, und es war hilfreich, dass Männer junge Frauen älteren vorziehen. Letzteres trägt dazu bei, Inzest zwischen Sohn und Mutter zu verhindern. Wenn nun Mädchen vor ihrer sexuellen Reife in eine fremde Horde zwangsweise abgegeben werden, dann werden sie dort zu einem Zeitpunkt sexuell bedrängt, zu dem sie körperlichen und seelischen Schaden nehmen[1]. In der eigenen Familie ist der Schutz vor sexuellen Übergriffen noch am ehesten gewährleistet. Zum Einen kann sich die Mutter schützend vor das Kind stellen. Den größten Schutz des Mädchens aber bewirkte vermutlich der Selektionsdruck, der die Heterozygotie erhalten muss: Eine Schwangerschaft durch Mitglieder der eigenen Familie oder Horde »muss« verhindert werden. »Muss« heißt in diesem Zusammenhang: Populationen, die Maßnahmen entwickelt haben, die einem Mädchen erlauben, in der eigenen Familie so lange zu bleiben, bis es körperlich und sexuell herangereift ist, ohne schwanger zu werden bzw. ohne körperlich und seelisch durch sexuelle Übergriffe ruiniert zu werden, hatten einen Selektionsvorteil. In der fremden Horde kann es diesen Schutz – natürlicherweise – kaum geben. In der eigenen Familie bzw. Horde gibt es aber ein Problem mit dem Schönheitsideal: Solange die Mädchen nach der Entwicklung des Schönheitsideals selbständig und rechtzeitig ihre Familie verlassen konnten, war es unproblematisch, dass ein Mädchen – aber auch ihr Bruder – sich als Vorbild für die Partnerwahl den gegengeschlechtlichen Elternteil nahm. Als die Mädchen nicht mehr in der Lage waren, zu einem frühen Zeitpunkt ihre Familie zu verlassen, auch nicht durch frühe Zwangsheirat, wurde diese Vorliebe äußerst problematisch, weil es nun Gelegenheiten zu

---

chinesischen Volksgruppe wurden Mädchen ab dem dritten Lebensjahr in die Familie des zukünftigen Bräutigams abgegeben und dann später zwangsverheiratet.

1 Auch wenn ein in die neue Familie übernommenes kleines Mädchen als Kind behandelt wird, verläuft seine psychische Entwicklung und seine Sozialisation nicht optimal. Studien aus China (Wolf, 1995, zitiert nach Wikipedia, 2012) zeigen, dass das frühe Zusammenleben mit ihrem zukünftigen Ehegatten zum Beispiel zu weniger Kindern in der Ehe führt. Leider werden auch heute noch zwangsverheiratete kleine Mädchen nicht immer als Kinder behandelt. Nach einer dpa-Meldung (taz vom 10.9.2013) wurde in Jemen ein achtjähriges Mädchen während der »Hochzeitsnacht« im Hotel brutal von ihrem mittvierzigjährigem Ehemann vergewaltigt. Sie starb an den Folgen.

Inzest gab, insbesondere dadurch, dass junge Frauen durch körperliche Merkmale, die schon vor dem ersten Eisprung ausgebildet wurden, den Männern attraktiv erschienen.

Der Weg zurück zum alten Ideal (ältere Frauen sind attraktiv) hätte offensichtlich keine Lösung des Problems gebracht: Damit wäre für den Sohn die Mutter attraktiv geworden. Der Weg nach vorn war zum Einen die Beibehaltung der Zwangsverheiratung – sobald das vom Alter her möglich war – und zum Anderen die Entwicklung von neuen Maßnahmen zur Inzestvermeidung. Zu diesen Maßnahmen gehörte das Tabu, »den sexuellen Verkehr« mit den Totemgenossen des anderen Geschlechts zu vermeiden«[1], und Bestrafung durch Tod bei dessen Übertretung. Vermutlich sind die sogenannten Ehrenmorde infolge der Einführung dieses Tabus entstanden (vgl. S. 121f.) und auch die Tötung der Kinder, die aus illegalen Beziehungen unter Jugendlichen entstanden (vgl. S. 126). Die Maßnahmen zur Verhinderung (des Resultats) von Inzest lassen vermuten, dass nicht moralische Bedenken, sondern die Erhaltung der Heterozygotie die treibende Kraft für ihre Einführung waren.

Wie könnte die Entwicklung zum Tabu begonnen haben und wie könnte es sich durchgesetzt haben? Zum Verständnis des zweiten Prozesses kann ein Vergleich mit der Gegenwart beitragen.

Kleine Kinder haben keine innere Stimme, die ihnen sagt, was erlaubt und was verboten ist. Sie haben noch kein Gewissen. Die Erwachsenen müssen ihnen die Regeln des Zusammenlebens beibringen. Dann werden diese Regeln verinnerlicht. Nach Freud liegt es

»in der Richtung unserer Entwicklung, daß äußerer Zwang allmählich verinnerlicht wird, indem eine besondere seelische Instanz, das Über-Ich des Menschen, ihn unter seine Gebote aufnimmt. Jedes Kind führt uns den Vorgang einer solchen Umwandlung vor, wird erst durch sie moralisch und sozial. Diese Erstarkung des Über-Ichs ist ein höchst wertvoller psychologischer Kulturbesitz. [...] Für die erwähnten ältesten Kulturforderungen [Verbot von Kannibalismus, Inzest und Mord] scheint die Verinnerlichung [...] weitgehend erreicht.«[2]

Wenn ein Verbot übertreten wird, das durch äußeren Zwang aufrechterhalten wird, dann kann die Tat entweder entdeckt werden oder nicht, und dementsprechend kann die Übertretung bestraft werden oder nicht. Der Wunsch zur Übertretung des Verbots bleibt straflos, schon deshalb, weil er nicht entdeckt wird. Anders ist das, wenn ein Verbot verinnerlicht ist. Dann gibt es keine Möglichkeit mehr, dass

---

1 Freud, 1912-13, S. 42
2 Freud, 1927, S. 332

eine Übertretung unentdeckt und damit folgenlos bleibt, da die »seelische Instanz, das Über-Ich des Menschen«, alles bemerkt. Wenn nun schon der Gedanke an eine Übertretung eine Bestrafung herausfordert, dann kann auf diese Weise die Tat verhindert werden. Mit der Verinnerlichung steigt somit die Wirkung des Tabus erheblich. Man kann daher vermuten, dass die Verinnerlichung des Tabus von der Selektion gefördert wurde. Möglicherweise verdanken wir diesem Selektionsdruck Techniken und Wege, wie ehemals äußere Zwänge und gesellschaftlich notwendige Einschränkungen verinnerlicht werden. Vielleicht verdanken wir sogar diesem Selektionsdruck die Entwicklung der psychischen Instanz, die die verinnerlichten Zwänge aufnehmen kann.

Zum Verständnis des ersten Prozesses – wie könnte die Entwicklung zum Tabu in der Evolution der Menschheit begonnen haben? – kann ein Vergleich mit der Gegenwart nur wenig weiterhelfen. In unserer Evolution musste sich das Tabu – zu Beginn – offenbar anders durchsetzen als in der Individualentwicklung eines jeden heute. Die, die als erste in ihrem späteren Leben das Tabu befolgten, hatten in ihrer eigenen Kindheit niemanden, der ihnen die Regeln des Tabus hätte beibringen können.

Vorstellbar ist folgender Ablauf: In dem Moment, in dem die Familie bzw. Horde damit begann, die jungen Mädchen darin zu unterstützten, die Familie zu verlassen, wurde die Aufstellung des Tabus eingeleitet. Warum sonst sollten die Eltern ihre Tochter dabei unterstützen, die Familie zu verlassen? Wenn der Grund drohender Nahrungsmangel gewesen wäre, müsste auch der Sohn unterstützt worden sein, die Familie zu verlassen, und die Familie hätte verhindern müssen, dass aus einer benachbarten Horde ein junges Mädchen als Frau für den Sohn aufgenommen wird. Das war aber nicht der Fall. Zudem hätten bei guter Ernährungslage die Töchter zu Hause geblieben sein müssen. Auch das war nicht der Fall.

Die Entwicklung des Tabus könnte damit begonnen haben, dass die erwachsenen Hordenmitglieder sich »unwohl« gefühlt haben, wenn ein herangewachsenes Mädchen zu lange in der Familie bleibt. Besonders ein Vater sah nun nicht mehr ein Kind vor sich, sondern zeitweise seine Tochter als eine junge Frau und dann kurz darauf wieder seine Tochter als ein Kind, je nach aktueller Situation. Hinzu kam vermutlich die Erfahrung, dass das ungute Gefühl sich gab, wenn das Mädchen ging. Dieses Gefühl war zu Beginn sicher nur schwach entwickelt, und es entwickelte sich wohl auch nur bei einigen, in diesem Fall dann allerdings einflussreichen erwachsenen Hordenmitgliedern. Einsehbar ist, dass die Fähigkeit, ein solches Gefühl zu entwickeln, entscheidend hilft, die Heterozygotie in der Population auf einem hohen Niveau zu halten. Diese Fähigkeit dürfte daher von der Selektion gefördert worden sein. Populationen, deren Mitglieder dieses Gefühl nicht entwickelten, hatten einen Selektionsnachteil, da sie die Zwangsheirat nicht einführten, womit bei ihnen die Entwicklung nicht weiter verzögert werden konnte, ohne dass damit die Inzestwahrscheinlichkeit zunahm. Das Tabu ist damit nicht nur eine große kulturelle Errungenschaft, es hat auch entscheidend die psychische Differenzierung bei Menschen gefördert. Der Wegbereiter für beides war vermutlich die Einführung der Zwangsheirat.

Wenn die Mitglieder einer Horde ein »ungutes Gefühl« haben, solange ein herangewachsenes Mädchen in der Horde verbleibt, dann haben sie vermutlich das Mädchen selbst für das »ungute Gefühl« verantwortlich gemacht. Das Mädchen wird als Quelle des Problems betrachtet: Es ist das herangewachsene Mädchen, das die Hordenmitglieder in die unangenehme Situation gebracht hat, nicht die auftauchenden Inzestwünsche der Männer. Das dürfte entscheidend dazu beigetragen haben, dass herangewachsene Mädchen im Vergleich zu herangewachsenen Jungen als belastend, als minderwertig betrachtet wurden. Zu der Zeit, zu der die Mädchen noch freiwillig die Horde verließen, gab es das »ungute Gefühl« nicht und damit auch keinen plausiblen Grund, sie als belastend oder als minderwertig anzusehen.

Die Bestrafung bei Verstoß gegen das Tabu zeigt, dass nicht bei allen Mitgliedern der Population eine innere Stimme Inzest verhindert hat. Falls erforderlich, hat daher die Horde als Ganze die Einhaltung des Tabus eingefordert. Besonders Heranwachsende mögen mit dem Tabu Probleme gehabt haben. Das hat zu dem Selektionsdruck geführt, Initiationsriten zu erfinden, bei denen die Jugendlichen die Regeln des Zusammenlebens, besonders das Tabu, das die Sexualkontakte regelt, erlernen[1]. Erst danach dürfen die Heranwachsenden

---

[1] Bei den Australiern gingen die Grausamkeiten während der Initiation nicht von den Eltern, sondern von »Paten«, anderen Erwachsenen, aus (Eildermann, 1950). Bei den Berg-Arapesh ist es der Bruder der Mutter (Mead, 1935). Diese Maßnahme erleichterte sicher den von der Horde geforderten freundlichen Umgang mit den Eltern, wenn die Kinder dann selbst Erwachsene sind. Damit wird auch die gefährlichste Konfrontation innerhalb einer Familie, nämlich die zwischen Vater und Sohn, entschärft. (Heute übernimmt die Schule, die Lehre und das Militär einen Teil dieser Disziplinierungen.) Über Initiationsriten bei Mädchen ist weniger bekannt. Nach Cunow (1894, zitiert nach Eildermann, 1950, S. 99ff.) ist deshalb weniger darüber bekannt, weil »in vielen Tribes [in Australien] die Männer ebensowenig der Initiation der Weiber beiwohnen dürfen, wie diese jener der Jünglinge«. (Cunow, 1894, zitiert nach Eildermann, 1950, S. 102) Erzählt ein Mann einer Frau, was bei der Initiation vor sich geht, wird er mit dem Tod bestraft. Für die Frauen gilt das Gleiche. Da es unter den ersten Missionaren und For-

selbst Kinder haben, andernfalls geht eine Gesellschaft auf lange Sicht zugrunde. Bei diesen Riten werden den Jugendlichen Schmerzen zugefügt wie Brandverletzungen und Narbentätowierungen, insbesondere fand eine Beschneidungen an den Genitalorganen statt. Mit den Grausamkeiten wurde den Herangewachsenen demonstriert, dass es mit den Freiheiten der Kindheit endgültig ein Ende hat. Der Ernst des Lebens beginnt. Wer sich nicht an die Gebote und Verbote der Gruppe hält, besonders an die Tabus, die die Sexualkontakte regeln, hält, wird von der Gemeinschaft der Erwachsenen von nun an sehr schmerzhaft bestraft. Ein Ziel dabei war sicher auch, den Zeitpunkt der Heirat herauszuzögern[1].

---

schungsreisenden nur sehr wenige Frauen gab, ist nachvollziehbar, dass wir heute so wenig über Initiationsriten bei Mädchen wissen. Bekannt ist aber, dass sie grausam waren. Margaret Mead berichte von den Berg-Arapesh, die sie als »gutmütig, freundlich und aufgeschlossen« (Mead, 1959, S. 29) bezeichnet, folgendes. Bei der ersten Menstruation soll das Mädchen sich ein großes Nesselblatt in die Scheide schieben. Drei Tage darf es weder essen noch trinken. »Am dritten Tag verläßt es die Hütte und stellt sich an einen Baum, während der Bruder seiner Mutter an verschiedenen Stellen ihres Körpers dekorative Schnitte anbringt, so behutsam, daß die Narben schon nach drei oder vier Jahren kaum noch zu sehen sind.« (ebd., 1959, S. 56) Dass die betroffenen Mädchen die Schnitte auch als »behutsam« empfanden, kann bezweifelt werden. Offensichtlich hat diese Prozedur nichts mit einer Mutprobe oder mit dem Erlernen von Techniken zu tun, die ein Mädchen als zukünftige Erwachsene und Mutter benötigt. Die Tatsache, dass sie sich selbst ein Nesselblatt in die Scheide schieben muss, kann als Hinweis darauf verstanden werden, dass sie selbst in Zukunft für sexuelle Zurückhaltung sorgen muss, besonders dann, wenn damit Inzest verbunden sein könnte.
»Ein Mythos der Aborigines Nordaustraliens erzählt von einer durch zwei Schwestern herbeigeführten Flutkatastrophe, die unwissentlich Geschlechtsverkehr mit zwei Männern des gleichen Clans haben. Yurlunggut, halb Mensch halb Schlange, gerät außer sich vor Zorn, verschlingt die Schwestern und bewirkt eine Flut, die die ganze Erde überschwemmt. Sobald die Flut zurückweicht, spuckt Yurlunggut die beiden Frauen und die beiden aus ihrer sündigen Vereinigung hervorgegangenen Söhne wieder aus. Der Ort, an dem Yurlunggut an Land ging, ist die Initiationsstätte, wo die jungen Männer lernen, zwischen Frauen, die sie heiraten können, und solchen, die sie keinesfalls heiraten dürfen, zu unterscheiden.« (Willis, 1998, S. 27) Wie bei Adam und Eva im Alten Testament sollen auch in diesem Fall Frauen die Schuld an der Katastrophe gehabt haben, weil sie die Männer verführten. Das lernen die jungen Männer, und sie lernen, dass verwandte Frauen tabu sind. Wenn sie sich einer Verführung durch verwandte Frauen nicht widersetzen, geht die Welt unter. Nicht nur sie selbst werden bestraft, sondern der ganze Stamm wird ausgelöscht. Daher ist es einsichtig, dass die Bestrafung durch den Stamm bei Übertretung sehr drastisch ausfallen muss, um großes Unheil möglicherweise doch noch abzuwenden. Die Verfehlung ist keine Privatsache. Dass die Androhung von Strafe so drastisch ausfällt, weist darauf hin, dass die Wünsche der jungen Männer von den Erwachsenen als bedrohlich groß eingeschätzt werden.

1   Cunow berichtet, dass bei den Australiern die Kindheit der Mädchen ein bis zwei Jahre nach dem Auftreten der ersten Menstruation endet, bei den Jungen mit dem Beginn des Bartwuchses. Bei den Narrinyeri (Australien) wurde den Jünglingen in der

Der äußere Druck, bestimmte Regeln bei Strafe für Zuwiderhandlung einzuhalten, und die daran anschließende Verinnerlichung der Regeln bewirkten bei den Jugendlichen schließlich, dass ihre sexuellen Strebungen auf den gegengeschlechtlichen Elternteil unbewusst wurden und das Ziel der Strebungen sich änderte. Aus dem direkten sexuellen Begehren der Kindheit wurde in der Latenzzeit das Ziel: Wähle einen Partner, der dem gegengeschlechtlichen Elternteil so ähnlich wie möglich ist, aber kein enger Verwandter von dir ist; die Eltern kommen damit schon gar nicht in Frage. Diese Zieländerung entspricht den Forderungen des Tabus. Entscheidenden Einfluss auf die Durchsetzung dieser Zieländerung hatten – und haben in vielen Gesellschaften – die Eltern. Sie sorgen, wie empirisch ermittelt wurde, deutlicher als die Betroffenen selbst für die Durchsetzung dieses Prinzips bei der Partnerwahl ihrer Kinder, möglicherweise deshalb, weil sie sich durch die sexuelle Attraktivität der Partner weniger ablenken lassen. Die Zwangsheirat erleichtert auf diese Weise die Durchsetzung des Tabus. Die Hilfe der Eltern und anderer erwachsener Hordenmitglieder bei der Partnerwahl bzw. die vollständige Bevormundung bei der Partnerwahl hat die Durchsetzung des Tabus und damit auch die Durchsetzung der zweiten Stufe in der Entwicklung der Vorliebe bei der Partnerwahl vermutlich erheblich erleichtert.

Eine Unterbrechung des Sexuallebens während der Latenzzeit ist notwendig, wenn die zweite Stufe des Schönheitsideals verinnerlicht werden soll. Diese Unterbrechung ist nicht nötig, wenn in einer Gesellschaft eine Zwangsverheiratung, bevorzugt von Geschwisterkindern, die Regel ist, weil in einer solchen Gesellschaft die zweite Stufe in der Bildung des Schönheitsideals durchgesetzt wird, ohne dass bei den Jugendlichen eine Verinnerlichung des Ideals stattfinden muss. Ein möglicherweise entstehendes »falsches« Schönheitsideal wäre ohne Einfluss auf die Partnerwahl. Notwendig ist allerdings die Androhung von drakonischen Strafen bei Ehebruch und Inzest, um die Heterozygotie auf einem hohen Niveau zu halten. Besonders problematisch ist die Gefahr von Geschwisterinzest, wenn die Jugendlichen, von den Erwachsenen unkontrolliert, sexuelle Erfahrungen machen dürfen. Dieses Tabu sollte dann besonders stark sein, und das ist es auch z.B. bei den Trobriandern (vgl. S. 103). Sind diese Androhungen nicht stark, dann kann es diese Freiheiten nicht geben. Die

etwa zwei Jahre dauernden Prüfungszeit jedes Barthaar ausgezupft, um die Prüfungszeit zu verlängern. Solange sie keinen Bart haben, sind sie nicht erwachsen. Heiraten dürfen die jungen Männer erst nach Abschluss der Initiationsriten, und zu dem Zeitpunkt sind sie 18 bis 20 Jahre alt (Cunow, 1894, zitiert nach Eildermann, 1950, S. 99ff.).

(unbewussten) Inzestwünsche und die (unbewusste) Abwehr der Wünsche, besonders bei den Männern, können in diesem Fall dazu führen, dass dann die Jungfräulichkeit der Braut bei der Hochzeit als notwendig erachtet wird und »Ehrenmorde« stattfinden.

Die Zwangsverheiratung wurde sicher lange vor Beginn des Ackerbaus eingeführt. Unsere Vorfahren waren damals noch Jäger und Sammler, die vermutlich in Horden umherzogen. Kontakte zu anderen Horden wurden wohl möglichst vermieden, so wie das von Australiern berichtet wurde (vgl. S. 122). Die Abgabe eines Mädchens in eine andere Horde war daher kein einfaches Unterfangen. Die Versuchung, einfach so weiterzuleben und die heranwachsenden jungen Frauen wie bisher in der eigenen Familie bzw. Horde zu belassen, muss groß gewesen sein. Andererseits dürfte die Furcht vor einer Tabuverletzung hoch gewesen sein, was dazu führen kann, dass ein junges Mädchen in einem viel zu jungen Alter zwangsweise in eine fremde Horde abgegeben wird. Vielleicht hat deshalb die Horde als Ganze die Kontrolle über den Zeitpunkt der Verheiratung übernommen (vgl. S. 122f.). Vielleicht waren die Eltern – nur die Väter? – mit der Ermittlung des optimalen Zeitpunkts für die Zwangsverheiratung überfordert. Sie hätten im Widerstreit von Inzestwünschen und dem Tabu mit seinen tödlichen Folgen bei Übertretung womöglich den Zeitpunkt der Verheiratung bzw. Abgabe in eine andere Familie falsch gewählt. Eine herangewachsene Tochter stellte ein Problem für die männlichen Mitglieder der Familie dar. Sie musste verheiratet werden. Wenn ein Frauentausch nicht möglich war, half eine Mitgift bei der Heirat, das Problem zu lösen.[1]

In vielen Gesellschaften tragen heute die Großeltern zur »Aufzucht« der Kinder bei. In der wissenschaftlichen Literatur wird daher diskutiert, ob diese Funktion der Großeltern der Grund für das lange Weiterleben von Menschen nach dem Ende ihrer Fertilitätsperiode ist. Ich denke, es gibt eine weitere Funktion von Großeltern, die für ihr langes Weiterleben gesorgt haben könnte. Wenn Großeltern sich intensiv um ihre Enkel kümmern, dann geht ihr Bild ebenfalls in das Schönheitsideal dieser Kinder ein. Ihr Bild ist »geeigneter« für die spätere Partnerwahl der Kinder als das von hilfreichen, mit der Mutter bzw. dem Vater nicht verwandten Nachbarn.

Die Amnesie aller Erinnerungen der frühen Kindheit, besonders solche an direkte sexuelle Strebungen, die auf den gegengeschlecht-

---

1 Wenn man dieser Überlegung folgt, dann lebten die Jungverheirateten ursprünglich am Wohnort des Mannes, d.h. patrilokal. Matrilokales Wohnen wäre demnach sekundär entstanden.

lichen Elternteil gerichtet sind, hat den Prozess der Änderung des Ziels bei der Partnerwahl erleichtert. Wenn man immer gegenwärtig hat, was man einmal gewollt hat, tut man sich schwer, dieses Ziel aufzugeben. Hilfreich bei diesem Prozess der Zieländerung waren auch der versteckte Eisprung und der versteckte Koitus. Die Selektion hat diese Veränderungen daher gefördert. Bei den meisten unserer erwachsenen Zeitgenossen ist diese Umwandlung des Ziels gelungen, und das neue – sowie das alte – Ziel sind unbewusst geworden. Die notwendig gewordene psychische Bearbeitung der Strebungen hat letztlich die psychische Struktur des Menschen bereichert.

Es scheint, dass unsere Ahnen im Laufe der Evolution, und ein jeder von uns in seiner persönlichen Entwicklung, den Schritt von der direkten sexuellen Strebung für den gegengeschlechtlichen Elternteil zur Vorliebe für eine Person, die diesem Elternteil nur noch ähnelt, vorgenommen hat. Dieser Ablauf erinnert an einen berühmten Satz von Ernst Haeckel (1899): »Die Ontogenesis ist eine kurze und schnelle Rekapitulation der Phylogenesis«.[1]

Welche Rolle spielt das Tabu, »das Totemtier nicht zu töten«, für die Stabilität der Familie und die Entwicklung des Patriarchats?

Mit der zunehmend festeren Paarbindung entstanden schließlich Familien mit einem nahezu unumschränkt herrschenden Oberhaupt. Der Vater herrschte weitgehend unangefochten über »seine« Frau und »seine« Kinder. Die Nachbarn mögen es bedauern, wenn ein Mann sich das »Recht« nimmt, Frau und Kinder zu »züchtigen«, aber sie schreiten selbst heute nur selten ein: Die Sozialstruktur der Menschen hat nach einer langen vaterlosen Zeit erneut den Charakter einer »Vaterhorde« angenommen. Auf die Revolution gegen der »Urvater« ist

---

1 Haeckel, 2009, S. 111. Haeckel hat den Satz für anatomische Veränderungen in der Embryogenese und der Evolution einschließlich der des Menschen geprägt. Norbert Elias hat diese Erkenntnis auf die Psychogenese angewandt: »Man kann daher die Psychogenese des Erwachsenenhabitus in der zivilisierten Gesellschaft nicht verstehen, wenn man sie unabhängig von der Soziogenese unserer ›Zivilisation‹ betrachtet. Nach einer Art von ›soziogenetischem Grundgesetz‹ durchläuft das Individuum während seiner kleinen Geschichte noch einmal etwas von den Prozessen, die seine Gesellschaft während ihrer großen Geschichte durchlaufen hat.« (Elias, 1989, Bd. 1, S. LXXNVf.) Nach Freud liegt »die Schwierigkeit der Kindheit [...] darin, daß das Kind in einer kurzen Spanne Zeit sich die Resultate einer Kulturentwicklung aneignen soll, die sich über Jahrzehntausende erstreckt.« (Freud 1932, S. 158)

eine Restauration gefolgt.

Allerdings gibt es deutliche Unterschiede zwischen der ursprünglichen Vaterhorde und dieser »sekundären« Vaterhorde. Die ursprüngliche bestand aus einem Harem. Da männliche und weibliche Individuen bei Säugetieren, und damit auch bei unseren Vorfahren, etwa gleich häufig sind, werden von den heranwachsenden Söhnen einige in ihrem späteren Leben vermutlich nie sexuelle Kontakte gehabt haben, andere erst viele Jahre nach dem Abschluss der Geschlechtsreife. Es gab also einen objektiven Grund für die Auflehnung gegen den Urvater, insbesondere dann, als »das Bedürfnis genitaler Befriedigung« wuchs und gleichzeitig die Haremsgröße wuchs und damit die Einschränkungen der Nachwachsenden immer drückender wurden.

Die sekundäre Vaterhorde ist eine Familie mit Paarbindung. Alle Söhne können mit der Geschlechtsreife im Prinzip eine Paarbindung eingehen. Der Unmut der Söhne in der sekundären Vaterhorde hat daher einen etwas anderen Grund: Der Vater – und die Mutter ebenfalls – verwehren dem Sohn und der Tochter (spielerische) sexuelle Betätigungen mit Familienangehörigen und – in geringerem Ausmaß – mit Außenstehenden. Insbesondere müssen sie verwehren, dass die ursprüngliche Gefühlsbindung mit sexueller Strebung für den gegengeschlechtlichen Elternteil und die aggressive Einstellung zum gleichgeschlechtlichen Elternteil ausgelebt wird. Diese Einschränkungen führen unweigerlich zu Konflikten, die zusammenfassend als »Ödipuskonflikt« oder »Ödipuskomplex« bezeichnet werden.

Darüber hinaus gibt es sowohl bei den Kindern der Bonobos und Schimpansen als auch bei Menschenkindern Einschränkungen durch die Erwachsenen, die für das Zusammenleben in der Gruppe unumgänglich sind, wie die, welche zur Zähmung der Aggressionen führen. Einschränkungen solcher Art gab es daher sicher auch bei unseren Vorfahren.

Bei Schimpansen und Bonobos gibt es offenbar keinen Anlass für die Ausbildung eines Ödipuskomplexes, und in ihrem Verhalten ist auch keine Spur davon zu entdecken. Die Erinnerung an die »verbrecherische Tat« des Urvatermords[1] – ausgeführt von den jungen Männern der Horde des gemeinsamen Vorläufers von Menschen, Bonobos und Schimpansen – ist im Laufe der Evolution von Schimpansen und Bonobos verblasst. Für die Menschen gilt sicher das Gleiche, aber in ihrer Abstammungslinie ist das überwundene Problem – Aufwachsen unter den Augen eines allmächtigen Urvaters – in veränderter Form zurückgekommen. Für die Kinder der Gorillas, Bonobos

---

1 Freud, 1912-13, S. 172

und Schimpansen sind (spielerische) sexuelle Kontakte untereinander und mit Erwachsenen nicht nur unproblematisch, sondern sogar hilfreich für die spätere richtige Partnerwahl. Unproblematisch sind sie, weil die Kinder mit der Geschlechtsreife ihre Geburtsgruppe verlassen – zumindest die weiblichen Tiere; und hilfreich sind sie, weil die jungen Weibchen auf diese Weise lernen, sich einem geeigneten Partner anzuschließen; und die jungen Männchen lernen, ausgewachsene Weibchen jungen, gerade herangewachsenen Weibchen vorzuziehen, womit Inzest vermieden wird. Zudem fördert – bei Bonobos und Schimpansen – der Kontakt zu vielen ausgewachsenen Weibchen bzw. Männchen die spätere Orientierung auf Promiskuität und die Ausbildung des für sie »richtigen« Schönheitsideals.

Die Kinder der Gorillas, Bonobos und Schimpansen werden ähnlich liebevoll von ihren Müttern umsorgt wie Menschenkinder, aber es gibt keinen Hinweis darauf, dass Söhne und Mütter eine intensive sexuelle Zuneigung zueinander entwickeln. Alle Beobachtungen weisen auf gegenseitiges sexuelles Desinteresse oder Inzestscheu hin. Damit fehlen die entscheidenden Grundlagen für einen Ödipuskonflikt. Anders als die Kinder der Gorillas, Bonobos und Schimpansen entwickeln Menschenkinder eine sexuelle Strebung zu genau den Personen, die sie umsorgen. Diese sexuelle Strebung entwickelt sich offenbar deshalb bei Menschenkindern, weil bei ihnen die Vorliebe für eine Person, die den engsten Angehörigen ähnelt – im ersten Schritt ist das im Idealfall der gegengeschlechtliche Elternteil –, von der natürlichen Selektion gefördert wurde und wird.

Diese Vorliebe, zusammen mit der Entwicklung einer langanhaltenden Paarbindung, musste und muss zu Konflikten führen. Unweigerlich, so scheint es, entsteht in jeder Familie daher bei den heranwachsenden Söhnen der »alte« Wunsch aufs Neue, den dominierenden Vater abzuschaffen. Das hat zum zweiten, für die Organisation der Horde und des Stammes zentralen Tabu geführt, nämlich dem Tabu, »das Totemtier nicht zu töten«[1].

Bonobos und Schimpansen haben keinen Grund, so ein Tabu zu entwickeln: Wer immer im Brüderbund der Vorläufer von Menschen, Bonobos und Schimpansen versuchte, sich erneut zum Urvater aufzuschwingen, konnte damit rechnen, genauso brutal gestürzt zu werden wie sein Vorgänger. Die »verbrecherische Tat« wurde ohne Scheu und ohne Reue wiederholt. Das Tabu, »das Totemtier nicht zu töten«, wäre bei der Stabilisierung dieses Brüderbunds geradezu hinderlich gewesen. Wer sich zum Alleinherrscher aufschwingt, muss gestürzt werden. Nur so kann ein Brüderbund (mit Promiskuität seiner Mit-

---

1 ebd., S. 42

glieder) erhalten bleiben. Dieser Aspekt der ursprünglichen Sozialstruktur hat sich, denke ich, bei Schimpansen und Bonobos erhalten. Tatsächlich wird bei Schimpansen das Alphatier heute noch ähnlich brutal gestürzt, wie man sich das beim Urvater vorstellen muss.

In der Entwicklungslinie zu den Menschen änderte sich also manches entscheidend: Die neue Vorliebe bei der Partnerwahl hat Inzest nahegelegt. Aber erst dann entstand damit ein Problem, als die Mädchen nach der Bildung ihrer Vorliebe ihre Familie nicht mehr – eigenständig oder zwangsweise – verlassen konnten und bleiben mussten, bis sie körperlich herangereift waren. Während dieser Zeit war der Vater (und waren die Brüder) anwesend, weil die Paarbindung von immer längerer Dauer wurde. Dadurch war es notwendig geworden, neue Maßnahmen zu entwickeln, um die Heterozygotie in der Population zu erhalten. Zu den Maßnahmen gehörte die Aufrichtung des Tabus: »keinen Sexualverkehr mit Totemgenossen des anderen Geschlechts«[1]. Die Söhne reiften notwendigerweise ebenfalls im Schoß der Familie heran. Auch sie – und natürlich auch die Eltern – hatten eine gefährliche sexuelle Präferenz entwickelt. Für jeden in der Familie musste dieses Tabu aufgerichtet werden. Besonders für den Sohn kam die Forderung hinzu, »das Totemtier nicht zu töten«. Um es noch einmal zu betonen: Im ursprünglichen Brüderbund hat die Drohung: »Keiner benimmt sich hier wie ein Urvater, und falls doch, wird er gestürzt«, eine stabilisierende Auswirkung auf die Sozialstruktur. Bei Menschen, die in einer Paarbindung leben – leben müssen –, ist genau das Gegenteil der Fall: Der sekundäre Urvater ist integraler und notwendiger Bestandteil der Kernfamilie. Seine Anwesenheit ist für die Bildung des richtigen Schönheitsideals notwendig, und sie ist auch notwendig für die Einübung des Tabus »keinen Sexualverkehr mit Totemgenossen des anderen Geschlechts«. Selbstverständlich spielt der Vater auch eine wichtige Rolle für den Schutz der Familie, die Nahrungsbeschaffung, usw.. Die Regeln des Zusammenlebens mussten sich daher grundlegend ändern: Der neue Alleinherrscher musste durch das Tabu, »das Totemtier nicht zu töten«, geschützt werden. Auch dann, wenn er sich tatsächlich als Alleinherrscher benahm und benimmt, schützt ihn seine Bedeutung für die Bildung des richtigen Schönheitsideals vor einer Revolution[2]. Beide,

---

1 ebd., S. 42
2 Nach Freud wurde beim Übergang von der »Vaterhorde« zum »Brüderbund« der »Urvater« gestürzt. Wenn man sich diesen Vorgang als einen über lange Zeiträume wiederholt stattfindenden Prozess vorstellt, der von einem gestiegenem Bedürfnis nach genitaler Befriedigung getrieben wurde, dann wurde in der Mehrzahl der Fälle vermutlich ein (Halb-)Bruder von seinen (sozialen) Brüdern gestürzt und nicht ein Vater von seinen Söhnen (vgl. S. 162). Der »Urvater« war in den meisten Fällen tatsächlich ein

Kinder und Eltern, können den Konflikten offenbar nicht entkommen, die Eltern können sie bestenfalls durch geeignetes Verhalten entschärfen. Wobei es eine Ironie des Schicksals ist, dass so ziemlich jeder im Lauf seines Lebens die Seite wechselt: vom »Unterdrückten« zum »Unterdrücker«.

Reue und Schuldbewusstsein stellen sich erst nach der »verbrecherischen Tat« ein, beide können offensichtlich die Tat nicht verhindern. Verhindert wird die Tat dann, wenn schon der (unbewusste) Wunsch zur Tat starke Schuldgefühle oder Angst »vor der eigenen Courage« erzeugt. Man kann daher vermuten: Es gab und gibt einen Selektionsdruck zur Entwicklung der Fähigkeit, Schuldgefühle zu empfinden und Angst vor den eigenen unbotmäßigen Wünschen zu entwickeln, auch dann, wenn der Anlass dazu, Wünsche und Konflikte auf Grund der Rivalitätseinstellung zum gleichgeschlechtlichen Elternteil, und Wünsche und Konflikte wegen der sexuell gefärbten Gefühlsbindung an den gegengeschlechtlichen Elternteil eher harmlos war. Wenn man diesen Gedanken weiter verfolgt, dann kann man zu dem Schluss kommen, dass heute Schuldgefühle und solche Angstentwicklungen – die in der psychoanalytischen Literatur als neurotische Angst bezeichnet werden – auf Grund dieses Selektionsdrucks größer als früher geworden sind, während die Konflikte zwischen Eltern und Kindern eher kleiner als früher geworden sind. Introspektion hilft in der Regel nicht dabei, herauszufinden, ob man selbst Schuldgefühle und unbotmäßige Wünsche hatte oder hat. Das Schuldgefühl ist kein Schuldbewusstsein. Wir sind uns keiner Schuld bewusst, weil es die Schuld meist auch gar nicht gibt, aber die Praxen der Psychologen wären leer, wenn es Schuldgefühle auf Grund von unbotmäßigen Wünschen gegenüber den Eltern nicht gäbe[1]. Schuldgefühle sind weitgehend unbewusst. Wenn tatsächlich ein Selektionsdruck über viele Jahrtausende die Fähigkeit, Schuldgefühle und neurotische Angst entwickeln zu können, verstärkt hat, dann wurde zwar der sekundäre Urvater zunehmend besser vor einer Revolution

---

Urbruder. Wenn ein Urvater oder ein Urbruder Alleinansprüche erhob, dann musste er gestürzt werden, damit ein »Brüderbund« entstehen konnte. Mit dem sekundären Urvater verhält es sich anders. Der ist tatsächlich der biologische Vater. Dieser Urvater darf auf keinen Fall gestürzt werden, weil mit seinem Sturz verhindert würde, dass das Schönheitsideal seiner Kinder, besonders das seiner Töchter, den »richtigen« Inhalt bekommen kann.

1 Nach Erikson ist es erklärungsbedürftig, dass ein Kind Schuldgefühle zu einer Zeit entwickelt, zu der es zu schwach zur Auflehnung und sexuell zu unreif für Inzest ist: »Die Folge [der Ödipus-Wünsche] ist ein tiefes Schuldgefühl – ein merkwürdiges Gefühl, da es doch immer nur bedeuten kann, daß der Mensch sich Taten und Verbrechen zuschreibt, die er tatsächlich nicht begangen hat und biologisch auch nicht begehen könnte.« (Erikson, 1966, S. 93)

geschützt, aber andererseits sind wegen der zunehmend stärkeren Schuldgefühle und der Entwicklung neurotischer Angst neue, gravierende Probleme entstanden. Viele unserer Mitmenschen kommen vermutlich deshalb als Jugendliche und Erwachsene mit ihrem Leben in der Gesellschaft nicht zurecht. Diese Folgerung könnte vielleicht auch dazu beitragen, zu verstehen: Warum wird ein Tyrann von Vielen wie ein Vater geliebt und nicht gestürzt? Warum kann eine sich als Herrscher gebärdende Elite ihr Volk wie Kinder in Armut halten, ohne eine Revolution fürchten zu müssen?

Selbstverständlich schützen die Schuldgefühle des Sohns, eine übersteigerte Angst vor den eigenen Wünschen und auch so harmlose Reaktionen wie halluzinatorische Wunschbefriedigungen im Traum den Sohn vor dem Konflikt mit dem Vater. Die Aggression des Vaters war eine reale Gefahr, die zu Recht zu Angst beim Sohn führen kann. Ein Sohn kann aber nicht durch Flucht oder Auswandern aus der Familie sich den Konflikten entziehen, wie das die jungen Männchen der Gorillas – und eingeschränkt: die der Schimpansen und Bonobos – können, wenn sie heranreifen und Konflikte mit den älteren Männchen der Horde entstehen. Die Söhne der Menschen sind zu der Zeit, zu der die Wünsche stark werden, viel zu klein und unselbständig. Sie müssen bleiben. Beim Überleben in der Familie hilft ihnen die Angst. Sie kann rettend sein, sofern sie den Aufstand verhindert. Und das wird erreicht, indem die Angst vor den eigenen unbotmäßigen Wünschen zur Verdrängung eben dieser Wünsche beiträgt. »Nicht die Verdrängung schafft die Angst, sondern die Angst ist früher da, die Angst macht die Verdrängung!«[1] Aus der Furcht vor der realen Gefahr wird auf diese Weise eine Angst vor den eigenen unbewussten (!) Wünschen. Die Selektion hat vielleicht auf diese Weise und durch diesen Konflikt die Entwicklung von »Verdrängung« bei Menschen gefördert.

Ein Sohn kann Schuldgefühle entwickeln, weil der Vater, anders als bei Bonobos und Schimpansen, während der Kindheit des Sohns anwesend ist, sich vermutlich häufig auch liebevoll um ihn kümmert und an seiner Erziehung teilhat. Genau das kann aber zusammen auch schon mit einem schwachen Wunsch zur »Tat« die Schuldgefühle sehr groß werden lassen[2]. Äußerer Druck, das Tabu einzuhalten, verhindert zusammen mit den Schuldgefühlen die Tat, »das Totemtier

---
1 Freud 1932, S. 92
2 »[...] die Erfahrung zeigt, gegen unsere Erwartung, daß das Über-Ich denselben Charakter unerbittlicher Härte erwerben kann, auch wenn die Erziehung milde und gütig war, Drohungen und Strafen möglichst vermieden hat.« (Freud, 1932, S. 68)

[...] zu töten«. Für das Tabu, »keinen Sexualverkehr mit Totemgenossen des anderen Geschlechts«, gilt das Entsprechende. Ein Kind baut in den ersten Jahren seines Lebens eine Gefühlsbindung zur Mutter (Amme, Pflegeperson) auf, die eine sexuelle Strebung beinhaltet. Äußerer Druck, Angst und Schuldgefühle entwerten später diese Strebung und verhindern die Tat.

Dieser Normalfall verdeckt allerdings, worum es eigentlich geht. Wenn eine männliche bzw. weibliche Person sich um ein kleines Kind liebevoll kümmert, macht sie das zum Gegenstand der genannten Gefühlsbeziehungen, aber nicht in jedem Fall zum Gegenstand von einem der Tabus. Das Ödipusdrama zeigt den Unterschied: Ödipus wird als Säugling von seinen Eltern ausgesetzt. Er baut weder zu seinem biologischen Vater noch zu seiner biologischen Mutter eine emotionale Beziehung auf. Nachdem er seinen Vater unwissentlich erschlagen hat und er seine Mutter unwissentlich geehelicht hat, »erkennt« er sein Verbrechen und straft sich selbst. Sein Verbrechen besteht nicht darin, dass er eine Person, die ihn geliebt und aufgezogen hat, getötet bzw. geheiratet hat, sondern darin, das er gegen die beiden Tabus verstoßen hat. Für die Tabus ist die biologische Verwandtschaft, die Totemzugehörigkeit, entscheidend, nicht die emotionale Beziehung. Offenbar ist der Erhalt der Heterozygotie die (wichtigste) Triebkraft für die beiden Tabus. Ein weiteres Beispiel zu dem Thema findet sich in der »Niflungen-Saga der Thidrekssaga, die Parallel-Erzählung zum Nibelungenlied«[1]: Sigfrid (Sigfroed im Original) wurde als kleines Kind von Mime, dem Schmied, im Wald aufgefunden. Er und seine Frau, die kinderlos blieben, haben Sigfrid wie ihren eigenen Sohn aufgezogen. Als Jugendlicher tötet Sigfrid den Drachen und anschließend – vorsätzlich – seinen Ziehvater Mime mit dem Schwert, das Mime ihm geschenkt hat. Obwohl das zentrale Thema der Sage Treue, Verrat, Schuld und Familienehre ist, wird dieser Mord nur kurz erwähnt. Hätte Sigfrid seinen biologischen Vater erschlagen, die Sage hätte sicher eine andere Wendung genommen.

Wir entwickeln unser Schönheitsideal in zwei Schritten: Der Weg, sofort die Vorliebe für eine Person zu entwickeln, die einem Familienangehörigen nur ähnlich sieht, wäre offenbar ideal. Dieser Weg würde viele Konflikte vermeiden. Dass Kinder heute diesen Weg nicht beschreiten, mag daran liegen, dass wir im Verlauf der Menschheitsentwicklung die beschriebene Abfolge der Vorliebe Schritt um Schritt entwickelt haben und daher nur sehr langsam davon wegkommen können, oder auch daran, dass es prinzipiell nicht möglich ist, in

---
1 Ritter-Schaumburg, 2007, S. 261

einem Schritt eine so komplizierte Vorliebe für die Partnerwahl zu entwickeln.

Diesem Umweg verdanken wir nun Vieles. Weil wir unser Schönheitsideal in zwei Schritten entwickeln und nicht in einem, gibt es eine Latenzzeit und damit einen Freiraum für eine lange Phase des Spielens und Lernens. Weil unser Schönheitsideal eine Paarbindung von langer Dauer und den zweizeitigen Ansatz der Sexualentwicklung begünstigt, mussten die Probleme mit den beiden zentralen Tabus in der Familie in Anwesenheit der potentiellen Akteure gelöst werden. Die Kinder konnten in der kritischen Zeit ihre Familie nicht verlassen, und der Zusammenhalt in der Familie war bzw. ist für die Ausbildung des »richtigen« Schönheitsideals notwendig. Das hat, denke ich, die Entstehung der psychischen Instanz Über-Ich, die das eigene Handeln beobachtet, die kritisiert, die bestimmte Handlungen verbietet[1] und damit hilft, den »rechten« Weg zu finden, wesentlich erleichtert, wenn nicht sogar bewirkt. Das Über-Ich erleichtert das Überleben der sekundären Vaterhorde und das Überleben in der sekundären Vaterhorde.

Folgt man diesen Gedanken, dann ist ein Über-Ich in der Latenzperiode von großer Bedeutung. Es verhindert – besonders durch die Entwicklung von Schuldgefühlen – sexuelle Aktivitäten bei den Jugendlichen, einen Aufstand der Jugendlichen in der Familie; es hält die Familie zusammen und ermöglicht bei den Jugendlichen den zweiten Schritt in der Entwicklung ihres Schönheitsideals. Im Erwachsenenstadium erscheint ein Über-Ich dagegen überflüssig, ja sogar kontraproduktiv zu sein[2]. Ein Erwachsener muss realitätsgerecht entscheiden, ein »Dreinreden« einer verinnerlichten, nicht hinterfragbaren Autorität stört dabei. Selbstverständlich sind Ratschläge, Regeln des Zusammenlebens, Regeln der Sitte und des Anstands und die

---

1 Das Gewissen, eine der wichtigsten Funktionen des Über-Ichs, ist nicht bei allen Erwachsenen in gleicher Stärke ausgebildet. Freud hat das folgendermaßen ausgedrückt: »In Anlehnung an einen bekannten Ausspruchs Kant's, der das Gewissen in uns mit dem gestirnten Himmel zusammen bringt, könnte ein Frommer wohl versucht sein, diese beiden als die Meisterstücke der Schöpfung zu verehren. Die Gestirne sind gewiss großartig, aber was das Gewissen betrifft, so hat Gott hierin ungleichmäßige und nachlässige Arbeit geleistet, denn eine große Überzahl von Menschen hat davon nur ein bescheidenes Maß oder kaum soviel, als noch der Rede wert ist, mitbekommen.« (Freud, 1932, S. 67). »Allerdings: Für die erwähnten ältesten Kulturforderungen [Verbot von Kannibalismus, Inzest und Mord] scheint die Verinnerlichung [...] weitgehend erreicht.« (Freud, 1927, S. 332)

2 Diese Idee habe ich aus Gesprächen mit meinem Vater, Gustav Berking, der sie auf der Basis von Freuds Vorstellungen entwickelt hat. Sie findet sich auch in seiner unveröffentlichten Denkschrift: »Grundlagen, Aufgaben und Möglichkeiten des Schulversuchs«.

Vermittlung von Kenntnissen der Eltern und der weisen Stammesältesten für die Kinder von großer Wichtigkeit, aber diese Ratschläge und Regeln müssen, wenn die Kinder alt genug dafür sind, wenn sie selbst erwachsen geworden sind, hinterfragbar sein. Verinnerlichte Regeln der Art: »das macht man so«, »das tut man nicht«, sind einer kritischen Prüfung aber weitgehend entzogen. Nun ist es eine charakteristische Eigenschaft der Evolution, dass Kinder, wenn sie selbst erwachsen geworden sind, neue, ihren Eltern unbekannte Probleme lösen müssen – nicht nur technische, auch soziale Probleme. Die jeweils nächste Generation verkörpert den Fortschritt. Nichthinterfragbare Regeln sind ein konservatives Element. Daher ist einleuchtend, dass eine nicht hinterfragte Befolgung überkommener Regeln des Zusammenlebens durch Erwachsene – nicht durch Kinder – den Fortschritt hemmt.

Nach den hier angestellten Überlegungen wäre ohne ein Stärkerwerden des Über-Ichs in der Latenzperiode ein Fortschritt in unserer Evolution nicht möglich gewesen. Wo es schwach bleibt, da bleibt auch die Gemeinschaftsfähigkeit schwach. Das Stärkerwerden hat nun aber zur Folge, dass das Über-Ich in der Regel die Pubertät überdauert und das Erwachsenenleben maßgeblich beeinflusst. Ursprünglich dürfte das Über-Ich sehr schwach gewesen sein und nur einen kleinen Beitrag zur Stabilisierung der Familie und zum zweiten Schritt in der Entwicklung des Schönheitsideals geleistet haben. Denkbar ist, dass damals dieses schwache Über-Ich nach der Pubertät an Einfluss auf das Verhalten verlor. Zumindest *ein* Verbot musste fallen: im Erwachsenendasein ist ein Verbot sexueller Betätigung nicht mehr sinnvoll. Die zwei zentralen Tabus bleiben dagegen von Bedeutung: Das Tabu, »keinen Sexualverkehr mit Totemgenossen des anderen Geschlechts«, »muss« bei Erwachsenen solange bestehen bleiben, bis die Einsicht stark genug geworden ist, dass ein Zuwiderhandeln für die Betroffenen, die Familie und die Gesellschaft negative Folgen hat. »Muss« heißt hier: eine Horde, die Inzucht nicht verhindert – auf welchem Weg auch immer –, geht auf lange Sicht unter. Diese Einsicht oder das unreflektierte Befolgen des Tabus können zum gleichen Resultat führen, aber im Unterschied zum Tabu ist die Einsicht nicht von Schuldgefühlen und Ängsten begleitet. Man kann daher erwarten, dass die Selektion den Übergang vom Einfluss des Tabus auf die Entscheidung bei der Partnerwahl zum Einfluss der Einsicht auf diese Wahl fördert.

Das zweite Tabu, »das Totemtier nicht zu töten«, geht offenbar ebenfalls nicht nach der Latenzperiode unter. Vatermord ist in allen Gesellschaften selten. Vermutlich bewirken die Schuldgefühle, dass weder in Jäger-und-Sammler-Kulturen noch in gegenwärtigen modernen Gesellschaften die Väter von den Söhnen entmachtet wurden und werden, wenn die Söhne ihnen physisch und schließlich auch intellektuell überlegen werden. Stattdessen bleiben sie einflussreich und werden zu den weisen Stammesältesten, denen die Söhne sich beugen. Auf diese Weise stützt das Tabu und stützen die Schuldgefühle die Errichtung eines Patriarchats in der Gesellschaft. Es wäre ohne Frage wünschenswert, dass im Erwachsenenleben das Tabu »das Totemtier nicht zu töten«, an Einfluss verliert, und stattdessen in gleichem Maß die Einsicht an Einfluss gewinnt, dass Mord allgemein zu ächten ist, nicht nur der Mord von Totemangehörigen, Mitgliedern des Clans und der Nation, nicht nur der Mord des Nächsten, sondern der Mord des Fernsten.

Reste des ursprünglichen »Brüderbunds« sind bei uns Menschen bis heute erhalten geblieben: Ein Mann respektiert die Paarbindung seines Nachbarn – offiziell zumindest. Damit kann eine patriarchalische Gesellschaft als ein »Brüderbund« aufgefasst werden, in der jeder der Brüder den Vorsitz in einer kleinen »sekundären Vaterhorde« innehat. In Großfamilien ist diese Struktur oft noch leicht erkennbar. Die herangewachsenen männlichen Mitglieder einer Großfamilie bleiben häufig am gleichen Ort oder sogar im gleichen Haus, während die Frauen in jungen Jahren ihre Familie verlassen und in eine Nachbarfamilie »abwandern«, ursprünglich: zwangsverheiratet wurden. Auf diese Weise bilden die Männer einer Großfamilie einen »Brüderbund« mit all seinen Vorteilen der gegenseitigen Hilfe[1] und der Aggressionshemmung. Ähnlich wie bei Schimpansen wird bei den Männchen bzw. Männern die Aggressionen untereinander, d.h. Männer gegen Männer, vermindert durch Aggression gegen Fremde und, anders als bei Schimpansen, auch durch Aggression gegen die »eigene« Frau und die »eigenen« Kinder. Freiheit, Gleichheit, Brüderlichkeit – bis heute gilt das in erster Linie für Männer untereinander. Die Frauen haben bis heute das Erbe der Zwangsverheiratung

---

1 Paul Parin schreibt über ein westafrikanisches Volk: »Die Dogon selbst können keinen der ihren in die Verbannung schicken. Die patrilineare Familie ist an und für sich eine Einheit, die keines ihrer noch so unbeliebten Mitglieder ausscheiden kann.« (Parin, 1983, S. 142) Emmanuel Todd (2003) schreibt über arabisch-muslimische Familienstrukturen: »Die Beziehung zwischen Vater und Sohn ist nicht wirklich autoritär. Die Sitte zählt mehr als der väterliche Wille, und die horizontale Verbindung zwischen den Brüdern ist die grundlegende Familienbeziehung. Das System ist egalitär, sehr gemeinschaftsorientiert, es fördert nicht den Respekt vor Autoritäten im Allgemeinen und vor staatlichen im Besonderen.« (Todd, 2003 S. 70f.) Die Bezeichnung »egalitär« bezieht sich nicht auf die Frauen. Die Gesellschaft ist kein Schwesternbund.

und des langen Zustands der Abhängigkeit in der fremden Familie nicht (vollständig) abschütteln können. In der eigenen Familie hatten und haben oft heute noch heranwachsende Mädchen einen schweren Stand, weil die Männer der Familie sie für ihre eigene Inzestversuchung verantwortlich machen. Die Kinder müssen eingeschränkt werden, sonst werden sie nicht sozial, aber Aggressionen gegen sie sind einer gesunden Entwicklung abträglich; sie sind das Resultat der Unfähigkeit der Erwachsenen, mit den eigenen Problemen und denen der Kinder zurecht zu kommen.

Die gegenwärtigen Gesellschaften sind zwar unterschiedlich strukturiert, aber alle sind mehr oder weniger deutlich patriarchalisch strukturiert. Ich denke, die hier vertretene Hypothese zur Partnerwahl kann einen Beitrag zur Beantwortung der Fragen leisten: Was brachte den Mann an die Macht, und was hält ihn in dieser Position?

Die Vorherrschaft des Mannes in der Gesellschaft beruht auf der Vorherrschaft des Mannes in der Familie. Diese Vorherrschaft kann von zwei Seiten in Frage gestellt werden, von der Frau und von den Kindern. An der Verhinderung des Aufstands der Kinder ist, wie oben diskutiert, unser Schönheitsideal beteiligt. Aus Sicht der Kinder/Jugendlichen darf das »Totemtier« nicht getötet werden, zudem sind sie auch lange Zeit viel zu schwach, um einen erfolgreichen Aufstand zuwege bringen zu können. Einen Aufstand der Frau gegen ihren Ehemann verhindert ihre physische Unterlegenheit. In der Regel legen die zukünftigen Partner und auch die Eltern und Verwandten der zukünftigen Partner Wert darauf, dass es eine physische Überlegenheit des Mannes in der Ehe gibt. Ein Ehepaar erregt Aufmerksamkeit, wenn der Mann deutlich kleiner und zierlicher ist als »seine« Frau. Bei Menschenaffen und vermutlich daher auch bei unseren Vorfahren sind die Männer größer und kräftiger als die Frauen. Bei den heutigen Menschen ist das auch der Fall. Obwohl sich vieles im Körperbau des Menschen im Verlauf seiner Evolution geändert hat, ist der Größenunterschied von Männern und Frauen geblieben. Das ist erklärungsbedürftig. Häufig hört man als Erklärung, dass in den zurückliegenden Jahrtausenden der Mann groß und stark sein musste, um die Frau ernähren und schützen zu können. Nun ist aber der beste Schutz für eine Frau und ihre Kinder zweifellos dann gegeben, wenn sie selbst stark ist. Das ist besonders dann wichtig, wenn der Mann zur Beschaffung von Nahrung unterwegs ist und sie auf sich gestellt ist. Sie kann mit kleinen Kindern kaum fliehen. Der Mann kann, wenn er mit anderen Männern auf der Jagd ist, sich erheblich besser vor Feinden schützen, falls erforderlich. Auch das Argument, der Mann müsse die Frau ernähren und müsse darum groß und stark sein, ist nicht überzeugend: Untersuchungen haben gezeigt, dass in Jäger- und-Sammler-Kulturen die Frauen mehr Nahrung nach Hause brachten als die Männer, obwohl sie schwächer waren (vgl. S. 77). Ein Grund für den Größenunterschied von Mann und Frau könnte der Folgende sein: Es ist einsehbar, dass bei Menschen ein ausgewogenes Kräfteverhältnis der Ehepartner es einer zwangsverheirateten Frau ermöglichen würde, die Ehe aufzukündigen, wenn sie schließlich zur vollen Körpergröße herangewachsen ist. In diesem Fall kann sie den Mann unter Mitnahme der Kinder verlassen. Die Zwangsverheiratung von Frauen konnte sich offenbar nur unter der Bedingung durchsetzen und erhalten, dass die Männer den Frauen physisch überlegen waren und ein Mann seine »ihm anvertraute« Frau als Besitz betrachtete und sie dementsprechend verteidigte. Sie ist »seine« Frau. Er duldet weder Übergriffe anderer Männer, noch duldet er, dass »seine« Frau anderen Männern schöne Augen macht. Schon der Anschein einer Untreue reicht für eine harte Bestrafung aus. Ein Mann dagegen kann sich große Freiheiten herausnehmen.

Folgt man diesen Überlegungen, dann ergibt sich, dass die Partnerwahl nach dem Bild der engsten Angehörigen die Entwicklung wesentlicher Elemente von vergangenen und gegenwärtigen Sozialstrukturen begünstigt, wenn nicht erzwungen hat: wie die Entwicklung einer Paarbindung von langer Dauer, die Einführung der Zwangsverheiratung und die Entwicklung bzw. Beibehaltung der physischen Überlegenheit der Männer in der Ehe und damit die Entwicklung des Patriarchats in der Familie und der Gesellschaft. Mit einer Sozialstruktur, die diese Elemente enthielt, war eine anatomische und physiologische Anpassung an jeweils neue Gegebenheiten schneller möglich als mit einer Sozialstruktur, in der Gleichberechtigung von Männern und Frauen herrschte oder in der die in die Horde eingewanderten Frauen sich ihren Partner selbst aussuchten, wie das vermutlich in einer frühen Phase der Menschheitsentwicklung der Fall gewesen ist. Männern und Frauen wurden von der Selektion offenbar bestimmte Rollen »zugewiesen«, wobei die Männer ihre Rolle sehr häufig schamlos ausgenutzt haben und noch ausnutzen. Mit »schamlos« meine ich: Der überwiegende Teil der Männer hat zu einer Zeit, zu der die Kulturentwicklung schon weit vorangeschritten war, zu der also die intellektuellen Fähigkeiten der Männer groß genug geworden waren, um die Unmenschlichkeit ihres Handelns zu durchschauen, die Unterdrückung der Frauen aufrechterhalten.

6 Nachwort

Die bisherigen Ausführungen legen nahe, dass das Prinzip: Wähle einen Partner, der den engsten Familienangehörigen ähnelt, im Laufe der Evolution immer strikter angewandt werden konnte und auch immer strikter angewandt wurde. Gute Voraussetzungen für die Durchsetzung des Prinzips sind klar erkennbare Clanstrukturen und geringe Mobilität. Bei den Aborigines, so wird berichtet, war beides gegeben. Die Horden ernährten sich als Jäger und Sammler, sie zogen von Ort zu Ort, blieben dabei aber in einem fest umrissenen Territorium. Ein Mann, der die Grenze des Territoriums seiner Horde bzw. Stammes bei der Jagd überschritt, riskierte sein Leben. Die Totemzugehörigkeit eines Jeden in einem Stamme (zu dem mehrere Horden gehören) war aufs Beste bekannt. Die Väter in Abstimmung mit den Stammesältesten bestimmten die Heiraten. Kinder aus benachbarten Horden wurden verheiratet, wobei Inzest vermieden wurde. In vielen Ländern wurde ähnlich verfahren. Beispielsweise wurden in Pakistan in den neunziger Jahren des zwanzigsten Jahrhunderts die Hälfte aller Ehen zwischen Cousin und Cousine ersten Grades geschlossen (vgl. S. 125). Dieser Anteil wird in Pakistan zukünftig sicher sinken. In den meisten anderen Ländern ist er (bereits) deutlich niedriger. Mit dem Wachsen der Großstädte, der Zunahme von Wanderarbeit und der zunehmend selbständigeren Suche junger Männern und Frauen nach Ausbildungsmöglichkeiten, fern von der eigenen Familie, nimmt der Einfluss der Eltern auf die Partnerwahl weiter ab. Damit nimmt der Einfluss des familienspezifischen Schönheitsideals bei der Partnerwahl ab, da die Familie mehr Wert auf dieses Kriterium legt als die zukünftigen Partner selbst (vgl. S. 128). Mit dem Beginn von Werbung in den Medien, in denen Models ein allgemeingültiges, ein »artspezifisches« Schönheitsideal vermitteln sollen, mit dem Beginn von weltweit verbreiteten »Vorbildern« in Kino und Fernsehen und mit käuflich zu erwerbenden Mitteln der Modeindustrie, die es erlauben, diesen Vorbildern nachzueifern, nahm und nimmt der Einfluss des familienspezifischen Schönheitsideals bei der Partnerwahl weiter ab. Scheidung und Wiederheirat nimmt zu; die Anzahl alleinerziehender Frauen steigt. Damit sinkt vermutlich weiterhin der Einfluss familienspezifischer Merkmale bei der Partnerwahl, weil es den Kindern erschwert wird, familienspezifische Merkmale in ihr Schönheitsideal aufzunehmen. Wenn die Gesellschaft alleinerziehende Frauen zukünftig so unterstützen sollte, dass sie problemlos ihre Kinder aufziehen können, dann wäre damit ein Zustand erreicht, wie er vermutlich ursprünglich, also vor der Paarbindung, bei unseren Vorfahren herrschte und wie er heute noch bei Schimpansen und Bonobos herrscht: Die Männer (und die Frauen ohne Kinder) verteidigen das Territorium – das Land selbst und den Wirtschaftsraum – und tragen (bei den Menschen: mit ihren Steuern) zum Wohlergehen der alleinerziehenden Frauen mit ihren Kinder bei. Vermutlich dürften dann als Folge einer sexuellen Selektion – wie bei Schimpansen und Bonobos – deutlich häufiger als heute einige Männer nie Väter werden und andere viele Kinder haben.

Das Aufwachsen in einer sekundären Vaterhorde und der Zwang, mit allen Mitgliedern des Gemeinwesens einigermaßen auskommen zu müssen, sind keine guten Voraussetzungen für ein friedliches Leben miteinander. Es ist daher nicht verwunderlich, dass die Kontrolle der Aggressionsneigung wohl das größte Problem der Menschheit ist. Dass diese Neigung so gefährlich geworden ist, verdanken wir dem wissenschaftlichen und technischen Fortschritt, der uns auf der anderen Seite half, viele Probleme, die wir mit der uns umgebenden belebten und unbelebten Natur hatten, zu lösen.

Viele Zeitgenossen gehen davon aus, dass uns ein friedliches Zusammenleben gelingen wird. Es läge in der Natur der Evolution, dass durch die natürliche Selektion ein Organismus – und das gelte auch für den Menschen – immer fitter werde und Schritt für Schritt seine dringendsten Probleme löse. J. B. S. Haldane (1932) hält dagegen: Solange es nur den »Kampf ums Dasein« mit Mitgliedern anderer Arten und mit der unbelebten Umwelt gibt, werden Organismen tatsächlich fitter – für das Überleben in genau dieser Umwelt und mit genau diesen anderen Arten. Sobald aber die Dichte der Individuen der eigenen Art in einem Territorium zunimmt, beginne der Wettbewerb mit den Mitgliedern der eigenen Art. Einzelne Individuen erlangen dabei auf Kosten anderer einen Vorteil im Überleben und bei der Reproduktion. Für die Art kann das jedoch ein Desaster sein. Nach Haldane weisen paläontologische Funde darauf hin, dass oft die Bildung von riesigen Hörnern und Geweihen (meist nur im männlichen Geschlecht) dem Aussterben einer Art vorangingen. In einigen Fällen sind solche Arten – vermutlich im wahrsten Sinne des Wortes – unter der Last ihrer Bewaffnung zusammengebrochen.[1] Da es wohl keine

---
1 Haldane, 1932, S. 119f.

Art gibt, deren Populationsdichte in der jüngsten Zeit so angewachsen ist wie die der Menschen, und da innerartliche Rivalität zu verheerenden Kriegen und ständigem Aufrüsten geführt hat, könnte es durchaus sein, dass Haldanes Analyse zutrifft: Wir sind in akuter Gefahr, unter der Last unserer Bewaffnung zusammenzubrechen, anstatt immer klüger und lebenstüchtiger zu werden.

Freud hat aus einer ganz anderen Perspektive heraus sich ähnlich besorgt geäußert: Er nennt drei Quellen von Leid:

»die Übermacht der Natur, die Hinfälligkeit unseres eigenen Körpers und die Unzulänglichkeiten der Einrichtungen, welche die Beziehungen der Menschen in Familie, Staat und Gesellschaft regeln.«[1]

Die beiden ersten Leidensquellen erkennen wir an – sagt er –, wir werden sie nie vollkommen beherrschen. Aber wir

»können nicht einsehen, warum die von uns geschaffenen Einrichtungen nicht vielmehr Schutz und Wohltat für uns alle sein sollten. Allerdings, wenn wir bedenken, wie schlecht uns gerade dieses Stück Leidverhütung gelungen ist, erwacht der Verdacht, es könnte auch hier ein Stück der unbesiegbaren Natur dahinterstecken, diesmal unserer eigenen psychischen Beschaffenheit.«[2]

Das ist ein düsterer Ausblick. Aber er zeigt auch, von welcher Seite Hilfe kommen könnte. Unsere psychische Beschaffenheit ist nicht unveränderlich. Sie hat sich über lange Zeiträume zu der heutigen Beschaffenheit entwickelt. Sie ist einer ständigen Selektion unterlegen, und der unterliegt sie heute noch. Bei der Behebung von individuellen und gesellschaftlichen Problemen kann es daher nützlich sein, mehr über die Kräfte zu lernen, die unsere psychische Organisation und unser Sozialverhalten in Laufe der Menschheitsentwicklung geformt haben. Auch wenn notwendigerweise Vieles dabei unsicher und hypothetisch bleiben muss, so können solche Überlegungen doch dabei hilfreich sein, herauszufinden, warum manche unserer Eigenheiten und Verhaltensweisen sich so hartnäckig halten, während andere leicht wandelbar sind.

---

1 Freud, 1930, S. 444
2 ebd., S. 445

Danksagung

Ich möchte Freunden und Bekannten, mit denen ich in den letzten Jahren einige der Themen diskutiert habe, herzlich für Anregungen danken. Besonders haben mir kritische Anmerkungen und Anregungen von meiner Frau Friederike Berking und von Klaus Herrmann geholfen. Mein besonderer Dank aber gilt Johann-Friedrich Anders für vielfältige Diskussionen, Hinweise auf weiterführende Literatur und kritische Lektüre des Textes.

Literaturverzeichnis

Alber, E. (2010): Das Kind soll weinen, wenn es weggeht. Interview. taz 24.12.2010, S. 19
Alt, R. (1956): *Vorlesungen über die Erziehung auf frühen Stufen der Menschheitsentwicklung.* Berlin
Alvarez, L., and Jaffe, K. (2004): Narcissism guides mate selection: Humans mate assortatively, as revealed by facial resemblance, following an algorithm of „self seeking like". Evolutionary Psychology human-nature.com/ep 2: 177-194
Apostolou, M. (2010): Sexual selection under parental choice in agropastoral societies. Evolution and Human Behavior, 31: 39-47
Apostolou, M. (2011): Parent-Offspring Conflict over Mating: Testing the Tradeoffs Hypothesis. www.epjournal.net – 2011. 9(4): 470-495
Artlich, A. (2011): Leserbrief betr.: „Alles bleibt in der Familie", taz, 30.9.2011, S. 9
Baines, J. und Pinch G. (1993): Ägypten. In: *Mythen der Welt.* Hg.: Willis, R., München, 1998, S. 36-55
Batten, M. (1992): *Natürlich Damenwahl.* München, 1994
Bauer, J. (2010): *Das kooperative Gen.* München
Bebel, A. (1878): *Die Frau und der Sozialismus.* Berlin Bonn, 1980
Benedict, R. (1934): *Kulturen primitiver Völker.* Stuttgart, 1949
Berger, T. (2012): Schutz von »Kinderehen«. Junge Welt, 27.7.2012, S. 15
Berking, S. (2010): *Vom aufrechten Gang und vom Ackerbau.* Norderstedt
Bernfeld, S. (1925): *Sisyphos oder die Grenzen der Erziehung.* Frankfurt, a. M., 1967
Berninghausen, J. und Kerstan, B. (1988): Wer die Wahl hat, hat die Qual. Mütter und Töchter – eine Geschichte über Veränderungen von Lebensbedingungen und sozialen Normen in Mitteljava. beiträge zur feministischen theorie und praxis. 21/22: 183-189
Boesch, C., and Boesch-Achermann, H. (2000): *The chimpanzees of the Taï Forest: behavioral ecology and evolution.* Oxford, GB
Brockington, J. (1993): Indien, In: *Mythen der Welt.* Hg.: Willis, R., München, 1998, 68-87
Buss, D.M. (1989): Sex differences in human mate preferences: Evolutionary hypotheses tested in 37 cultures. Brain and Behavioral Sciences, 14: 519-520
Buss, D.M. (1995): Psychological sex differences, origins through sexual selection. American Psychologist 50: 164-168
Chaix, R., Cao, C., and Donnelly, P. (2008): Is Mate Choice in Humans MHC-Dependent? PLoS Genet. 4(9): e1000184. doi: 10.1371/journal.pgen.1000184
dadalos (2012): http://www.dadalos-d.org/deutsch/menschenrechte/grundkurs_mr3/frauenrechte/warum/mitgift.htm
Darwin, C. (1874, 2. Auflage): *Die Abstammung des Menschen und die geschlechtliche Zuchtwahl.* Leipzig Wien, 1902
Darwin, C. (1876): *The Effects of Cross- and Self-Fertilisation,* London
Darwin, C. (2008): *Mein Leben.* Frankfurt a.M., Leipzig
Davidson, H.E. (1993): Nordeuropa. In: *Mythen der Welt.* Hg.: Willis, R., München, 1998, S. 190-205
Dawkins, R. (1976): *Das egoistische Gen.* Erg. und überarb. Neuaufl. Heidelberg Berlin Oxford, 1994

Dawkins, R. (1993): Barrieren im Kopf. In: *Menschenrechte für die großen Menschenaffen*. Hg.: Cavalieri, P. und Singer, P., München, 1994, S. 125-135

de Waal, F.B.M. (1989): *Wilde Diplomaten. Versöhnung und Entspannungspolitik bei Affen und Menschen*. München, 1993

de Waal, F.B.M. (2005): *Der Affe in uns. Warum wir sind, wie wir sind*. München, 2009

de Waal, F.B.M. (2006):: http://www.spiegel.de/spiegel/print/d48495971.html Interview

DeBruine, L.M. (2002): Facial resemblance enhances trust. Proceedings of the Royal Society London B, 269: 1307-1312

Devereux, G. (1956): Normal und abnormal: Schlüsselbegriffe der Ethnopsychiatrie. In: *Der Mensch und seine Kultur*. Hg.: Muensterberger, W., München, 1974, S. 69-94

DeVore, I. (1974): Die Evolution der menschlichen Gesellschaft. In: *Evolutionstheorie und Verhaltensforschung*. Hg.: Schmidbauer, W., Hamburg

Diamond, J. (1992): *Der Dritte Schimpanse. Evolution und Zukunft des Menschen*. Frankfurt a. M., 1998

Dobzhansky, T. (1962): *Dynamik der menschlichen Evolution. Gene und Umwelt*. Hamburg, 1965

Dubbs, S.L., and Buunk, A.P. (2010): Parents Just Don't Understand: Parent-Offspring Conflict over Mate Choice. www.epjournal.net – 2010. 8(4): 586-598

East, E.M. (1936): Heterosis. Genetics, 21: 375-397

Eildermann, H. (1950): *Die Urgesellschaft. Ihre Verwandtschaftsorganisationen und ihre Religion*. Berlin

El-Gawhary, K. (2012): Tauziehen um neue Verfassung. taz, 24.10.2012, S. 10

Elias, N. (1976): *Über den Prozeß der Zivilisation. Soziogenetische und psychogenetische Untersuchungen*. Frankfurt a. M., 1989

Ellsworth, R.M. (2011): The Human That Never Evolved. www.epjournal.net – 2011, 9(3): 325-335

Engels, F. (1884): *Der Ursprung der Familie, des Privateigentums und des Staats*. Berlin, 1952

Erikson, E.H. (1950): *Kindheit und Gesellschaft*. Stuttgart, 1968

Erikson, E.H. (1959): *Identität und Lebenszyklus*. Frankfurt a.M., 1966

Fisher, R.A. (1958): *The Genetical Theory of Natural Seletion*. New York. Second revised edition

Fletcher, R. (2004): Was ist die Menschheit? In: *Menschen der Urzeit. Die Frühgeschichte der Menschheit. Von den Anfängen bis zur Bronzezeit*. Hg.: Burenhult, G., Köln, 2004, S. 17-28

Foley, R. (1995): *Humans before Humanity*. Oxford, GB

Fossey, D. (1983): *Gorillas im Nebel*. München, 1989

Fouts, R.S. und Fouts, D.H. (1993): Wie sich Schimpansen einer Zeichensprache bedienen. In: *Menschenrechte für die großen Menschenaffen*. Hg.: Cavalieri, P. und Singer, P., 1994, S. 49-69

Fox, R. (1973): Ein neuer Blick auf Totem und Tabu. In: *100 Jahre Totem und Tabu*. Hg.: Haas, E., Gießen, 2012, S. 33-50

Freud, S. (1905): Drei Abhandlungen zur Sexualtheorie. Gesammelte Werke, Bd. V Frankfurt/Main

Freud, S. (1908): Über infantile Sexualtheorien. G. W. VII

Freud, S. (1912-13): Totem und Tabu. G. W. IX

Freud, S. (1920): Über die Psychogenese eines Falls von weiblicher Homosexualität. G. W. XII

Freud, S. (1921): Massenpsychologie und Ich-Analyse. G. W. XIII

Freud, S. (1925a): Selbstdarstellung. G. W. XIV
Freud, S. (1925b): Die Widerstände gegen die Psychoanalyse. G. W. XIV
Freud, S. (1927): Die Zukunft einer Illusion. G. W. XIV
Freud, S. (1930): Das Unbehagen in der Kultur. G. W. XIV
Freud, S. (1932): Neue Folge der Vorlesungen zur Einführung in die Psychoanalyse: G. W. XV
Gavrilets, S. (2012): Human origins and the transition from promiscuity to pair-bonding. PNAS, 109: 9923-9928
Girard, R. (1972): Totem und Tabu und die Inzestverbote. Auszug aus: *Das Heilige und die Gewalt*. In: *100 Jahre Totem und Tabu*. Hg.: Haas, E., Gießen, 2012, S. 77-98
Goldhill, S. (1993): Griechenland. In: *Mythen der Welt*. Hg.: Willis, R., München, 1998, S. 124-165
Goodall, J.: van Lawick-Goodall, J. (1971): Wilde Schimpansen. Reinbek bei Hamburg, 1975
Goodall, J. (1990): *Ein Herz für Schimpansen. Meine 30 Jahre am Gombe-Strom*. Reinbek bei Hamburg, 1991
Goodall, J. (1993): Schimpansen – Die Überbrückung einer Kluft. In: *Menschenrechte für die großen Menschenaffen*. Hg.: Cavalieri, P. und Singer, P., 1994, S. 19-32,
Goodall, J. (2011): Interview: http://www.zeit.de/2011/34/Forschung-Jane-Goodall/seite-4, 22.8.2011
Gould, S.J. (1981): *Der falsch vermessene Mensch*. Basel Boston Stuttgart, 1983
Haas, E.T. (2012): Die Behälterfunktion des Rituals. In: *100 Jahre Totem und Tabu*. Hg.: Haas, E., Gießen, 2012, S. 99-128
Haeckel, E. (1899): *Die Welträtsel*. Hamburg, 2009
Haldane, J.B.S. (1932): *The Causes of Evolution*. New York, 1966
http://www.animalinfo.org Animal Information - Information on Endangered Animals
Indian-Newsletter.de (2002): http://www.indien-newsletter.de/mitgiftmord-deut.html Ausgabedatum: 09.04.2002
Jacob, S., McClintock, M.K., Zelano, B., and Ober, C. (2002): Paternally inherited HLA alleles are associated with women's choice of male odor. Nat Genet 30: 175–179
Johannsen, W. (1903): *Über Erblichkeit in Populationen und in reinen Linien*. Jena
Klemperer, V. (1957): *LTI, Notizbuch eines Philologen*. Stuttgart, 2007
Klopp, E. (2012): http://www.eric-klopp.de/texte/evolutionspsychologie/10-theorien-der-partnerwahl
Koene, T. (2012): Mit Gott sprechen. taz, 28./29.7.2012, S. 30-31
Krawczak, M. and Barnes, R.H. (2010): How obedience of marriage rules may counteract genetic drift. J Community Genet (2010) 1: 23–28, DOI 10.1007/s12687-010-0003-3
Kresta, E. (2012): Erschossen, gesteinigt, lebendig begraben. taz, 5.2.2013, S. 3
Kroeber, A.L. (1920): Totem and Taboo: An ethnologic psychoanalysis. American Anthropologist 22: 48-55
Kroeber, A.L. (1939): Totem und Tabu im Rückblick. In: *100 Jahre Totem und Tabu*. Hg.: Haas, E., Gießen, 2012, S. 25-32
Kuckenburg, M. (1997): *Lag Eden im Neandertal? Auf der Suche nach den frühen Menschen*. Düsseldorf und München, 2. Auflage, 1999
Kühn, A. (1961): *Grundriss der Vererbungslehre*. Heidelberg
Lévi-Strauss, C. (1958): *Strukturelle Anthropologie*, Frankfurt a.M., 1969
Li, C.C. (1968): *Population Genetics*. Chicago and London, Sixth Impression
Lichtenberg, G.C. (1789): *Sudelbücher*. In: *Georg Christoph Lichtenberg. Schriften und Briefe*. Hg.: W. Promies, Frankfurt, 1994
Lieberman, D. (2007): Darwinian psychology: A modern-day Hercules. Evolution and

Human Behavior, 28: 211-213

Lovejoy, C.O. (1981): Die Evolution des aufrechten Gangs. Spektrum Wiss., 1: 92-100

Lukas, H., Schindler, V. und Stockinger J. (1993-1997): Antizipatorisches Levirat. In: Interaktives Online-Glossar: Ehe, Heirat und Familie. http://www.univie.ac.at/Voelkerkunde/cometh/glossar/heirat/beb.htm. 11/10/97

Luo, L. (2011): Is There a Sensitive Period in Human Incest Avoidance? www.epjournal.net – 2011. 9(2): 285-295

Malinowski, B. (1927): *Geschlecht und Verdrängung in primitiven Gesellschaften.* Reinbek bei Hamburg, 1962

Malinowski, B. (1929): *Das Geschlechtsleben der Wilden in Nordwest-Melanesien. Liebe / Ehe und Familienleben bei den Eingeborenen der Trobriand-Inseln/Britisch-Neu-Guinea.* Leipzig Zürich, 1930

Marcinkowska, U., and Rantala, M.J. (2012): Imprinting on Facial Traits of Opposite-Sex Parents in Humans. www.epjournal.net – 2012. 10(3): 621-630

Mead, M. (1935): *Geschlecht und Temperament in primitiven Gesellschaften.* Reinbek bei Hamburg, 1959

Miles, H.L. (1993): Die Sprache der Orang-Utan: Die alte »Person« des Waldes. In: *Menschenrechte für die großen Menschenaffen.* Hg.: Cavalieri, P. und Singer, P., 1994, S. 70-93

Milinski, M. (2006): The Major Histocompatibility Complex, Sexual Selection and Mate Choice. Annu Rev Ecol Evol Syst, 37: 159–186

Montagna, W. (1965): The Skin. Sci. Am., 212: 56–59

Morris, D. (1967): *Der nackte Affe.* München, 1970

Muensterberger, W. (1951): Oralität und Abhängigkeit: Charakterzüge unter Südchinesen. In: *Der Mensch und seine Kultur.* Hg.: Muensterberger, W., München, 1974, S. 170-205

Niemitz, C. (2004): *Das Geheimnis des aufrechten Gangs.* München

O'Flaherty, W. (1980): Der Hinduismus. In: *Mythologie der Weltreligionen.* Hg.: Cavendish, R. und Ling, T.O., Eltville, 1981, S. 14-33

Palaver, W. (2012): Von der Schwerkraft der Gründungsgewalt. In: *100 Jahre Totem und Tabu.* Hg.: Haas, E., Gießen, 2012, S. 129-150

Parin, P. (1983): *Der Widerspruch im Subjekt. Ethnopsychoanalytische Studien.* Frankfurt a.M.

Parsons, A. (1964): Besitzt der Ödipuskomplex universelle Gültigkeit? Eine kritische Stellungnahme zur Jones-Malinowski-Kontroverse sowie die Darstellung eines süditalienischen Kernkomplexes. In: *Der Mensch und seine Kultur.* Hg.: Muensterberger, W., München, 1974, S. 206-259

Patterson, F., and Gordon, W. (1993): Zur Verteidigung des Personenstatus von Gorillas. In: *Menschenrechte für die großen Menschenaffen.* Hg.: Cavalieri, P. und Singer, P., 1994, S. 94-122

Penton-Voak, I., and Perrett, D.I. (2000): Consistency and individual differences in facial attractiveness judgements: An evolutionary perspective. Social Research, 67: 219-245

Pincott, J. (2008): *Warum stehen Männer auf Blondinen?* 2. Auflage, München, 2009

Porter, C.J.R. (1993): Vorderer Orient. In: *Mythen der Welt.* Hg.: Willis, R., München, 1998, S. 56-67

Portmann, A. (1951): *Zoologie und das neue Bild des Menschen.* 2. Auflage, Hamburg, 1962

Rath, C. (2012): Darf der Hänsel mit der Gretel? Ja. taz, 13. 4. 2012, S. 1

Reichholf, J.H. (1993): *Das Rätsel der Menschwerdung: Die Entstehung des Menschen im Wechselspiel der Natur.* 8. Auflage, München, 2010

Reichholf J. H. (2008): *Warum die Menschen sesshaft wurden. Das größte Rätsel unserer Geschichte.* Frankfurt a.M. 2009

Reynolds, V. (1974): Verwandtschaft und Familie bei niederen Affen, Menschenaffen und dem Menschen. In: *Evolutionstheorie und Verhaltensforschung.* Hg.: Schmidbauer, W., Hamburg

Ritter-Schaumburg, H. (2007): *Die Nibelungen zogen nordwärts.* St. Goar

Róheim, G. (1941): Kultur in psychoanalytischer Sicht. In: *Der Mensch und seine Kultur.* Hg.: Muensterberger, W., München, 1974, S. 30-49

Ryan, C., and Jethá, C. (2010): *Sex at Dawn: How We Mate, Why We Stray, and What It Means for Modern Relationships.* New York

Schmidbauer, W. (1972): *Als sich die Evolution zum Menschen entschied. Jäger und Sammler.* München-Planegg

Schmidbauer, W. (1974a): Zur kulturellen Evolution der Aggression. In: *Evolutionstheorie und Verhaltensforschung.* Hg.: Schmidbauer, W., Hamburg

Schmidbauer, W. (1974b): Territorialität und Aggression bei Jägern und Sammlern. In: *Evolutionstheorie und Verhaltensforschung.* Hg.: Schmidbauer, W., Hamburg

Schmollack, S. (2012): Risiko: Mann. taz, 6.6.2012, S. 3

Schui, H. (2009): *Gerechtere Verteilung wagen! Mit Demokratie gegen Wirtschaftsliberalismus.* Hamburg

Segal, R.A. (2004): *Mythos. Eine kleinen Einführung.* Stuttgart, 2007

Shipman, P. (2013): Der steinige Weg zur friedlichen Koexistenz. Spektrum Wiss., 9: 92-97

Shultz, S., Opie, C., and Atkinson, Q.D. (2011): Stepwise evolution of stable sociality in primates. Nature, 479: 182-183

Smith, D.L. (2007): Beyond Westermarck: Can Shared Mothering or Maternal Phenotype Matching Account for Incest Avoidance? www.epjournal.net – 2007. 5(1): 202-222

Sommer, V. (2008): Welcher Affe steckt in uns? Streit um unser äffisches Erbe: Beobachtungen an wilden Menschenaffen sollen klären, ob wir eher den kriegerischen Schimpansen oder den friedvollen Bonobos ähneln. Bild der Wissenschaft online Nr. 4, p.18 4/2008

Srb, A.M., Owen, R.D., and Edgar, R.S., (1965): *General Genetics,* Second Edition, San Francisco London

Steiner, U.C. (2012): Massenseele, Medium und Mimesis. In: *100 Jahre Totem und Tabu.* Hg.: Haas, E., Gießen, 2012, S. 177-207

Steitz, E. (1993): *Die Evolution des Menschen.* Stuttgart, 3. Auflage

Storch, V., Welsch, U. und Wink, M. (2007): *Evolutionsbiologie.* 2. Auflage, Berlin Heidelberg

Strathern, A. (1980): Melanesien. In: *Mythologie der Weltreligionen.* Hg.: Cavendish, R. und Ling, T.O., Eltville, 1985, S. 278-283

Takiguchi, S. (1980): Japan. In: *Mythologie der Weltreligionen.* Hg.: Cavendish, R. und Ling, T.O. Eltville, 1985, S. 74-84

Theweleit, K. (1977): *Männerphantasien.* Reinbek bei Hamburg, 1987

Todd, E. (2002): *Weltmacht USA. Ein Nachruf.* München Zürich, 2003

Treu, U. (1981): *Physiologus. Frühchristliche Tiersymbolik.* Aus dem Griechischen übersetzt und herausgegeben von U. Treu. Berlin

van Lawick-Goodall, J., siehe: Goodall, J.

Verdi (2012): http://besondere-dienste.hamburg.verdi.de/themen/arbeitsplatz_prostitution

Walter, R. (1993): Vorwort. In: *Mythen der Welt.* Hg.: Willis, R., München, 1998, S. 8-9

Wedekind, C., Seebeck, T., Bettens, F., and Paepke A.J. (1995): MHC-dependent mate preferences in humans. Proc Biol Sci. 260: 245–249,

Weeler, P.E. (1991a): The thermoregulatory advantage of hominid bipedalism in open equatorial environments: the contribution of increased convective heat loss and cuteanous evaporative cooling. J. of Human Evolution. 21: 107-116

Weeler, P.E. (1991b): The influence of bipedalism on the energy and water budget of early hominids. J. of Human Evolution. 21: 117-136

Weiner, J. (1993): Ozeanien. In: *Mythen der Welt*. Hg.: Willis, R., München, 1998, S. 288-299

Wikipedia: http://de.wikipedia.org/wiki/Bonobo; http://de.wikipedia.org/wiki/Gorillas; http://de.wikipedia.org/wiki/Schimpansen, 2012

Wikipedia: http://de.wikipedia.org/wiki/Inzest; http://de.wikipedia.org/wiki/Mitgift; http://de.wikipedia.org/wiki/Zwangsheirat, 2012

Will, H. (2012): Gewalt, Schuldgefühl und Religionsbildung – 100 Jahre nach *Totem und Tabu*. In: *100 Jahre Totem und Tabu*. Hg.: Haas, E., Gießen, 2012, S. 151-176

Willis, R. (1993): Einführung. In: *Mythen der Welt*. Hg.: Willis, R., München, 1998, S. 10-16

Willis, R. (1993): Motive, Figuren und Stoffe. In: *Mythen der Welt*. Hg.: Willis, R., München, 1998, *S.* 18-35

Wisconsin Primate Research Center, University of Wisconsin-Madison (2012): http://www.primate.wisc.edu/pin/ ,

Wright, S. (1921): Systems of mating, I-V. Genetics (6)2: 111-178

Stichwort- und Sachverzeichnis

Aborigines......91, 119, 131, 190, 205
Adoleszenz......37
Aggression..........8, 20, 93, 116, 148, 163ff., 194, 198, 202f., 206
Alber, E......66
Albrecht, J......51
Allel......52ff.
Allel (Def.)......52
Alt, R......76
Altruismus......18, 72
Altruismus, reziproker......71
Alvarez, L......41
Amnesie......62f., 116, 192
Angepasstheit (Def.)......23
Anpassung......22, 25, 72, 150
Anpassung (Def.)......23
Apostolou, M......127f.
Arapesh 86, 117, 120, 123, 136, 189f.
Ardrey, R......12
Artlich, A......53
Assortative Paarung......32
Atkinson, J.J......147
Aufrechter Gang..... 12ff., 25, 27, 30, 78, 81, 113, 150, 169, 177
Baines, J......49
Balala......76
Barí......73, 133, 137
Barnes, R.H......125
Bastard......65
Batten, M......25, 78, 93, 147
Bauer, J......55
Beauvoir, S......154
Bebel, A......120f., 151, 153
Beelmann, A......140
Benedict, R......99
Berger, T......130
Berking, G......200
Berking, S......14, 96
Bernfeld, S......63, 108, 157
Berninghausen, J......184
Beschneidung......110f., 190
Bevc, I......61
Biologismus......10

Boas, F......76
Boesch-Achermann, H......107
Boesch, C......107
Bolk, L......180
Bonobo (Übersicht)......17
Brautpreis......87, 130
Brockington, J......48
Brüderbund..........146f., 159ff., 166f., 182, 195f., 202
Brüderbund (Def.)......145
Bundesverfassungsgericht......50
Buschmänner......76f., 119, 122
Buss, D......119, 132
Buunk, A......128
Chaix, R......60
Cunow, H......63, 109, 122, 126, 189, 191
dadalos......130
Dart, R.A......12f., 31
Darwin, C.......7, 9, 18, 21ff., 54, 125, 136, 142f., 147, 149, 159, 161
Davidson, H.E......49
Dawkins, R......12, 54f.
de Waal, F......8, 15, 18, 38, 57f., 68, 70ff., 74, 76, 78, 90, 92, 106, 110, 132, 137, 165
DeBruine, L.......34
Devereux, G......144
DeVore, I......77
Diamond, J..34f., 59, 72f., 83, 85, 87, 92f., 96, 137, 139, 177
Dieri......152
Dobzhansky, T......11, 19, 81, 178
Dogon......137, 202
Dubbs, S......128
Ehebruch....7, 84ff., 92, 94, 104, 127, 152f.
Ehrenmord......68f., 83, 121, 187
Ehrenmord (Def.)......68
Eifersucht......7, 21, 66, 83f., 86, 90, 136
Eildermann, H..........63, 77, 91, 109, 122f., 126, 136, 144, 152ff., 189, 191

215

Eisprung. 17, 58, 92ff., 133, 161, 165, 179, 183, 186f., 193
El Gawhary, K. ...120
Elias, N. ...65, 193
Ellsworth, R. ...152
Engels, F. ...64, 151, 153f.
Erbkrankheit ...50, 52f., 88
Erickson, M.T. ...61
Erikson, E. ...60, 77, 91, 137, 155ff., 197
Ernährungsbedingungen ...10, 170
Ethikrat ...51
Evolutionäre Psychologie ...119
Ewers, H.H. ...50
Fisher, R. ...79, 138
Fison, L. ...63, 109, 126, 136
Fitness ...54, 128
Fletcher, R. ...19, 150
Foley, R. ...14
Fossey, D. ...15, 21, 56, 58, 134, 162, 166
Fouts, R.S. ...19
Fouts, D.H. ...19
Fox, R. ...148f.
Frauentausch ...122ff., 127, 184, 192
Frazer, J.G. ...61, 64
Freikorps ...49
Fremdenfeindlichkeit ...140f., 164
Freud, S. ...8, 10, 20, 40f., 46, 61f., 64, 70, 82, 100, 108, 111, 114f., 118, 131, 143ff., 147ff., 159ff., 166, 187, 193f., 198, 200, 207
Gang, aufrechter ...12ff., 25, 27, 30, 78, 81, 113, 150, 169, 177
Gavrilets, S. ...79ff., 171
Geburtenabstand ...16, 137
Gehirn ...12f., 113, 169
Gendefekt ...53
Genitalschwellung ...17, 20, 37ff., 56f., 92f., 98, 106f., 132ff., 150, 166f.
Genitalschwellung (Def.) ...17
Genotyp ...24, 26
Genotyp (Def.) ...24
Gens ...152
Geruch ...57, 60, 150
Geruchsstoffe ...38

Geschlechtsreife ...15ff., 24ff., 37, 44, 56, 159, 173, 180, 194f.
Gestaltvariante (Def.) ...25
Gibbon ...73, 76
Girard, R. ...19, 147f.
Goldhill, S. ...48, 85
Goodall, J. ...8, 15, 18ff., 37, 39, 56ff., 98, 107, 132, 146, 163, 165f., 168, 173
Goody, J. ...131f.
Gordon, W. ...19
Gorilla (Übersicht) ...15
Gould, S.J. ...101, 180
Greenberg, M. ...61
Großeltern ...53, 66, 109, 122, 192
Großfamilie ...178, 202
Haarlosigkeit ...13f., 30, 96
Haas, E. ...91
Hadza ...77
Haeckel, E. ...193
Haldane, J.B.S. ...149, 206f.
Harem ...15f., 45, 56, 65, 71, 84f., 90f., 95, 113, 134, 145, 147f., 155, 160ff., 164ff., 181ff., 194
Haupthistokompatibilitätskomplexes (MHC) ...60
Heinz, H. ...122
Heiratsklasse ...152
Heiratsregeln ...46, 63, 91, 123, 126, 152
Hera ...48, 52, 84f.
Heterosis ...54f.
Heterosis« ...54
heterozygot ...52ff., 184
heterozygot (Def.) ...52
Heterozygotie ...54ff., 115, 123, 134, 159, 161, 173, 179, 184ff., 189, 196, 199
Hetzjagd ...13
Himba ...120, 139
homozygot ...53ff.
homozygot (Def.) ...52
Howitt, A.W. ...63, 77, 109, 122, 126, 136, 152
Huli ...48
Hund ...35
Infantizid ...16, 80

Initiationsriten.......................189, 191
Inzest (Def.).................................52
Inzestscheu..................................58
Inzucht....................39, 52, 54ff.
Inzucht (Def.)..............................52
Irokesen.......................64, 151, 153
Jacob, S.......................................60
Jaffe, K..41
Jagd-Hypothese....................13, 178
Jäger-und-Sammler-Kultur....77, 122, 154, 156, 158, 201, 203
Jarzebowski, C.............................51
Jethá, C......................................151
Johannsen, W.............................149
Jungfrau................68f., 121, 124
Kamilaroi..................................126
Kannibalismus................21, 187, 200
Karamundi..................................77
Kerstan, B..................................184
Kibbuz..59
Killeraffen-Theorie......................12
Kindersterblichkeit..............53, 74f.
Klemperer, V.............................140
Klopp, E......................................41
Koene, T...........................120, 139
Krawczak, M..............................125
Kresta, E......................................68
Krieg.........7, 19f., 49, 83, 153f., 156, 207
Krista, A......................................61
Kroeber, A...................47, 144, 147
Kropotkin, P...........................11, 74
Kuckenburg, M...........................13
Kühn, A.......................................54
Kummer, H...........................90, 164
Kuraweli...................................152
Kurnai................63, 108, 122, 126
Lamarck, J.B........................22, 149
Landwirtschaft............119, 152, 154
Latenzzeit............100, 105ff., 111f., 115ff., 119, 135, 191, 200
Latenzzeit (Def.).................105, 108
Lernen........................112ff., 200
Lévi-Strauss, C..........................123
Li, C.C...54
Lieberman, D...............................60
Littlewood, R...............................61

Lovejoy, O............13, 78f., 171, 178
Lukas, H....................................132
Luo, L..60
Malinowski, B.....46f., 53, 60, 67, 97, 103, 110, 117, 126, 148, 153f.
Mantegazza, P...........................120
Mantelpavian......................90, 164
Maori...................................49, 135
Märchen...........64, 66, 109, 114, 120
Marcinkowska, U.........................41
Matriarchat.....................109, 153f.
matrilinear..........................67, 151
matrilokal..................................192
Mead, M..........63, 86, 117, 120, 123, 131, 136, 189f.
Mekeel, H....................................77
Miles, H.L....................................19
Milinski, M..................................60
Mitgift.........................129ff., 192
Mitgift (Def.)............................129
Mitgiftmord.......................130, 184
Monod, J....................................158
Monogamie, serielle..............87, 181
Monogamie, serielle (Def.)..........87
Monogamie, soziale (Def.)............71
Montagna, W........................13, 30
Mord....7, 19, 21, 47, 66, 68, 83, 121, 129f., 147f., 162, 187, 199f., 202
Morgan, L.H.......................64, 152f.
Morgenthaler, F.........................156
Morris, D.....................................81
Mose.....................................48, 136
Motzki, H...................................124
Muensterberger, W.............113, 156
Mundugumor........63, 123, 131f., 136
Mutation........23f., 27f., 30f., 35, 158, 171, 177
Mutterrecht........................151, 154
Mythen.......47ff., 52, 60, 64, 66f., 85, 135, 145
Narrinyeri.....................108, 136, 190
Nayar..137
Nibelungenlied...........................199
Niemitz, C............................13, 79
Niflungen-Saga..........................199
O'Flaherty, W..............................48
Ödipus.........9, 40, 47, 108, 111, 115,

217

117f., 135f., 145, 194f., 197, 199
Orang-Utan..............18, 72, 104, 177
Orokaiva..................................145
Östrus............17, 92, 94f., 134, 150
Paarung, assortative....................32
Palaver, W................................148
Panmixie....................................32
Parin-Matthèy, G......................156
Parin, P.............117f., 137, 156, 202
Parsons, A..............97, 110, 117, 156
Passarge, S........................77, 123
patriarchalisch.......69, 151, 153, 155, 158, 202f.
Patriarchat.........................68, 193
patrilokal................................192
Patterson, F...............................19
Pavian..............20, 38f., 89f., 94, 183
Payne, F...................................149
Penton-Voak, I...........................35
Perrett, D.I................................35
Pfau..25
Phänotyp.............24, 26ff., 32, 174
Phänotyp (Def.)..........................24
Pinch, G....................................49
Pincott, J..........................34, 41f.
Polyandrie (Def.)........................71
Polygamie.............123, 131f., 181
Polygynie..................................71
Polygynie (Def.).........................71
Polynesier................................153
Porter, C.J.R..............................48
Portmann, A............................104f.
Prägung.............37, 41f., 103, 133
Prostitution..............79, 83f., 86, 120
Pubertät...16, 39f., 60, 62, 100, 105f., 108, 111, 115, 161, 183, 201
Punalulafamilie..................152, 173
Rangordnung.................16, 37, 75
Rantala, M.J...............................41
Rassismus........................11, 140f.
Rath, C...............................50, 88
Reichholf, J.H....................13, 71f.
Reproduktionserfolg......24, 32, 101f., 134, 158, 175
Reynolds, V................................72
Ritter-Schaumburg, H.................199
Rockefeller, J.D...........................11

Ryan, C....................................151
Savanne.............12f., 105, 142, 178
Scham.......49, 70, 99, 103, 108, 150f.
Scheidung.........59, 69, 71, 84, 87ff., 122, 205
Schimpansen (Übersicht).............16
Schmidbauer, W................77f., 122f.
Schmollack, S..............................83
Schönheitsideal (Def.)..................28
Schui, H...................................141
Schuldgefühl.........70, 86, 101, 146f., 197ff.
Schwitzen...........................13, 30
Segal, R.A..................................48
Selektionsdruck.........................182
Selektion, natürliche (Def.)...........23
Selektion, sexuelle (Def.).............25
Selektionsdruck...13, 19, 24, 54f., 91, 105, 111, 114, 116, 119, 135, 138, 158, 170, 176, 179ff., 185f., 188f., 197
Selektionsdruck (Def.)..................24
Sexualdimorphismus..............40, 43
Shepher, J............................59, 78
Shultz, S..........................160, 182
Sigfrid, Siegfried........................199
Silberrücken..............16, 134, 162
Silberrücken (Def.).......................15
Silberrükken...............................21
Silverman, I................................61
Sioux.............60, 77, 137, 155ff.
Smith, D.L............................49, 60
Solidarität..................................73
Somló, F....................................77
Sommer, V................................154
Spielen...........................112ff., 200
Srb, A.M....................................54
Stallgeruch................................60
Steiner, U.C..............................148
Steitz, E...................................180
Steppenbrände............................14
Storch, V........................71, 73, 76
Strathern, A........................48, 145
Symons, D................................152
Tabu.........47, 60, 63f., 67, 97, 102f., 117, 126, 131, 143f., 148f., 187ff., 192, 195f., 198f., 201f.

218

Takiguchi, S. 48
Tchambuli .... 120, 131f.
Theweleit, K 49f., 115, 124
Thomas, W 112f., 153
Todd, E 125, 202
Treu, U .... 85f.
Trivers, R 152
Trobriander 46, 53, 60, 67, 97, 103, 110, 117, 126, 153
Über-Ich .... 115, 187f., 198, 200f.
Über-Ich (Def.) 187
Urhorde 143, 159
Urhorde (Def.) 142, 159
Urvater ..... 144, 146ff., 160, 162, 164, 167, 172f., 193ff.
Urvater (Def.) 144
v. Hayek, F.A 141
Vaterhorde ... 144, 159, 161, 166, 173, 193f., 200, 202, 206
Vaterhorde (Def.) 143
Vaterschaft 73f., 76, 79, 87ff., 95, 119
Vaterschaftsängste 73, 76, 94, 99

Verführung 67, 86, 111, 135, 190
Vergewaltigung 7, 20, 69
Volksgesundheit 50
Walter, R .... 48f.
Wedekind, C 60
Weeler, P.E 13
Weiner, J 49
Weisfield, G.E 60
Westermarck, E 59
Whiting, J.M 149
Will, H 146
Willis, R 48, 190
Wilson, E.O 101
Wolf 35, 59, 114
Wolf, A.P 59, 67, 185
Woodburn, J 77
Wright, S 32
Yurok .... 155f.
Zeus .... 48, 52, 65, 84f.
Zwangsheirat 7, 9, 21, 80, 94, 101, 104, 120ff., 124f., 127f., 131, 184ff., 189, 191f., 202, 204
Zwangsheirat (Def.) 119

www.ingramcontent.com/pod-product-compliance
Lightning Source LLC
Chambersburg PA
CBHW071207240526
45470CB00018B/1526